职业教育"岗课赛证"融通教材

集成电路职业标准建设系列丛书
集成电路 1+X 职业技能等级证书系列丛书

集成电路封装与测试

杭州朗迅科技股份有限公司　组编

□　主　编　卢　静　马岗强　徐雪刚
□　副主编　冯筱佳　赵淑平　牛欣玥
　　　　　　熊德明　陈凯让　孙毛毛
□　主　审　林　涛

U0313030

中国教育出版传媒集团

高等教育出版社·北京

内容提要

本书是职业教育"岗课赛证"融通教材,也是集成电路职业标准建设系列教材之一、集成电路 1+X 职业技能等级证书系列教材之一。

本书主要包括导论、模拟芯片 LM1117 塑料封装、模拟芯片 LM1117 测试、数字芯片 74LS138 金属封装、数字芯片 74LS138 测试、存储器芯片封装与测试等内容,融入集成电路封装与测试岗位、"集成电路开发及应用"职业院校技能大赛、"集成电路开发与测试""集成电路封装与测试"1+X 职业技能等级证书要求,充分体现"岗课赛证"融通。

教师如需获取本书授课用 PPT 等配套资源,请登录"高等教育出版社产品信息检索系统"(https://xuanshu.hep.com.cn)免费下载。

本书可作为高等职业本科、专科院校集成电路类、电子信息类专业相应课程的教材,也可作为集成电路相关行业及企业员工的培训教材,还可供工程技术人员参考使用。

图书在版编目(CIP)数据

集成电路封装与测试 / 杭州朗迅科技股份有限公司组编;卢静,马岗强,徐雪刚主编;冯筱佳等副主编. -- 北京:高等教育出版社,2024.7
ISBN 978-7-04-061382-7

Ⅰ. ①集⋯ Ⅱ. ①杭⋯ ②卢⋯ ③马⋯ ④徐⋯ ⑤冯⋯ Ⅲ. ①集成电路 - 封装工艺 – 高等职业教育 – 教材②集成电路 - 测试 – 高等职业教育 – 教材 Ⅳ. ① TN4

中国国家版本馆 CIP 数据核字(2023)第 216773 号

集成电路封装与测试
JICHENG DIANLU FENGZHUANG YU CESHI

策划编辑	郑期彤	责任编辑	郑期彤	封面设计	王 洋	版式设计 马 云
责任绘图	李沛蓉	责任校对	窦丽娜	责任印制	沈心怡	

出版发行	高等教育出版社	网 址	http://www.hep.edu.cn
社 址	北京市西城区德外大街4号		http://www.hep.com.cn
邮政编码	100120	网上订购	http://www.hepmall.com.cn
印 刷	运河(唐山)印务有限公司		http://www.hepmall.com
开 本	787mm×1092mm 1/16		http://www.hepmall.cn
印 张	19		
字 数	400千字	版 次	2024年 7 月第 1 版
购书热线	010-58581118	印 次	2024年 7 月第 1 次印刷
咨询电话	400-810-0598	定 价	49.80元

"智慧职教" 服务指南

"智慧职教"（www.icve.com.cn）是由高等教育出版社建设和运营的职业教育数字教学资源共建共享平台和在线课程教学服务平台，与教材配套课程相关的部分包括资源库平台、职教云平台和 App 等。用户通过平台注册，登录即可使用该平台。

● 资源库平台：为学习者提供本教材配套课程及资源的浏览服务。

登录"智慧职教"平台，在首页搜索框中搜索"集成电路封装与测试"，找到对应作者主持的课程，加入课程参加学习，即可浏览课程资源。

● 职教云平台：帮助任课教师对本教材配套课程进行引用、修改，再发布为个性化课程（SPOC）。

1. 登录职教云平台，在首页单击"新增课程"按钮，根据提示设置要构建的个性化课程的基本信息。

2. 进入课程编辑页面设置教学班级后，在"教学管理"的"教学设计"中"导入"教材配套课程，可根据教学需要进行修改，再发布为个性化课程。

● App：帮助任课教师和学生基于新构建的个性化课程开展线上线下混合式、智能化教与学。

1. 在应用市场搜索"智慧职教 icve" App，下载安装。

2. 登录 App，任课教师指导学生加入个性化课程，并利用 App 提供的各类功能，开展课前、课中、课后的教学互动，构建智慧课堂。

"智慧职教"使用帮助及常见问题解答请访问 help.icve.com.cn。

编写说明

  教材是学校教育教学活动的核心载体，承担着立德树人、启智增慧的重要使命。历史兴衰、春秋家国浓缩于教材，民族精神、文化根脉熔铸于教材，价值选择、理念坚守传递于教材。教材建设是国家事权，国家教材委员会印发《全国大中小学教材建设规划（2019—2022年）》，教育部印发《中小学教材管理办法》《职业院校教材管理办法》《普通高等学校教材管理办法》《学校选用境外教材管理办法》，系统描绘了大中小学教材建设蓝图，奠定了教材管理的"四梁八柱"。党的二十大首次明确提出"深化教育领域综合改革，加强教材建设和管理"，对新时代教材建设提出了新的更高要求，昭示我们要着力提升教材建设的科学化、规范化水平，全面提高教材质量，切实发挥教材的育人功能。

  职业教育教材既是学校教材的重要组成部分，又具有鲜明的类型教育特色，量大面广种类多。目前，400多家出版社正式出版的教材有74 000余种，基本满足19个专业大类、97个专业类、1 349个专业教学的需要，涌现出一批优秀教材，但也存在特色不鲜明、适应性不强、产品趋同、良莠不齐、"多而少优"等问题。

  全国职业教育大会提出要一体化设计中职、高职、本科职业教育培养体系，深化"三教"改革，"岗课赛证"综合育人，提升教育质量。2021年，中共中央办公厅、国务院办公厅印发的《关于推动现代职业教育高质量发展的意见》明确提出了"完善'岗课赛证'综合育人机制，按照生产实际和岗位需求设计开发课程，开发模块化、系统化的实训课程体系，提升学生实践能力"的任务。2022年，中共中央办公厅、国务院办公厅印发的《关于深化现代职业教育体系建设改革的意见》把打造一批优质教材作为提升职业学校关键办学能力的一项重点工作。2021年，教育部办公厅印发的《"十四五"职业教育规划教材建设实施方案》提出要分批建设1万种左右职业教育国家规划教材，指导建设一大批省级规划教材，高起点、高标准建设中国特色高质量职业教育教材体系。

  设计"岗课赛证"融通教材具有多重意义：一是着重体现优化类型教育特色，着力克服教材学科化、培训化倾向；二是体现适应性要求，关键是体现"新""实"，反映新知识、新技术、新工艺、新方法，提升服务国家产业发展能力，破解教材陈旧问题；三是体现育人要求，体现德技并重，德行天下，技耀中华，摒弃教材"重教轻育"顽症;四是体现"三教"改革精神,以教材为基准规范教师教学行为,提高教学质量;五是体现统筹职业教育、高等教育、继续教育协同创新精神,吸引优秀人才编写教材,推动高水平大学学者与高端职业院校名师合作编写教材;六是体现推进职普融通、产教融合、科教融汇要求,集聚头部企业技能大师、顶尖科研机构专家、一流出版社编辑参与教材研制;七是体现产业、行业、职业、专业、课程、教材的关联性,吃透行情、业情、学情、教情,汇聚优质职业教育资源进教材,立足全局看职教教材,跳出职教看职教教材,面向未来看职教教材,认清教材的意义、价值;八是体现中国特色,反映中国产业发展实际和民族优秀传统文化,开拓国际视野,积极借鉴人类优秀文明成果,吸纳国际先进水平,倡导互学互鉴,增进自信自强。

"岗课赛证"融通教材设计尝试以促进学生的全面发展为魂:以岗位为技能学习的方向(30%),以岗定课;以课程为技能学习的基础(40%);以竞赛为技能学习的高点(10%),以赛促课;以证书为行业检验技能学习成果的门槛(20%),以证验课。教材鲜明的特点是:岗位描述—典型任务—能力类型—能力等级—学习情境—知识基础—赛课融通—书证融通—职业素养。教材编写体例的要点是:概述(产业—行业—职业—专业—课程—教材)—岗位群—典型任务—能力结构—学习情境—教学目标—教学内容—教学方法—案例分析—仿真训练—情境实训—综合实践—成果评价—教学资源—拓展学习。"岗课赛证"融通教材有助于促进学用一致、知行合一,增强适应性,提高育人育才质量。

"岗课赛证"融通教材以科研为引领,以课题为载体,具有以下特色。一是坚持方向,贯通主线,把牢政治方向,把习近平新时代中国特色社会主义思想,特别是关于教材建设的重要论述贯穿始终,把立德树人要求体现在教材编写的各个环节。二是整体设计,突出重点,服务中、高、本职业教育体系,着力专业课、实训课教材建设。三是强强结合、优势互补,通过统筹高端职业院校、高水平大学、顶尖科研机构、头部企业、一流出版社的协同创新,聚天下英才,汇优质资源,推进产教融合、职普融通、科教融汇,做出适应技能教育需要的品牌教材。四是守正创新,汲取历史经验教训,站在巨人的肩膀上,勇于开拓,善于创造,懂得变通,不断推陈出新。五是立足当下,着眼长远,努力把高质量教育要求体现在教材编写的匠心中,体现在用心打造培根铸魂、启智增慧、适应时代发展的精品教材中,体现在类型教育特色鲜明、适应性强的品牌教材中,体现在对教育产品的严格把关中,体现在对祖国未来、国家发展的高度负责中,为高质量职业教育体系建设培养技能复合型人才提供适合而优质的教材。

职业教育"岗课赛证"融通教材研编委员会

2023 年 3 月

前　言

一、教材编写目的

为贯彻落实全国职业教育大会精神和中共中央办公厅、国务院办公厅《关于推动现代职业教育高质量发展的意见》中提出的"完善'岗课赛证'综合育人机制"精神，促进产业需求与专业设置、岗位标准与课程内容、生产过程与教学过程的精准对接，倒逼职业教育教学改革，形成岗位能力、项目课程、竞赛交流、证书检验"四位一体"的技能人才培养模式，增强职业教育适应性，大幅提升学生实践能力，编者在广泛调研集成电路封装与测试行业企业，征求企业专家、职业教育专家意见的基础上，编写了本书。

二、教材内容介绍

本书的编写体例充分体现了产教融合的特点，充分融入真实工作岗位、技能大赛、职业资格证书（职业技能等级证书）要求，每个项目包含若干任务，每个任务以布置任务（任务单）—提供知识工具（任务资讯）—完成任务（任务实施）—评价任务完成情况（任务检查与评估）的顺序进行组织。

在内容体系上，导论部分从产业链、创新链、人才链、教育链 4 个方面剖析了集成电路封装与测试行业背景，抓住读者的学习兴趣。项目一、项目二分别介绍塑料封装技术与模拟芯片测试技术，项目载体选用集成电路类专业常用的 LM1117，学习难度为初级难度，便于引导读者开启专业学习。项目三、项目四分别介绍金属封装技术与数字芯片测试技术，项目载体为 74LS138，知识结构上与项目一、项目二不重复，学习难度上实现了螺旋上升，易于被读者接受。项目五专注于大规模集成电路的封装与测试，以存储器芯片作为项目载体介绍先进封装技术和自动化测试技术。通观全书，知识全面覆盖，项目之间难度层层进阶，任务流程清晰明朗。

三、教材编写逻辑

本书的编写以集成电路封装与测试岗位职业能力要求为切入点，打破了传统的知识体系课程模式，转变为以企业具体岗位需求为起点，以培养满足岗位要求的人才为目标，以提高学生技术技能为中心组织课程内容；基于工作过程，以集成电路封装与测试工序岗位要求为主线，精心提炼整合了连贯的、真实的、具有代表性的5个项目、11个典型工作任务；以集成电路封装与测试岗位、"集成电路开发及应用"职业院校技能大赛、"集成电路开发与测试""集成电路封装与测试"1+X职业技能等级证书的能力标准为导向，重构知识内容，建立融入岗位要求、大赛试题、能力标准的模拟芯片封装与测试、数字芯片封装与测试、大规模集成电路封装与测试的内容体系；同时，以"小阅读""小思考"等形式，引入行业热点、行业政策和新时代精神，每个项目均融入劳动教育、工匠精神及职业素养等内容，落实"岗课赛证"综合育人。

四、教材特色和创新

本书在设计思路上，突出以企业具体岗位需求为起点，以培养满足岗位要求的人才为目标，提炼岗位能力要求；在内容编排上，突出融合1+X职业技能等级证书和技能大赛标准；在编写团队上，突出产教深度融合，专业教师与企业专家默契合作；在呈现形式上，采用二维码、虚拟仿真等多种形式，突出以学生为中心，着重培养学生的自主学习能力；在教材使用上，突出内容更新和新材料、新技术、新工艺，教材不仅配备传统的课件、在线课程，还配备虚拟仿真实训资源，便于教师教学和学生学习。如需使用与本书配套的集成电路虚拟仿真平台，请联系：Lujing@cqcet.edu.cn。

五、教材编写团队

本书由重庆电子科技职业大学卢静、马岗强、徐雪刚任主编，冯筱佳、赵淑平、牛欣玥、熊德明、陈凯让、孙毛毛任副主编，具体分工如下：马岗强编写导论以及项目二、项目四的晶圆测试部分，徐雪刚、赵淑平、孙毛毛编写项目二、项目四的成品测试部分，卢静、冯筱佳、牛欣玥编写项目一、项目三、项目五。全书由卢静负责统稿。熊德明、陈凯让负责全书文字修订及核对。在本书的编写过程中，杭州朗迅科技股份有限公司工程部副部长汪传舒和技术工程师王华梨、北京信诺达泰思特科技股份有限公司总工濮德龙和高教事业部总经理邓亚芬、浙江光特科技有限公司技术工程师万远涛等相关专家提供了技术支持。全书由重庆电子科技职业大学林涛教授任主审。

由于编者水平有限，书中难免存在不足之处，恳请广大读者批评指正！

编者
2024年6月

目 录

导论

0.1　产业链分析

集成电路产业是基础性和战略性产业，广受各国重视。集成电路产业又是一个关联度极高的产业，自身产业链长，对下游产业影响度高。当前，厘清集成电路产业链关系，认清产业现状和形势，落实好各项产业政策，采取强有力产业促进措施，对确保集成电路产业规划目标的实现具有重要意义。集成电路产业链如图 0-1 所示。

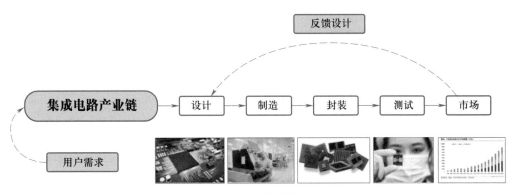

图 0-1　集成电路产业链

0.1.1　行业发展历史

自 1958 年世界上第一块半导体集成电路（Integrated Circuit，IC，通常称为芯片）问世以来，在 60 多年时间里，微电子技术的核心及代表——集成电路技术已经历了 5 个时代的发展，即小规模集成电路（Small Scale Integration，SSI）、中规模集成电路（Medium Scale Integration，MSI）、大规模集成电路（Large Scale Integration，LSI）、超大规模集成电路（Very Large Scale Integration，VLSI）和甚大规模集成电路（Ultra-Large Scale Integration，ULSI）。但是，集成电路并不是一个独立的工作体，为完成电路功能，它必须与其他集成电路、外围电路相连接；由于集成度的迅速提高，一个集成电路可以有几百条 I/O 端口，信号传输的延时及信号完整性成为十分突出的问题；随着集成度的提高，单位尺寸集成电路产生的热量也急剧增大，如何及时有效地散热，保证集成电路能在允许温度以下正常工作，成为又一个十分重要的问题；此外，为了保证集成电路能在恶劣环境下（水汽、化学介质、辐射、振动等）工作，也需要对集成电路进行特殊保护。由此可见，要充分发挥集成电路的性能，必须解决上述几方面的问题，对集成电路进行封装是必不可少的。但是，必须清楚地认识到，对集成电路所进行的封装与互连不会增加信号强度，也不会改进集成电路的性能，只会限制其性能的发挥。因此，集成电路封装必须能够赶上集成电路发展的步伐，把封装对集成电路性能的影响降到最低。

集成电路封装技术是伴随着集成电路的进步发展起来的，一代集成电路需要一代封装，其发展史就是集成电路性能不断提高、系统不断小型化的历史。以半导体封装为例，其大致可分为以下几个发展阶段，每个阶段都有其典型的封装形式。

第一个阶段可从 20 世纪 50 年代的晶体管封装开始向前追溯到 1947 年世界上发明第一只半导体晶体管，其封装以三根引线的 TO（Transistor Outline，晶体管外形）封装为主，工艺主要是金属玻璃封装工艺。随着晶体管的应用日益广泛，晶体管取代了电子管的地位，工艺技术也日臻完善。随着电子系统的大型化、高速化、高可靠性要求的提高（如电子计算机），必然要求电子元器件小型化、集成化。这时的科学家们不断地将晶体管越做越小，电路间的连线也相应缩短；另外，电子设备系统众多的接点严重影响整机的可靠性，科学家们想到将大量的无源元器件和连线同时成型的方法，做成所谓的二维电路，即薄膜或厚膜集成电路，再连接有源器件的晶体管，就形成了混合集成电路（Hybrid Integrated Circuit，HIC）。

第二个阶段为 20 世纪 70 年代的通孔插装（Through Hole Device，THD）时代，封装可由人工用手插入 PCB 的通孔中。集成电路由集成 100 个以下的晶体管或门电路的 SSI 迅速发展为集成数百至上千个晶体管或门电路的 MSI，相应的 I/O 数也由数个发展到数十个，因此要求封装引线越来越多。20 世纪 60 年代开发出了双列直插封装（Dual In-line Package，DIP），这种封装结构很好地解决了陶瓷与金属引线的连接问题，热性能、电性能俱佳。DIP 一出现就赢得了集成电路厂家的青睐，很快得到了推广应用，I/O 引线有 4 ~ 64 个引脚。DIP 很快被开发出系列产品，成为 20 世纪 70 年代中小规模集成电路封装的主导产品。封装材料前期主要是陶瓷，为了降低成本，后期推出了塑料封装技术，其不足之处是信号频率较低，组装密度难以提高，不能满足高效率自动化生产的要求。典型通孔插装封装形式除了 DIP 外，还有 SIP、ZIP、PGA 等，如表 0-1 和图 0-2 所示。

表 0-1　典型通孔插装封装形式

类型	名称			特征	
	缩写	英文名称	中文名称	材质	针脚或引脚间距
通孔插装（THD）	DIP	Dual In-line Package	双列直插封装	P/C	2.54 mm
	SIP	Single In-line Package	单列直插封装	P	2.54 mm
	ZIP	Zigzag In-line Package	Z 形直插封装	P	2.54 mm
	S-DIP	Shrink Dual In-line Package	紧缩式双列直插封装	P	1.778 mm

续表

类型	名称			特征	
	缩写	英文名称	中文名称	材质	针脚或引脚间距
通孔插装（THD）	SK-DIP	Skinny Dual In-line Package	薄型双列直插封装	P/C	2.54 mm 宽度方向引线间距缩短 1/2
	PGA	Pin Grid Array	针栅阵列封装	C	2.54 mm

注：P 代表塑料，C 代表陶瓷。

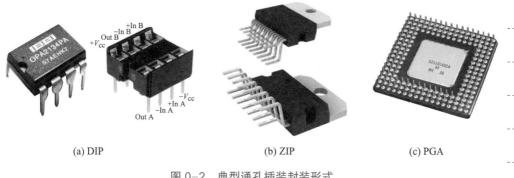

(a) DIP   (b) ZIP   (c) PGA

图 0-2　典型通孔插装封装形式

　　第三个阶段为 20 世纪 80 年代开始的表面贴装技术（Surface Mount Technology，SMT）时代。此时的集成电路以 VLSI 为代表，表面贴装封装形式的代表是小外形封装（Small Out-line Package，SOP）和四边引脚扁平封装（Quad Flat Package，QFP），可以在 PCB 的两面进行组装，大大提高了引脚数和组装密度，是封装技术的一次革命。当时的表面贴装技术由日本主导，周边引脚的间距分别为 1.0 mm、0.8 mm、0.65 mm、0.5 mm、0.4 mm。SMT 具有引线短、引线细、间距小、封装密度高、电性能好、体积小、重量轻、厚度小、易于自动化生产等优点，但是在封装密度、I/O 数以及电路工作频率方面难以满足高性能的 ASIC（专用集成电路）、微处理器芯片发展的需要。与此同时，各类表面贴装元器件（SMC、SMD）电子封装也如雨后春笋般出现，如无引线陶瓷芯片载体（Leadless Ceramic Chip Carrier，LCCC）、塑料有引线芯片载体（Plastic Leaded Chip Carrier，PLCC）和 QFP 等，并于 20 世纪 80 年代初实现标准化，形成批量生产。由于改性环氧树脂材料的性能不断提高，可使封装密度高、引线间距小、成本低，适于大规模生产并适用于 SMT，因此塑封四边引脚扁平封装（Plastic Quad Flat Package，PQFP）迅速成为 20 世纪 80 年代集成电路封装的主导产品，其 I/O 数高达 208 ～ 240 个。同时，用于 SMT 的中小规模集成电路以及 I/O 数不大的大规模集成电路采用了由荷兰飞利浦公司于 20 世纪 70 年代研制开发出的 SOP，这种封装其实就是适于 SMT 的 DIP 变形。典型表面贴装封装形式如表 0-2 和图 0-3 所示。

表 0-2　典型表面贴装封装形式

类型	名称			特征	
	缩写	英文名称	中文名称	材质	针脚或引脚间距
表面贴装（SMT）	QFP	Quad Flat Package	四边引脚扁平封装	P	1.0 mm 0.8 mm 0.65 mm 4 方向引线
	FPG	Flat Package of Glass	玻璃扁平封装	C	1.27 mm 0.762 mm 2 方向引线 4 方向引线
	LCCC	Leadless Ceramic Chip Carrier	无引线陶瓷芯片载体	C	1.27 mm 1.016 mm 0.762 mm
	PLCC	Plastic Leaded Chip Carrier	塑料有引线芯片载体	P	1.27 mm J 形弯曲 4 方向引线
	SOP	Small Out-line Package	小外形封装	P	1.27 mm J 形弯曲
	SOJ	Small J-lead Package	J 形引脚小外形封装	P	1.27 mm J 形弯曲

注：P 代表塑料，C 代表陶瓷。

(a) QFP　　　　　　　　(b) PLCC

(c) SOP　　　　　　　　(d) SOJ

图 0-3　典型表面贴装封装形式

　　第四个阶段以 20 世纪 90 年代的球栅阵列（Ball Grid Array，BGA）封装为标志，目前实现了芯片尺寸封装（Chip Scale Package，CSP）。BGA 的焊锡球作为连接点被排列在封装体的下表面，极大地提高了表面贴装封装形式的 I/O 终端数量。现代的小型便携式电子产品要求更小、更薄和更轻的产品封装，因而出现了 CSP，又称为 μBGA，其封装体的尺寸与芯片的尺寸相近。BGA 封装的引脚间距为 1.5 mm 和 1.27 mm 两种，引脚间距的扩大降低了失效率并提高了生产效率，安装密度达到 40 ～ 60 引脚 /cm。BGA 和 CSP 具有电性能优良、散热快、I/O 数多等特点，是目前芯片封装形式的主流。

20 世纪 90 年代以来，专用的 IC 模块迅速向多芯片组装（Multi-Chip Module，MCM）发展，即把多块裸芯片组装在一块高密度多层布线基板上，并封装在同一外壳中。MCM 被认为是当代电子封装的一次革命，发展势头良好，已形成 MCM-L、MCM-C、MCM-D、MCM-D/C 等多种形式。典型先进封装形式如表 0-3 所示。各种封装形式的盛行时期如表 0-4 所示。

笔记栏

表 0-3　典型先进封装形式

类型	名称			外观
	缩写	英文名称	中文名称	
先进封装	BGA	Ball Grid Array	球栅阵列	
	CSP	Chip Scale Package	芯片尺寸封装	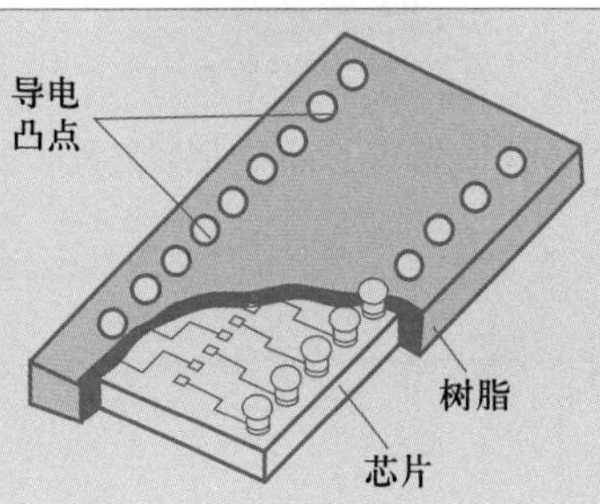
	MCM	Multi-Chip Module	多芯片组装	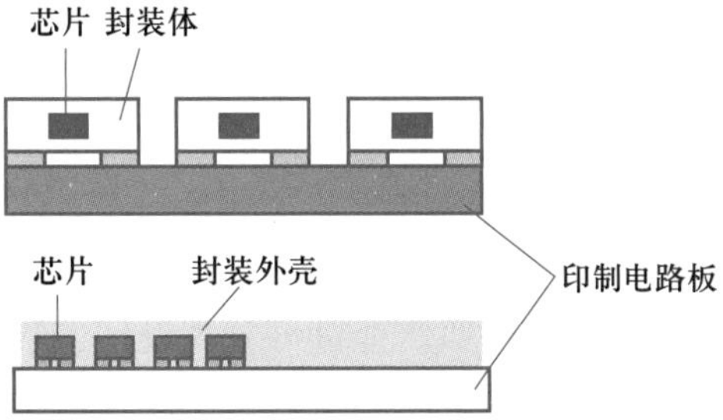
	3D	Three Dimensional Package	三维封装	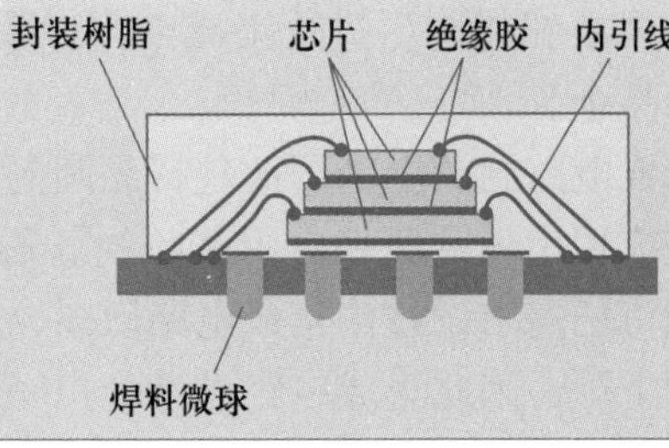

续表

类型	名称			外观
	缩写	英文名称	中文名称	
先进封装	WLP	Wafer Level Package	晶圆级封装	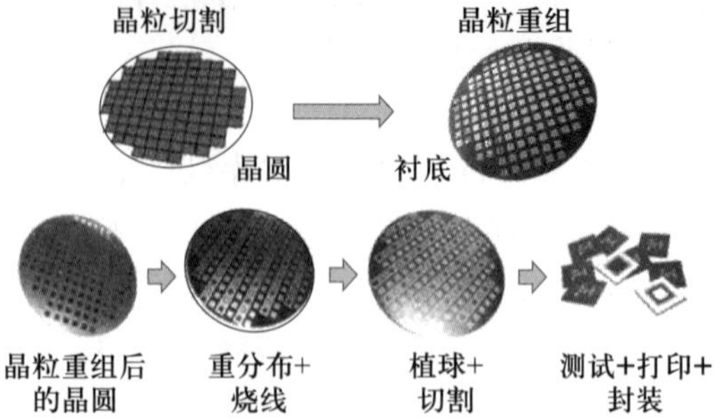

表 0-4　各种封装形式的盛行时期

封装形式	盛行时期
DIP	20 世纪 80 年代以前
SOP	20 世纪 80 年代
QFP	1995—1997 年
TAB（Tape Automated Bonding，载带自动焊接）	1995—1997 年
COB（Chip on Board，板载芯片）	1996—1998 年
CSP	1998—2000 年
FC（Flip Chip，倒装芯片）	1999—2001 年
MCM，系统级	2000 年到现在
WLP，通过硅孔	2000 年到现在

0.1.2　产业分工布局

集成电路就是把一定数量的常用电子元器件，如电阻、电容、晶体管等，以及这些元器件之间的连线，通过半导体工艺集成在一起的具有特定功能的电路。集成电路产业是现代信息技术的基石。

集成电路按照产业链可分为设计、制造、封装、应用 4 个部分。集成电路产业链以电路设计为主导，由电路设计公司设计出集成电路，然后委托芯片制造厂生产晶圆，再委托封装厂进行集成电路封装与测试（可简称为封测），最后销售给电子整机产品企业。

集成电路封测上游厂商包括晶圆制造厂商及封装材料厂商，下游应用市场可分为传统应用市场及新兴应用市场。集成电路封测业的运作模式是，集成电路设计公司根据市场需求设计出集成电路版图，由于集成电路设计公司本身无芯片制造工厂和封测工厂，因此集成电路设计公司完成芯片设计后交给晶圆代工厂制造晶圆，晶

笔记栏

圆完工后交付封测公司，由封测公司进行芯片封装及测试，之后集成电路设计公司将集成电路产品销售给电子整机产品制造商，最后由电子整机产品制造商销售至下游终端市场。

0.2 创新链分析

传统的封装形式主要利用引线框架作为载体，采用引线键合互连的形式；之后出现了采用引线键合互连并利用封装基板来实现的封装形式，并逐渐采用封装基板上的倒装芯片实现封装。

行业普遍认同未来集成电路技术发展的两个方向：一是 More Moore，即延续摩尔定律；二是 More than Moore，即拓展摩尔定律。沿着"拓展摩尔定律"方向发展的技术路线，更关注将多种功能、工艺的芯片集成到一个系统中，因此系统级封装成为未来封装技术和测试技术的主流技术路线之一。

0.2.1 发展趋势

从封装发展历史可以看出其发展趋势，表现为：引脚越来越多、越来越密，从简单的几个引脚到 DIP、SOP、QFP、BGA，再到 CSP 等其他先进封装，如图 0-4 所示。图 0-4 中部分封装的英文名称和中文名称如表 0-5 所示。

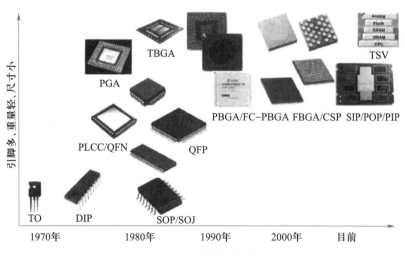

图 0-4　封装发展历史

表 0-5　部分封装的英文名称和中文名称

缩写	英文名称	中文名称
QFN	Quad Flat No-leads	方形扁平无引脚
TBGA	Tape Ball Grid Array	载带球栅阵列

续表

缩写	英文名称	中文名称
PBGA	Plastic Ball Grid Array	塑料球栅阵列
FC-PBGA	Flip Chip Plastic Ball Grid Array	倒装芯片塑料球栅阵列
FBGA	Fine-Pitch Ball Grid Array	细间距球栅阵列
TSV	Through Silicon Via	硅通孔
SIP	System in a Package	系统级封装
POP	Package on Package	叠层封装
PIP	Package in Package	堆叠封装

笔记栏

综合起来，集成电路的发展主要表现在以下几个方面：

① 芯片尺寸越来越大。芯片尺寸的增大有利于提高集成度，增加片上功能，最终实现芯片系统，大大简化电子产品的结构，降低成本，但对封装技术提出更高要求，不利于低成本、微型化。

② 工作频率越来越高。芯片的集成度平均每一年半翻一番，现在已研制出在一个芯片上集成 16 亿个半导体元器件的超大规模集成电路。为了适应高速化发展，必须解决许多封装上的难题，需尽量减少封装对信号延迟的影响，提高整机性能。

③ 发热量日趋增大。高速化和高集成化必然导致功耗日益增大。虽然降低电源电压可以减小功耗，但作用有限，且技术难度很大，必须从封装上想办法，既要有利于散热和长期可靠性，又不致扩大封装尺寸、增加重量、提高成本，这是难度很大而又必须解决的问题。

④ 引脚越来越多。在今后的 10 年里，高性能的 IC 引脚可能增加到 4 000 个，这么多的引脚如何封装，的确是个大难题。

随着集成电路产业的高速发展，集成在芯片上的功能日益增多，甚至会把整个系统的功能都集成在一块芯片上。同时，为了轻便或便于携带，要求系统做得很小。小型化是促进消费类产品、手机及计算机等产品发展最强有力的动力。现在有一半以上的电子系统是便携式的。集成电路的发展，对电子器件的封装技术也提出了越来越高的要求。

0.2.2 国内产业发展现状

我国集成电路封测业整体呈稳步增长态势。最初的集成电路封测业在集成电路产业链中技术和资金门槛相对较低，属于产业链中的"劳动密集型"。由于中国发展集成电路封测业具有成本和市场地缘优势，因此封测业相对发展较早。在优惠政策鼓励和政府资金支持下，外资企业在中国设厂，海外留学人员纷纷回国创办企业，中资、民资大量投资集成电路企业，中国集成电路设计业、晶圆制造业也取得了长足的发展。

目前我国已形成集成电路设计、晶圆制造和封测三业并举的发展格局，封测业的技术含量越来越高，在集成电路产品成本中的占比也日益增加。我国的集成电路封测业一直占据我国集成电路产业市场的半壁江山。2012—2023 年，我国集成电路封测业除了 2015 年小幅下滑以外，每年的增长率均高于 8%。近几年，我国集成电路设计业和晶圆制造业增速明显加快，封测业增速相对缓慢，但封测业整体规模处于稳定增长阶段。中国半导体行业协会（CSIA）统计，2016—2022 年我国封测业销售额增长趋势如图 0-5 所示。从图中可以看出，从 2018 年起，我国封测业销售额已超过 2 000 亿元。

笔记栏

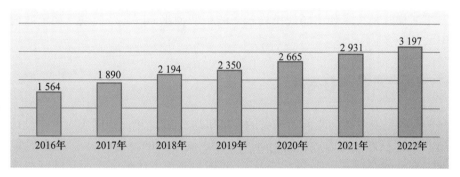

图 0-5　2016—2022 年我国封测业销售额增长趋势（单位：亿元）

图 0-6 给出了 2017—2023 年我国集成电路产业结构分布，从图中可以看出，封测业自 2019 年以来即成为集成电路产业中占比最大的环节，占比稳定为 30%～40%。未来中国集成电路产业将会不断优化产业结构，在保持封测业持续增长的情况下，增加设计业、晶圆制造业的占比，整个产业的销售"蛋糕"将加大。

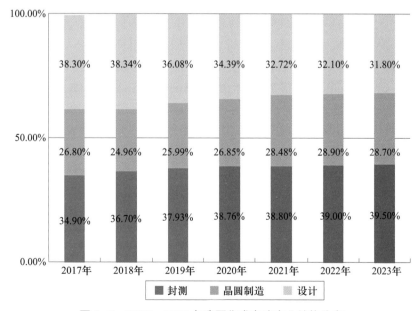

图 0-6　2017—2023 年我国集成电路产业结构分布

过去，国内企业的技术水平和产业规模落后于业内领先的外资、合资企业，但随着时间的推移，国内企业的技术水平发展迅速，产业规模得到进一步提升。业内领先的长电科技、通富微电、华天科技三大中国大陆企业的部分技术水平已经与海外同步，如铜制程技术（用铜丝替代金丝，节约成本）、晶圆级封装等。在量产规模上，BGA 在三大封测企业都已经实现批量出货，WLP 和 SIP 的订单量也在亿元级别。长电科技已跻身全球第三大封测企业，其他企业也取得了很大发展。目前，三大封测企业凭借资金、客户服务和技术创新能力，已与业内领先的外资、合资企业一并位列我国封测业第一梯队；第二梯队则是具备一定技术创新能力、高速成长的中等规模企业，该类企业专注于技术应用和工艺创新，主要优势为低成本和高性价比；第三梯队是技术和市场规模均较弱的小型企业，该类企业缺乏稳定的销售收入，但数量最多。

0.2.3　国内产业机遇与挑战

目前我国封测业正迎来前所未有的发展机遇。2017 年，中国集成电路设计、晶圆制造、封测三部分的营收占比分别为 38.30%、26.80%、34.90%。与世界集成电路产业三部分的合理占比 3 : 4 : 3 相比，我国封测业占比偏高，而晶圆制造业相比世界平均水平差距较大。封测业市场份额高度集中，马太效应显现，通过并购提升行业集中度。2018 年全球十大委外封测（OSAT）厂商合计市占率超过 80%，行业高度集中。因为 OSAT 与 Foundry（代工厂）在产业链上紧密关联，依靠台积电在代工市场超过 50% 份额的垄断地位，我国台湾地区在 OSAT 市场也扮演着主导角色。2018 年全球十大 OSAT 厂商中，中国共 8 家、美国 1 家、新加坡 1 家。随着半导体行业进入成熟期，市场竞争越发激烈，马太效应越发显著，导致近年行业并购频发，中国封测厂也通过并购迅速提升自身技术实力和规模。

尽管 2022 年全球半导体整体市场表现不佳，同时半导体设备短缺，导致交货时间延长，价格上涨，给封测业经营带来相当压力，而且封测公司下半年产能利用率有所下降，但全球 OSAT 厂商仍然交出了一份亮丽的成绩单。2023 年 1 月，芯思想研究院（ChipInsights）发布 2022 年全球 OSAT 榜单，如表 0-6 所示。数据显示，2022 年全球 OSAT 整体营收较 2021 年增长 9.82%，达到 3 153.50 亿元；其中前十大厂商的合计营收达到 2 459.15 亿元，较 2021 年增长 10.44%。表中不包括 IDM 自有封测和晶圆代工厂提供封测的营收。

表 0-6　2022 年全球 OSAT 榜单　　　　单位：百万元人民币

2022 年排名	2021 年排名	厂商	国家及地区	2021 年营收	2022 年营收	年增长	2021 年市占率	2022 年市占率
1	1	日月光控股 ASE	中国台湾	77 240	85 489	10.68%	26.90%	27.11%
2	2	安靠 Amkor	美国	38 606	44 393	14.99%	13.44%	14.08%
3	3	长电科技 JCET	中国大陆	30 502	33 778	10.74%	10.62%	10.71%
4	5	通富微电 TFME	中国大陆	15 812	20 519	29.77%	5.51%	6.51%

2022 年排名	2021 年排名	厂商	国家及地区	2021 年营收	2022 年营收	年增长	2021 年市占率	2022 年市占率
5	4	力成科技 PTI	中国台湾	18 916	19 277	1.91%	6.59%	6.11%
6	6	华天科技 HUATIAN	中国大陆	12 097	12 127	0.25%	4.21%	3.85%
7	7	智路封测 WiseRoad*	中国大陆	9 146	10 968	19.92%	3.19%	3.48%
8	8	京元电子 KYEC	中国台湾	7 788	8 448	8.47%	2.71%	2.68%
9	10	顽邦 Chipbond	中国台湾	6 247	5 515	−11.72%	2.18%	1.75%
10	9	南茂 ChipMOS	中国台湾	6 321	5 401	−14.55%	2.20%	1.71%
前十大合计				222 675	245 915	10.44%	77.55%	77.98%
其他				64 466	69 435	7.71%	22.45%	22.02%
全球合计				287 141	315 350	9.82%	100.00%	100.00%

注：* 智路封测的营收包括 UTAC 和日月新半导体。

近年来国家出台一系列有关政策文件，进一步加大了对集成电路产业的支持。国内新兴产业市场的拉动，也促进了集成电路产业的发展。此外，由于全球经济恢复缓慢，加上人力成本等原因，国际半导体大公司产业布局正面临大幅调整，封测企业的并购动作频繁发生，如力成科技于 2017 年收购美光、日月光半导体于 2017 年收购矽品精密、安靠于 2016 年收购欧洲封测龙头 Nanium 等。我国封测企业通过并购和自身研发，迅速减少与海外企业的差距，例如长电科技通过并购星科金朋拥有了 SIP、TSV、Fan−Out（扇出）等先进封装技术。目前我国封装龙头企业先进封装的产业化能力已经基本形成，只是在部分高密度集成等先进封装上与国际先进企业仍有一定差距。同时通过并购，我国封测企业快速获得海外客户资源，实现了跨越式发展。

0.3　人才链分析

0.3.1　岗位发展路线

集成电路封测岗位发展模式是：毕业生到企业报到后，首先进行专业基础、生产安全、5S 现场管理、规章制度等方面的培训，然后被分配到各部门的具体岗位，由带班师傅进行一对一指导。高职学生的晋升渠道有两种：一种是技术渠道，从生产岗位到技术员岗位，再到工程师岗位。生产岗位的主要工作是进行设备的日常操作，如开关机、检查、生产等；技术员岗位的主要工作是在设备出现故障时，及时地判断故障、排除故障；工程师岗位具体包括设备工程师、封装工程师、测试工程师和应用工程师等，设备工程师的主要工作是对设备和产线进行一定的机械电气改造，需要较强的综合能力，封装工程师、测试工程师和应用工程师需要对芯片的封装类型和结构有所了解，或者具备电子电路分析、软件开发及嵌入式开发的能力。另一种晋升渠道是从生产岗位到技术员岗位，再到售后服务岗位，最后到销售岗位，如图 0-7 所示。

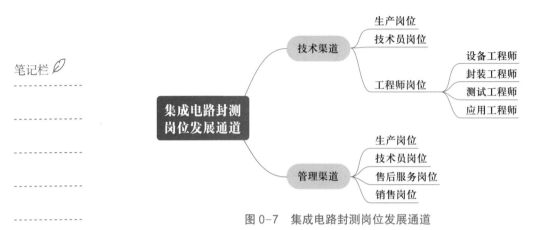

图 0-7　集成电路封测岗位发展通道

0.3.2　知识、能力和素养要求

集成电路封测生产环节复杂，涉及的工艺、设备和岗位众多。封测工艺流程包括减薄、划片、粘接（装片）、引线键合、塑封、激光打标、电镀、切筋成型、测试、包装、检验等。从生产涉及的设备看，多达上百种，如减薄机、划片机、装片机、引线键合机、塑封机、切筋成型机、激光打标机、测试机、探针台、分选机、包装机、视觉检查机等；从工作岗位需求看，有生产岗、维护维修岗、工程岗、质检岗、调度岗等。不同的生产环节均有不同的技术要求和岗位需求。总体来说，集成电路封测岗位对就业人员的知识、能力和素养要求如表 0-7 所示。

表 0-7　知识、能力和素养要求

类型	集成电路封装岗位	集成电路测试岗位
知识	（1）熟悉集成电路封装知识。 （2）熟悉多种封装工艺：功率器件封装、打线类封装、凸点工艺封装、功率模块封装、MEMS（微机电系统）封装、光电产品封装。 （3）熟悉国内几大封装厂的工艺，对目前业内的封装资源、能力有一定了解	（1）熟悉芯片产品的测试技术。 （2）熟练使用工程测试设备（如测试机）调试产品
能力	（1）能进行芯片封装方案设计评估，协调内外资源以提供低成本、高可靠的封装方案。 （2）能进行封装设计、布局、封装参数提取、SI（信号完整性）仿真、热仿真	能根据产品性能、生产工艺、新产品开发流程，对现有产品进行维护，跟进并处理开发中的问题

类型	集成电路封装岗位	集成电路测试岗位
素养	（1）具有组织协调能力。 （2）能够承受一定的工作压力，具有良好的客户服务意识和团队合作及沟通能力。 （3）能识读设备安全标识。 （4）能判断设备周围电源、物料等环境安全，能识别设备开关机安全状态。 （5）能遵守设备安全工作守则。 （6）能处理设备潜在的安全隐患	

笔记栏

0.3.3 岗位技能要求

除了上述基本的知识、能力和素养要求外，企业也都希望学校能够开展针对封测业岗位人才需求的专业知识和能力的培养，如集成电路行业背景知识，集成电路封测生产工艺、封装技术、测试技术，封测生产设备原理及其维护，封测生产设备故障排查，封测企业安全生产管理，集成电路品质检测与管理等，让学生对集成电路封测有初步的认识，进入企业就能很快地适应环境，而不用企业再花费大量的人力、物力进行岗前培训。

0.4 教育链分析

集成电路封装与测试的专业教育主要对接社会或行业企业的集成电路封装、测试等岗位，主要面向集成电路制造和封装相关工序、集成电路测试项目的生产设备操作和维修、工艺设计、测试开发设计、工艺参数调试、材料评估、低良率分析、产线质量管理等技术工作。具体能力标准如表 0-8 所示。

表 0-8 能力标准

工作领域	工作任务	职业技能要求	思政元素
晶圆测试	1. 晶圆检测	（1）能根据测试条件要求更换探针卡。 （2）能判定晶圆测试过程中扎针位置、深度是否符合要求。 （3）能对测试机、探针台进行程序加载及参数设置。 （4）能判别测试机、探针台在运行过程中发生的故障类型	讲解中高端芯片测试设备基本被国外垄断，国内企业成功突围案例，培养科技报国的家国情怀和使命担当

工作领域	工作任务	职业技能要求	思政元素
晶圆测试	2. MAP图标定	（1）能进行 MAP 图的核对。 （2）能根据芯片要求加载打点程序。 （3）能判定晶圆打点过程中墨点是否满足要求。 （4）能在标定完成后进行标定数据的校核。 （5）能判别在晶圆打点运行过程中发生的故障类型。 （6）能完成墨管的日常维护和保养	解读工作纪律，培养正确的劳动观，崇尚劳动，尊重劳动
	3. 墨点烘烤	（1）能进行墨点烘烤工艺操作。 （2）能根据晶圆要求设置烘箱温度。 （3）能根据晶圆要求设置烘烤时长。 （4）能判别在墨点烘烤过程中发生的故障类型	通过精准设置烘烤时间、温度，培养精益求精、一丝不苟的大国工匠精神
	4. 晶圆目检	（1）能进行晶圆目检工艺操作。 （2）能根据芯片的大小选择合适的打点墨管。 （3）能对扎针、打点不良的晶圆进行判定。 （4）能对扎针、打点不良的晶圆进行剔除操作	解读工作纪律，培养正确的法律意识、规则意识
集成电路封装	1. 晶圆减薄及划片	（1）能设置划片深度及减薄尺寸等常规参数。 （2）能判别晶圆减薄、划片的设置是否符合工艺要求。 （3）能识别减薄机、划片机报警故障类型。 （4）能检查减薄、划片晶圆质量，判断是否有崩边、划伤等不合格情况	以磨片的工艺参数设置为例，培养分析问题和解决问题的能力；通过分析贴膜流程，培养积极进取的工作态度
	2. 芯片粘接	（1）能正确安装点胶头。 （2）能进行芯片粘接工艺操作。 （3）能识别装片机报警故障类型。 （4）能检查粘接质量，判断是否有粘偏、焊接不牢固、溢胶、打点芯片误焊接等不合格情况	—
	3. 引线键合	（1）能根据工艺要求选择键合线的材料与线径。 （2）能进行引线键合工艺操作。 （3）能识别引线键合机报警故障类型。 （4）能检查键合质量，判断是否有漏键、断裂、弹坑等不合格情况	—

工作领域	工作任务	职业技能要求	思政元素
集成电路封装	4. 芯片塑封及激光打标	（1）能正确放置模具和塑封料。 （2）能进行塑料封装、激光打标工艺操作。 （3）能正确调用打标文件并进行文本编辑。 （4）能识别塑封机、激光打标机报警故障类型。 （5）能检查塑封质量，判断是否有塑封缺损、划痕、气孔等不合格情况	以塑封过程中模温的要求为例，培养精益求精的大国工匠精神；以油墨打印向激光打标转变为例，培养积极进取的工作态度；以军工产品为例，培养严谨的工作作风
	5. 芯片电镀及切筋成型	（1）能进行电镀、切筋成型工艺操作。 （2）能根据引脚成型要求选择切筋模具。 （3）能识别切筋成型机报警故障类型。 （4）能根据封装的不同外形，选择对应的芯片引脚电镀方式。 （5）能检查切筋成型质量，判断是否有断脚、弯曲等不合格情况	以电镀过程中电镀液配方为例，培养团队协作的合作精神
集成电路测试	1. 重力式检测分选	（1）能进行重力式芯片检测工艺操作。 （2）能根据重力式芯片测试条件要求更换对应测试夹具。 （3）能根据重力式分选机在测试过程中测试夹具引起的良率偏低故障进行夹具微调。 （4）能判别测试机、重力式分选机在运行过程中发生故障的类型	以测试机为例，讲解在技术不领先的情况下如何创新，培养创新意识；通过讲解繁多的芯片测试方案，明确增加知识广度的必要性，提高学习积极性和主动性
	2. 平移式检测分选	（1）能进行平移式芯片检测工艺操作。 （2）能根据平移式芯片测试条件要求更换对应测试夹具。 （3）能根据平移式分选机在测试过程中测试夹具引起的良率偏低故障进行夹具微调。 （4）能判别测试机、平移式分选机在运行过程中发生故障的类型	—
	3. 转塔式检测分选	（1）能进行转塔式芯片检测工艺操作。 （2）能根据转塔式芯片测试条件要求更换对应测试夹具。 （3）能根据转塔式分选机在测试过程中测试夹具引起的良率偏低故障进行夹具微调。 （4）能判别测试机、转塔式分选机在运行过程中发生故障的类型	—

笔记栏

续表

工作领域	工作任务	职业技能要求	思政元素
集成电路测试	4. 芯片编带	（1）能进行编带工艺操作。 （2）能进行编带质量检查。 （3）能完成编带耗材（载带、盖带）的更换。 （4）能识别编带机在运行过程中发生的故障报警	—
	5. 芯片目检	（1）能正确完成不同封装芯片的外观检查。 （2）能对外观不良的芯片进行替换。 （3）能完成不同封装芯片的整盒拼零操作。 （4）能根据封装芯片判断是否需要进行真空包装	—
	6. 集成电路测试开发	（1）能正确理解测试系统要求。 （2）能根据产品手册要求设计测试系统。 （3）能根据设计要求熟练绘制原理图并调用元件库。 （4）能根据需求绘制 PCB 图元器件封装。 （5）能根据需求正确设置 PCB 规则并根据原理图完成 PCB 图的布局与布线。 （6）能正确导出 PCB 加工文档，编写生产所需加工文档，编写生产所需工艺文件	以国产测试机打破国外垄断为例，培养强烈的事业心

高等职业院校集成电路类专业可根据行业企业对生产、研发人才的需求，结合"集成电路封装与测试"职业技能等级标准中的中级要求，组建集成电路封装与测试模块课程，除了本教材对应课程"集成电路封装与测试"外，核心课程还应包括"集成电路制造技术""电子线路板设计与制作"等，选修课程可包括"电子产品品质管理""专业英语""现代电子装联技术"等。

0.5　结语

本书可作为高等职业本科、专科院校集成电路工程技术、集成电路技术、微电子技术等专业的核心课程"集成电路封装与测试"的教材或参考书，其内容完全对接行业企业集成电路封装、测试及相关岗位要求，也能满足"集成电路封装与测试"职业技能等级标准相关要求，可作为1+X职业技能等级证书的培训教材及参考书。

本书以企业真实岗位职业能力要求及案例为主线进行项目化设计，以工艺类别为内容组织依据，设置了5个项目：项目一、项目二介绍模拟芯片的封装与测试技术，项目三、项目四介绍数字芯片的封装与测试技术，项目五介绍混合电路芯片的封装与测试技术，如图 0-8 所示。

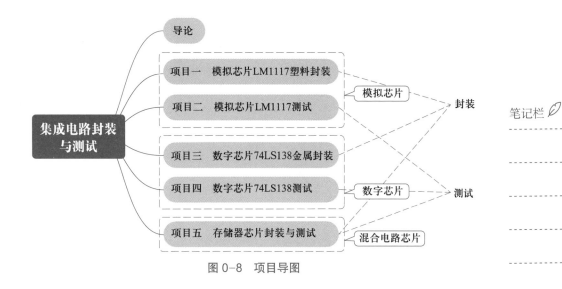

图 0-8 项目导图

各项目中包含若干任务，按照 4 个步骤开展任务：通过"任务单"布置具体任务，让学生带着任务思考；通过"任务资讯"提供完成任务所需的知识、技能和素养工具，在"小思考""以赛促练"环节中引入相关大赛赛题；通过"任务实施"提供完成任务所需的工具、步骤等；参照 1+X 职业技能等级证书要求和技能大赛考核标准，通过"任务检查与评估"提供评价工具。遵循以项目为主线、教师为引导、学生为主体的原则编排内容，同时以学生为中心，安排教学反馈环境，提升教学效果。

各项目均设有"拓展与提升"版块，在"集成应用"环节中，要求学生独自总结学习内容，绘制知识图谱和技能图谱；在"创新应用设计"环节中，引入工作过程需要解决的真实技术问题，提高创新应用能力；在"证书评测"环节中，引入 1+X 职业技能等级证书试题，展示 1+X 职业技能等级证书与本课程的关系，并满足部分学生技术技能提升和检验的需求。

本书部分教学资源采用二维码链接的形式提供，将根据技术发展的情况实时更新相关内容，保证教学内容的实效性。

为解决集成电路封装与测试领域实训室建设投入大、维护难等问题，本书通过国家级职业教育示范性虚拟仿真实训基地建设项目，提供集成电路封装、测试相关虚拟仿真实训资源，有需求的读者可联系 Lujing@cqcet.edu.cn。

笔记栏

项目一
模拟芯片 LM1117 塑料封装

首先来认识一下模拟芯片。数字芯片最擅长处理数字 0 和 1，而模拟芯片可以读取和处理语音、音乐和视频等连续信号。因此，模拟芯片为需要存储和操作的数字世界搭建了一座桥梁。根据功能划分，模拟芯片可分为电源管理芯片、信号链芯片、射频芯片和其他芯片等。

模拟集成电路主要是指将电阻、电容、晶体管、MOS（金属－氧化物半导体）管等元器件在晶圆内部集成在一起，用来处理模拟信号的电路。1958 年，杰克·基尔比在锗材料上用 5 个元器件实现了一个简单的振荡器电路，成为世界上第一块集成电路。随着集成电路制造工艺的发展，各种各样的模拟集成电路得到迅速发展。目前模拟集成电路的种类繁杂，按照其应用可分为通用模拟集成电路和专用模拟集成电路两大类。

1. 通用模拟集成电路

顾名思义，通用模拟集成电路是用途广泛的模拟集成电路，可以被灵活地集成于各种 SoC（系统级芯片）的内部，作为 SoC 内部的单元模块使用。

通用模拟集成电路可以分为以下几大类：

① 放大器（Amplifiers）：放大器是通用模拟集成电路中最常见的一类。它们用于放大输入信号的幅度，以增加信号的强度或使其适合后续处理。放大器可以分为运算放大器、差分放大器、功率放大器等。

② 滤波器（Filters）：滤波器用于选择性地通过或抑制特定频率范围内的信号。它们可以分为低通滤波器、高通滤波器、带通滤波器和带阻滤波器等。

③ 模数转换器（Analog-to-Digital Converters，ADC）：模数转换器将模拟信号转换为数字信号。它们通常用于将传感器信号转换为数字形式以进行数字信号处理或存储。

④ 数模转换器（Digital-to-Analog Converters，DAC）：数模转换器将数字信号转换为模拟信号。它们通常用于数字信号处理后将信号转换为模拟形式，以便驱动模拟设备。

⑤ 比较器（Comparators）：比较器用于比较两个输入信号的大小，并输出一个相应的逻辑电平。它们通常用于电压比较、触发器和开关等应用。

以上是通用模拟集成电路中的一些常见类别，每个类别中还有更多的子类别和特定的功能模块。这些不同类型的模块可以根据具体的应用需求进行组合和配置，以实现所需的功能。

2. 专用模拟集成电路

专用模拟集成电路是只能在某一类产品中使用的模拟集成电路，如无线电专用和音频专用模拟集成电路等。专用模拟集成电路主要包括以下几种：

① 音频放大专用运算放大器，如各种输出类型的放大器、耳机放大器、立体声放大器等。

② 专用显示驱动电路，如发光二极管、液晶显示器、平板显示器、CRT（阴极射线管）监视器等的专用显示驱动电路。

③ 专用接口电路，如全差分信号与单端信号的接口与缓冲器、差分信号与单端信号的接收发送器、各种标准的以太网接口电路。

④ 温度传感控制电路，如温度开关、硬件温度监控电路。

⑤ 其他专用模拟集成电路，如汽车专用模拟集成电路、无线专用模拟集成电路、通信专用模拟集成电路、时钟发生电路等。

专用模拟集成电路内部通常包含通用模拟集成电路模块，随着集成电路制造工艺的不断发展以及芯片加工工艺技术水平的提高，专用模拟集成电路的种类也大大增加。目前的 SoC 实际上包含系统电路的全部功能，如各种标准的接口电路、驱动电路、ADC/DAC 电路、功率管理电路等由模拟电路来承担，信号处理与传输电路、存储电路等则由数字电路完成。

LM1117 是一款常见的模拟芯片，它是一个低压差线性调节器，通过调节外部电阻可以实现 1.8 V、2.5 V、2.85 V、3.3 V 和 5 V 的电压输出。因此，在电路设计中，可以把它当作一个稳压器使用，也可以把它用在 DC/DC 电源模块的转换器中。此外，在电池充电器、电池供电装置、笔记本计算机的电压管理等方面，也能见到它的身影。LM1117 芯片通常采用塑料封装，封装形式有两种，如图 1-1 所示。

图 1-1　LM1117 芯片

本项目要求根据塑料封装技术规范对 LM1117 裸芯片进行塑料封装。按照塑料封装工艺流程,将本项目划分为 LM1117 前道封装和 LM1117 后道封装两个任务,如图 1-2 所示。

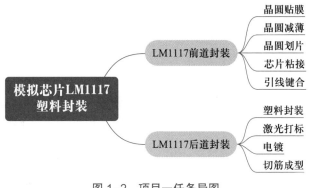

图 1-2 项目一任务导图

完成本项目的学习后,应实现以下目标:

知识目标 »»»

① 掌握芯片塑料封装的工艺流程。

② 掌握晶圆贴膜、晶圆减薄、晶圆划片、芯片粘接、引线键合、塑料封装、激光打标、电镀、切筋成型的工艺原理。

③ 理解晶圆贴膜、晶圆减薄、晶圆划片、芯片粘接、引线键合、塑料封装、激光打标、电镀、切筋成型的工艺目的。

④ 掌握塑料封装常用设备的保养方法及常见故障处理方法。

能力目标 »»»

① 能识别芯片封装的工序,选择合适的封装材料和工艺方法,合理设计工艺流程,并运用在生产实践中。

② 能正确进行晶圆塑料封装工艺操作。

③ 能对芯片塑料封装产品质量进行合理检验。

④ 能正确完成封装设备,如减薄机、划片机、塑封机、激光打标机、切筋成型机等的日常保养及常见故障处理。

素养目标 »»»

① 培养新技术和新知识的自主学习能力,建立正确的学习观。

② 培养安全生产意识,建立对安全工作的正确认识。

③ 培养严谨求实、一丝不苟的工作态度,树立产品质量是企业立足根本的责任意识。

④ 培养创新精神,树立创新是国家发展、社会发展、个人发展动力的正确认识。

笔记栏

任务 1.1　LM1117 前道封装

✏️ **开启新挑战——任务描述**

温馨提示：某集成电路封装企业接收到一批业务订单，需要在规定的时间内完成 LM1117 芯片塑料封装的前道工序，根据图 1-3 所示的任务导图完成任务。

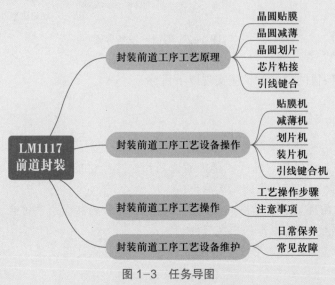

图 1-3　任务导图

你的角色：该企业技术骨干，拥有自己的工艺研发团队及封装设备。
你的职责：在规定的时间内，完成 LM1117 芯片塑料封装的前道工序。
突发事件：团队成员中有新员工，对封装工艺不熟悉。

🗂️ **团队新挑战**

要求在掌握封装工艺流程的前提下，遵守工艺操作规范，与团队成员共同协作，完成晶圆贴膜、晶圆减薄、晶圆划片、芯片粘接、引线键合工艺操作，提交 LM1117 前道封装工艺报告。可参考步骤如下：
①完成 LM1117 芯片塑料封装前道工序的工艺流程设计。
②完成晶圆贴膜、晶圆减薄、晶圆划片、芯片粘接、引线键合工艺操作。
③完成晶圆贴膜机、减薄机、划片机、装片机、引线键合机等设备维护，解决芯片塑料封装前道工序工艺过程中常见的问题。
④根据任务单要求进行任务计划及实施，提交 LM1117 前道封装工艺报告。

任务单

根据任务描述，本次任务需要完成 LM1117 芯片塑料封装的前道工序，解决工艺过程中常见的产品问题，并提交 LM1117 前道封装工艺报告，具体任务要求参照表 1-1 所示的任务单。

表 1-1　任　务　单

项目名称	模拟芯片 LM1117 塑料封装
任务名称	LM1117 前道封装
任务要求	
（1）任务开展方式为分组讨论＋工艺操作，每组 3～5 人。	
（2）完成 LM1117 芯片塑料封装前道工序工艺的资料收集与整理。	
（3）进行 LM1117 芯片塑料封装前道工序的工艺设计，完成前道工序操作并进行工艺质量评估。	
（4）提交 LM1117 前道封装工艺报告，包括但不限于塑料封装前道工序工艺操作方案	
任务准备	
1. 知识准备：	
（1）封装前道工序工艺流程。	
（2）晶圆贴膜工艺原理、目的、工艺流程。	
（3）晶圆减薄工艺原理、目的、工艺流程。	
（4）芯片粘接目的、工艺分类及流程。	
（5）引线键合方法、工艺流程。	
2. 设备支持：	
（1）仪器：贴膜机、减薄机、划片机、装片机、引线键合机或集成电路虚拟仿真平台。	
（2）工具：计算机、书籍资料、网络	
工作步骤	
（1）小组成员破冰沟通，分析工作任务，根据成员特点完成任务分工。	
（2）小组成员各自根据分工完成 LM1117 芯片塑料封装前道工序的工艺设计、工艺操作，对封装产品质量进行评估。	
（3）小组成员共同讨论完成 LM1117 前道封装工艺报告的设计。	
（4）与其他小组交流学习。	
（5）小组成员共同完成 LM1117 前道封装工艺报告的编写。	
（6）小组成员完成项目任务展示内容的编写	
总结与提高	
1. 小组自评：	
（1）每位成员根据 LM1117 前道封装任务评价单进行自我评价。	
（2）每位成员对 LM1117 前道封装任务实施的收获进行总结，从知识、能力、素养 3 个方面进行。	
2. 小组互评：	
（1）对其他小组 LM1117 前道封装任务实施的情况进行评价，从知识、能力、素养 3 个方面进行。	
（2）对其他小组 LM1117 前道封装任务实施的创新点进行总结。	
3. 拓展提高：	
（1）总结归纳评价意见，组内讨论完善报告。	
（2）通过提交报告，进一步规范操作工艺	

笔记栏

在明确本学习任务后，需要先熟悉芯片封装的工艺流程及芯片封装前道工序的工艺原理、工艺流程、工艺操作等，并通过查询资料，进一步完善实际工艺中芯片塑料封装前道工序的知识储备，结合 1+X 职业技能等级证书标准及技能大赛要求，根据自主学习导图（图 1-4）进行相应的学习。

笔记栏

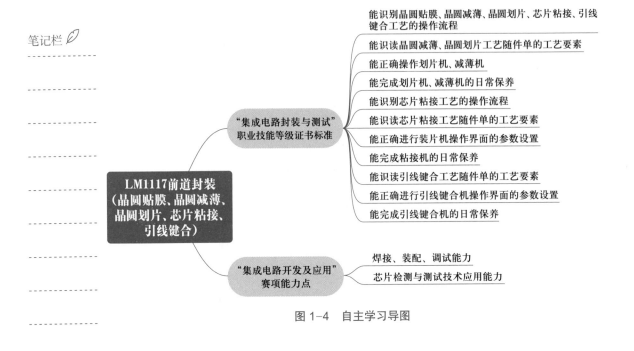

图 1-4　自主学习导图

任务资讯

小阅读

从《芯片和科学法案》到科技自立自强

　　2022 年 8 月 9 日，美国总统拜登在白宫正式签署《芯片和科学法案》。该法案通过为美国半导体生产和研发提供巨额补贴，推动芯片制造产业落地美国，并限制获美国国家补贴的公司在中国投资 28 nm 以下制造工艺的技术。

　　针对此法案，中国商务部表示坚决反对，并指出其中部分条款限制有关企业在华正常经贸与投资活动，具有明显的歧视性，严重违背了市场规律和国际经贸规则，将对全球半导体供应链造成扭曲，对国际贸易造成扰乱。

　　面对这样的情况，我们必须在党的二十大精神的指引下，坚持科技自立自强，加快建设并早日实现科技强国。

📖 **基础知识**

1. 工艺流程

封装是对一个或多个半导体芯片、膜元件或其他元器件的包封，它提供电连接及机械和环境的保护。芯片封装环节在晶圆完成制作与检测之后进行，与晶圆制作相比，封装工艺相对简单，它起着安装、固定、保护芯片以及增强芯片散热的作用，另外还能实现内部晶粒与外部电路的连接。图 1-5 所示为芯片封装后的结构剖析。

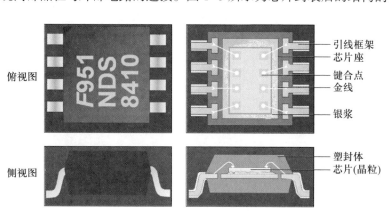

图 1-5 芯片封装后的结构剖析

封装技术的好坏直接影响芯片自身性能的发挥，以及与之连接的印制电路板的设计和制造，因此是至关重要的。不同产品、不同企业的封装步骤会略有不同，但基本流程不会有大的差别。

封装工序一般可以分成两个部分：前道工序和后道工序。前道工序是指封装成型之前的工艺步骤，后道工序是指封装成型之后的工艺步骤。因此，对塑料封装而言，前道工序是指用塑料封装成型之前的工艺步骤。对于不同封装材料，前道工序大致相同，主要包括晶圆减薄、晶圆划片、芯片粘接和引线键合。塑料封装的后道工序主要包括塑料封装（简称塑封）、激光打标、电镀和切筋成型。对于其他材料的封装工艺流程，将在项目三中进行讲解。

本任务以 LM1117 芯片的塑料封装为例，介绍封装工艺的前道工序。典型塑料封装工艺流程如图 1-6 所示。

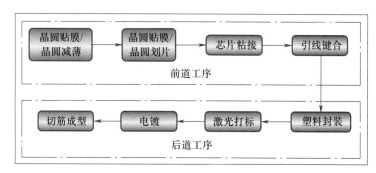

图 1-6 典型塑料封装工艺流程

笔记栏

2. 晶圆贴膜

（1）晶圆贴膜的定义与目的

晶圆贴膜是在晶圆表面贴上保护膜的过程，通常采用蓝膜作为保护膜。一般情况下，在晶圆减薄工序和晶圆划片工序之前需要进行贴膜操作。

晶圆减薄前在晶圆的正面进行覆膜，如图 1-7 所示，其目的是保护晶圆正面的电路，防止晶圆在减薄过程中被损坏或受到污染，同时增强晶圆在减薄时的固定能力，使其不易发生移动。

晶圆划片前在晶圆的背面进行覆膜，如图 1-8 所示，其目的是使晶圆划片过程中不脱落、不飞散，即固定晶圆，使其不发生移动，以及保证划片后的晶粒不散落，从而能被准确地切割。此外，划片前贴膜还能支撑划片后的晶圆，使其保持原来的形状。

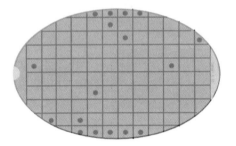
图 1-7 晶圆减薄前正面覆膜

图 1-8 晶圆划片前背面覆膜

（2）晶圆贴膜原材料

在晶圆减薄、晶圆划片过程中都会用到一种用于固定晶圆和芯片的膜。在实际生产过程中，一般使用 UV 膜或蓝膜，如图 1-9 所示。UV 膜通常称为紫外线照射胶带，蓝膜通常称为电子级胶带。两者相比，UV 膜较蓝膜稳定。UV 膜无论在紫外线照射之前还是照射之后，黏度都比较稳定，但成本较高；蓝膜的成本相对比较低，但是黏度会随着温度的变化而发生变化，而且容易留残胶。通常来说，小尺寸晶圆减薄、划片时使用 UV 膜，大尺寸晶圆减薄、划片时使用蓝膜。在实际工艺中，蓝膜成为晶圆贴膜的主流材料，本任务中晶圆贴膜使用的材料默认为蓝膜。

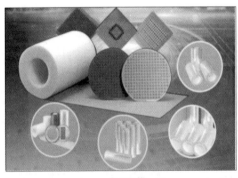
(a) UV膜

(b) 蓝膜

图 1-9 晶圆贴膜原材料

在晶圆贴膜过程中还需要使用晶圆贴片环，主要用在晶圆划片前的贴膜工序中，在贴膜的同时将晶圆贴片环通过蓝膜固定在晶圆外围。晶圆贴片环自带定位缺口，如图 1-10 所示。晶圆贴片环的作用有以下两点：

① 支撑晶圆，使切割后的晶圆依旧保持原来的形状。

② 固定晶圆。晶圆贴片环可以很好地把晶圆固定在晶圆框架盒里，使得晶圆在周转运输时不易被碰伤或刮花。

图 1-10 晶圆贴片环

除此之外，在晶圆贴膜过程中还需要用到晶圆框架盒，它是主要用于装载完成贴膜的晶圆的容器，可以避免晶圆随意滑动而发生碰撞，有效保护晶圆和晶粒的完整度，同时便于周转搬运。晶圆框架盒如图 1-11 所示。

图 1-11 晶圆框架盒

（3）晶圆贴膜设备

晶圆贴膜一般在贴膜机上进行。贴膜机是通过橡胶滚轮，使蓝膜与晶圆形成良好粘接的设备，如图 1-12 所示。贴膜机由设置区、贴膜区和蓝膜区组成。其中，设置区包括电源键、温度设置和真空开关等部分；贴膜区是进行覆膜操作的位置，包括贴膜盘和橡胶滚轮；蓝膜区则用于放置蓝膜。

除此之外，贴膜机要完成整个贴膜操作，必须包括送料装置、放膜装置、压膜驱动装置、压膜装置、切膜装置、剥膜装置及剥膜传动装置等。送料装置将晶圆送到贴膜盘上，放膜装置将蓝膜输送到贴模盘上方，压膜驱动装置滑动至贴膜盘上方，压膜装置进行压膜操作后，切膜装置对晶圆边缘进行切割，多余的蓝膜由剥膜装置及剥膜传动装置进行处理，从而完成晶圆贴膜。

贴膜过程中要进行静电消除，否则晶圆上的电路可能会受静电击穿而损坏，此时需要使用等离子风扇，如图 1-13 所示。等离子风扇是一种可提供平衡离子气流的离子消除器，可消除或中和集中目标和不易接触区域的静电荷。

笔记栏

图 1-12　贴膜机　　　　　　　　　　　图 1-13　等离子风扇

贴膜机按自动化程度可以分为手动、半自动、全自动贴膜机。这里以手动贴膜为例讲解贴膜工艺的操作步骤，如图 1-14 所示。

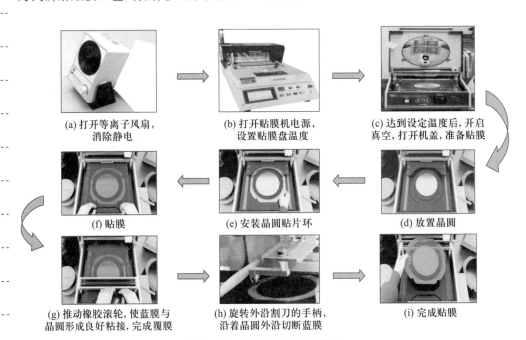

(a) 打开等离子风扇，消除静电

(b) 打开贴膜机电源，设置贴膜盘温度

(c) 达到设定温度后，开启真空，打开机盖，准备贴膜

(f) 贴膜

(e) 安装晶圆贴片环

(d) 放置晶圆

(g) 推动橡胶滚轮，使蓝膜与晶圆形成良好粘接，完成覆膜

(h) 旋转外沿割刀的手柄，沿着晶圆外沿切断蓝膜

(i) 完成贴膜

图 1-14　贴膜工艺的操作步骤

（4）晶圆贴膜的质量要求

晶圆贴膜作为晶圆划片的第一道保障，操作时需保证其质量合格，以满足晶圆划片时对晶圆或晶粒黏附牢固的需求。

贴膜的质量问题一般都是肉眼可见的，所以完成贴膜后操作员可通过目检的方式对贴膜质量进行检查。图 1-15 所示为贴膜合格的晶圆。

图 1-15　贴膜合格的晶圆

合格的贴膜应满足图 1-16 中给出的几点要求。

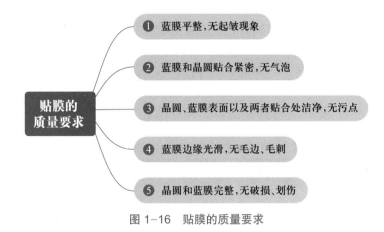

贴膜的质量要求

❶ 蓝膜平整,无起皱现象

❷ 蓝膜和晶圆贴合紧密,无气泡

❸ 晶圆、蓝膜表面以及两者贴合处洁净,无污点

❹ 蓝膜边缘光滑,无毛边、毛刺

❺ 晶圆和蓝膜完整,无破损、划伤

图 1-16　贴膜的质量要求

笔记栏

（5）贴膜机的日常维护

贴膜机主要用于完成在晶圆表面进行贴膜的操作，以便进行晶圆划片或晶圆减薄工艺。对贴膜机的日常维护是很有必要的，它可以增加贴膜机的使用年限，也可以保证贴膜工艺的正常进行，从而提高生产效率。贴膜机的日常维护如图 1-17 所示。

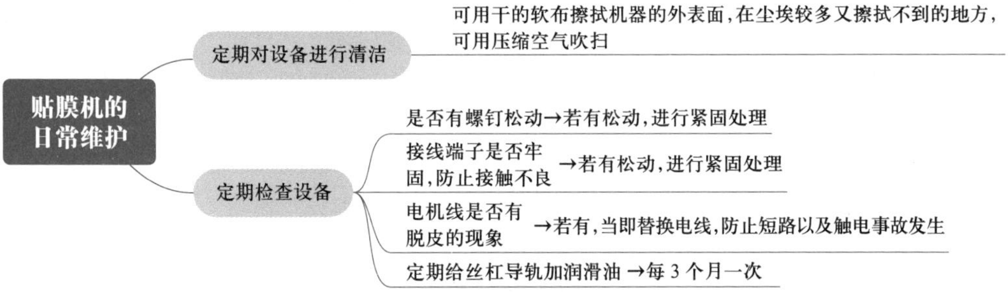

贴膜机的日常维护

定期对设备进行清洁　可用干的软布擦拭机器的外表面,在尘埃较多又擦拭不到的地方,可用压缩空气吹扫

定期检查设备

是否有螺钉松动→若有松动,进行紧固处理

接线端子是否牢固,防止接触不良 →若有松动,进行紧固处理

电机线是否有脱皮的现象 →若有,当即替换电线,防止短路以及触电事故发生

定期给丝杠导轨加润滑油→每 3 个月一次

图 1-17　贴膜机的日常维护

小思考

　　贴膜机（图 1-18）日常运行时会出现哪些故障？对于这些故障，应该如何解决？

图 1-18　贴膜机

（6）晶圆贴膜不良现象及其产生原因

遇到贴膜质量不良的情况需要先排查原因，确定是否是设备或工艺出现问题，并对不合格的贴膜产品做相应的处理。通常对于贴膜气泡、蓝膜起皱或破损等不影响晶圆质量的问题，只需将晶圆上的蓝膜取下，重新贴膜即可；对于晶圆划伤、破损等问题，则应视情况进行研磨或剔除操作。其中，贴膜后产生的气泡可以通过抽真空的方式确认空气的位置。表 1-2 所示为贴膜操作过程中部分常见的晶圆贴膜不良现象及其产生原因。

表 1-2　常见晶圆贴膜不良现象及其产生原因

晶圆贴膜不良现象	产生原因
晶圆和蓝膜之间存在气泡	（1）晶圆背面存在颗粒物。 （2）操作时贴膜的温度未达到设定值。 （3）贴膜温度设置不合理
蓝膜起皱	（1）铺贴后遇到温度变化。 （2）覆膜时蓝膜未拉紧
蓝膜破损	（1）存在硬物。 （2）拉动滚轮时用力过大
蓝膜毛边、毛刺	（1）横切刀质量出现问题。 （2）操作员切膜时操作不当
晶圆或蓝膜沾污	（1）贴膜机未清理干净。 （2）贴膜机漏油。 （3）蓝膜本身携带污物
晶圆划伤	（1）存在硬物。 （2）操作员操作不当

在处理贴膜不良的晶圆时需要取下晶圆上的蓝膜，该操作称为晶圆揭膜，如图 1-19 所示。对需要进行揭膜操作的晶圆照射适量紫外线，可以降低蓝膜的黏着力，轻松分离晶圆和蓝膜。

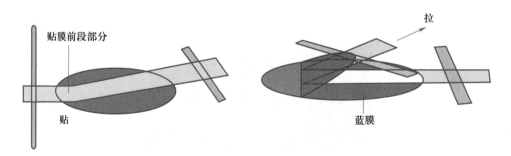

图 1-19　晶圆揭膜

小思考

"集成电路开发及应用"赛项样题

晶圆贴膜（图1-20）：请在集成电路虚拟仿真平台上进行集成电路制造封装工艺晶圆贴膜部分贴膜机的仿真操作。

图1-20　晶圆贴膜

3. 晶圆减薄

（1）晶圆减薄的定义与目的

为了降低生产成本，目前大批量生产所用到的硅片多在 8 in（1 in ≈ 2.54 cm）以上，由于其尺寸较大，为了使晶圆不易损坏，会相应增加晶圆厚度，但这给后续的切割带来了一定的困难。

随着集成电路技术的发展，集成电路在集成度、速度和可靠性不断提高的同时正向轻薄短小的方向发展。所以在封装时，要在晶圆背面进行减薄操作。晶圆减薄就是对晶圆背面的衬底进行减薄，从而使晶圆达到封装需要的厚度，如图1-21所示。

目前，硅片的背面减薄技术主要有磨削、研磨、化学机械抛光（Chemical Mechanical Polishing，CMP）、干式抛光（Dry Polishing）、电化学腐蚀（Electrochemical Etching）、湿法腐蚀（Wet Etching）、等离子辅助化学腐蚀（Plasma-Assisted Chemical Etching，PACE）、常压等离子腐蚀（Atmosphere Plasma Etching，APE）等。晶圆减薄常采用磨削的方式，通过磨削砂轮实现对晶圆的减薄，常见的磨削工艺有转台式磨削、晶圆自旋式磨削等，如图1-22所示。

磨削的过程可以分为3个阶段。第一阶段（粗磨阶段）：使用的金刚砂轮磨料粒度大，砂轮每转的进给量大，因此会引起较大的晶格损伤、边缘崩边；这个阶段占总减薄量的94%左右。第二阶段（精磨阶段）：使用的金刚砂轮磨料粒度很小，砂轮每转的进给量很小，可以消除粗磨阶段产生的损伤、崩边等现象；这个阶段占

微课
晶圆减薄

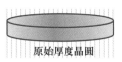

原始厚度晶圆

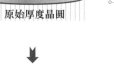

目标厚度晶圆

图1-21　晶圆减薄

总减薄量的 6% 左右。第三阶段（抛光）：最后几微米的厚度采用精磨抛光，磨削深度小于 0.1 μm。

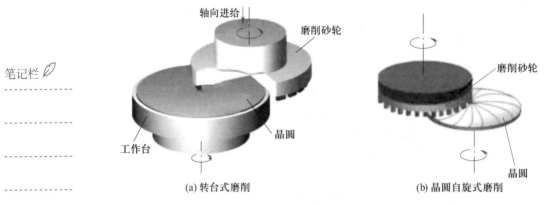

图 1-22　磨削减薄示意图

磨削方式的优点在于：磨削砂轮和晶圆的接触长度、接触面积、切入角不变。磨削减薄可以去除大部分的多余硅衬底，其加工效率高、平整度好、成本低，但减薄后的衬底存在表面损伤，其残余应力会导致减薄后的晶圆弯曲，且容易在后续工序中碎裂，从而影响产品质量，因此在减薄后应对晶圆背面进行精细研磨、抛光，形成光滑的表面。晶圆减薄的目的如图 1-23 所示。

图 1-23　晶圆减薄的目的

（2）晶圆减薄设备

晶圆减薄在减薄机上进行。减薄机的关键位置便是它的减薄工作区，主要由载片台和磨削砂轮组成，部分设备还会带有修整砂轮，其功能是对磨削砂轮进行精细修整。根据减薄机的自动化程度，可以将减薄机分为半自动减薄机和全自动减薄机；根据载片台和磨削砂轮的相对位置和运动方向的不同，可以将减薄机分为立式减薄机和卧式减薄机，如图 1-24 所示。

(a) 立式减薄机　　　　　　　　　　　　(b) 卧式减薄机

图 1-24　减薄机

（3）晶圆减薄工艺操作

一般情况下，晶圆减薄工艺的操作流程包括来料整理、原始厚度测量、上蜡 / 贴膜、二次厚度测量、减薄、去蜡 / 去膜、质量检查，如图 1-25 所示。

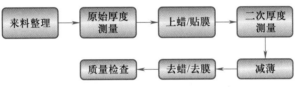

图 1-25　晶圆减薄工艺操作流程

① 来料整理：在开始操作前需要清理工位，保证工位整洁且无其他批号的晶圆，防止发生混批的情况。领取待减薄的晶圆后核对实物晶圆批号、数量等是否与随件单一致，核对正确后对晶圆进行清洗，使晶圆表面干净无异物。

② 原始厚度测量：进行减薄前测量晶圆的原始厚度，测量时采用在晶圆表面取 N 个样点分别进行测量的方式。图 1-26 所示为晶圆测厚仪。

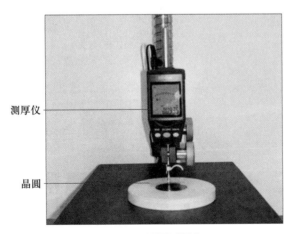

图 1-26　晶圆测厚仪

③ 上蜡 / 贴膜：对于进行背面减薄的晶圆，为保证晶圆能够固定在载片台上（载片台固定在减薄机的工作台上），使晶圆在减薄过程中不发生移动同时保护晶圆正面，需要在晶圆正面进行上蜡或贴膜的操作，使得晶圆与载片台之间形成牢固的

黏附。其中，上蜡是指通过加热固体蜡在晶圆背面涂蜡（图 1-27），通过压片冷却后即可实现晶圆在载片台上的固定；贴膜则是指在晶圆正面覆上蓝膜，以增强黏附性，将晶圆放到载片台上并施加一定的压力，即可固定晶圆。

图 1-27　晶圆上蜡

④ 二次厚度测量：测量各个点的厚度并与原始厚度进行比较，各点之间的误差应在合理范围内，以保证上蜡或贴膜的均匀性。

⑤ 减薄：在减薄机操作界面上调用减薄程序，设定需要的参数，并完成对刀操作，确定待减薄的晶圆与磨削砂轮接触的位置。确认无误后进入运行状态，开始减薄。

⑥ 去蜡 / 去膜：减薄结束后，取出晶圆，去除表面的蜡或蓝膜并擦拭干净，便于后续的质量检查。

⑦ 质量检查：减薄完成后测量晶圆各个点的厚度及其厚度差，保证晶圆厚度达到减薄要求且减薄均匀。可以用光学轮廓仪进行减薄质量的检测，如图 1-28 所示。光学轮廓仪可以对各种产品、部件和材料表面的平面度、粗糙度、波纹度、面形轮廓、表面缺陷、磨损情况、腐蚀情况、孔隙间隙、台阶高度、弯曲变形情况、加工情况等表面形貌特征进行测量和分析。测量数据需做好记录，以便后期参考与追溯。

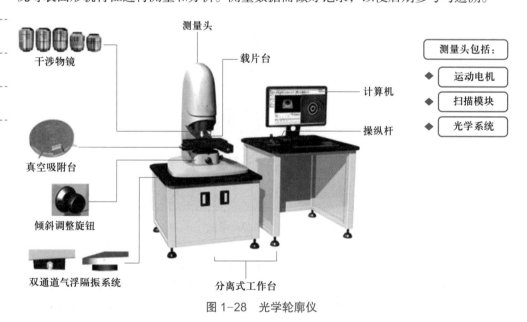

图 1-28　光学轮廓仪

（4）晶圆减薄工艺操作注意事项

晶圆减薄工艺的作用是对已完成功能的晶圆的背面基体材料进行磨削，去掉一定厚度的材料，以满足后续封装工艺的要求以及芯片的物理强度、散热性和尺寸要求。在晶圆减薄的工艺操作中需要注意的事项如图 1-29 所示。

笔记栏

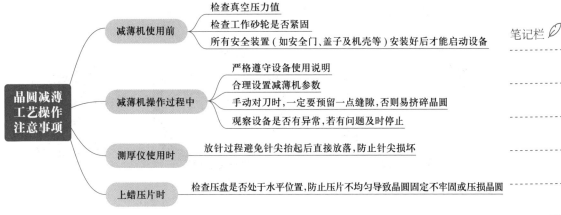

图 1-29　晶圆减薄工艺操作注意事项

（5）减薄机的日常维护

为了保证减薄的质量，需要定期对减薄机进行维护与检修，保证设备安全运行。减薄机的日常维护如图 1-30 所示。

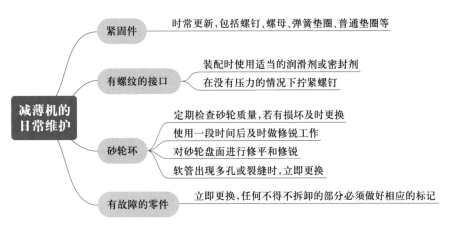

图 1-30　减薄机的日常维护

小思考

"集成电路封装与测试" 1+X 职业技能等级证书（中级）试题

（1）如何判断晶圆减薄的质量？

（2）晶圆减薄机运行时会出现哪些故障？如何解决？

（3）操作晶圆减薄机时需要进行哪些参数设置？

4. 晶圆划片

（1）晶圆划片的定义与目的

晶圆划片也称为晶圆切割，是指将经过背面减薄的晶圆上的一颗颗晶粒切割分离。完成切割后，一颗颗晶粒按晶圆原有的形状有序地排列在蓝膜上。此处所说的"晶粒"即晶圆上的一颗颗电路，在生产中通常称其为"芯片"，如图 1-31 所示。由此可见，晶圆划片的目的是将加工完成的晶圆上的一颗颗晶粒进行分离。

笔记栏

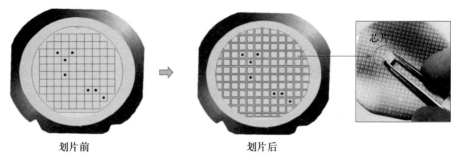

图 1-31　晶圆划片

晶圆划片有机械切割和激光切割两种方式，如图 1-32 所示。机械切割是通过高速旋转的刀片将绷膜好的晶圆切割成单个芯片，与此同时，通入冷却水来冷却由于高速摩擦而产生的热量，通入去离子水来清洗划片时产生的碎屑。激光切割是在极短的时间内，让激光束通过聚光透镜集中照射到微小面积上，使固体蒸发或升华，从而达到切割的目的。由于激光切割成本较高，因此目前机械切割较为常用，仍为晶圆切割的主流技术。

图 1-32　晶圆划片方式

机械切割方式通常使用金刚石颗粒构成的划片刀进行切割。在切割过程中，金刚石颗粒不断磨损，暴露出新的颗粒，保持刀片锋利并清除切割碎屑，这个过程称为"自锐"。

对于较小金刚石颗粒的划片刀，金刚石颗粒容易在切割时从刀片上剥落，切割后晶圆背面崩裂小，划片质量较好，但该类型刀片要求划片速度较慢，刀片寿命较短；较大金刚石颗粒的划片刀寿命较长，但划片背面崩裂较大。在划片过程中，常见的缺陷有正崩和背崩，如图 1-33 所示。正崩是由金刚石颗粒与硅片表面的接触情况决定的，而背崩是由刀片垂直方向的力对硅片造成的微裂缝决定的。

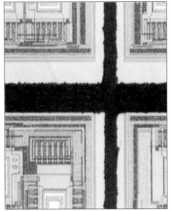

(a) 正崩

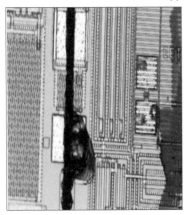

(b) 背崩

图 1-33 划片常见质量问题

（2）晶圆划片设备

晶圆划片在划片机（也称为切割机）上进行。划片机是指在制有完整集成电路的半导体圆片表面按预定通道刻画出网状沟槽，以便将其分裂成单个管芯的设备。这里主要介绍机械切割方式的划片机，主要包括机体、导轨、支撑座、主轴、划刀、操作界面、冷却水系统等部分，如图 1-34 所示。其工作原理是通过空气静压主轴带动金刚石砂轮划切刀具高速旋转，将晶圆或器件沿划片道方向进行切割或开槽。

随着减薄工艺技术的发展以及叠层封装技术的成熟，芯片厚度越来越薄。同时晶圆直径逐渐变大，单位面积上集成的电路更多，留给分割的划片道空间变得更小，技术的更

图 1-34 划片机

新对设备提出了更高的要求，作为集成电路封装生产过程中的关键设备，划片机由6 in、8 in 发展到 12 in。

划片机进行切割时，若晶圆表面有杂质或本身材质不均匀，可能会使刀片磨损不均匀而破损，从而导致晶圆崩边。黏膜的种类、厚度以及切割深度的不合适都会导致晶圆崩边。并且，冷却水也是至关重要的，如果冷却不够充分，会影响刀片冷却，那么切削能力会受到影响，也非常容易产生晶圆崩边。另外，选择合适的刀片也是非常重要的，如果刀片颗粒度不合适，就会直接导致各种晶圆崩边甚至掉角飞晶。

（3）晶圆划片工艺操作

晶圆划片前需要完成晶圆贴膜操作，以保证划片顺利进行。晶圆划片工艺的操作流程包括来料整理、调用程序、放置晶圆、对刀、划片、下片、质量检查，如图 1-35 所示。

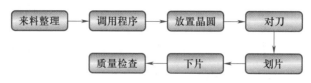

图 1-35　晶圆划片工艺操作流程

① 来料整理：在开始操作前需要清理工位，保证工位整洁且无其他批号的晶圆，防止发生混批的情况。领取待划片的晶圆后核对该实物晶圆批号、数量等是否与随件单一致，核对一致后方可进行操作。

② 调用程序：正确启动划片机，打开系统，在程序文件中选择与晶圆品种对应的划片程序。检查基本设定是否正确，检查内容包括深度、步进、刀速等。确认后选择半自动或全自动切割模式。

③ 放置晶圆：打开划片区的保护盖（及仓门），将待划片的晶圆正面朝上放于载片台上，确认晶圆贴片环的定位缺口与载片台上的定位钉一致，如图 1-36 所示。

放置晶圆

图 1-36　放置晶圆

④ 对刀、划片：放置晶圆后关闭保护盖，继续在设置界面进行操作。开启抽真空将晶圆吸附。若选择半自动切割模式，在开始划片前需要进行对刀（即对位），保证晶圆的划片道与划片刀方向相一致。进行对刀操作时，将主轴移动到晶圆中心位置，此处的划片道最长，其对位准确就可以保证其他划片道对位准确。对刀时，要保证晶圆划片道（芯片划片线）与屏幕法线重合，不然会划伤整片晶圆，如图 1-37 所示。对位后确定划片间距是否合适，若间距不合适，则重新设定划片间距；若间距合适，则开始晶圆划片，如图 1-38 所示。

笔记栏

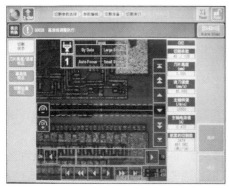
(a) 对刀界面

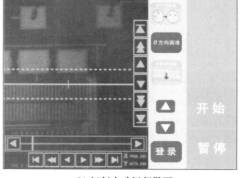
(b) 切割启动运行界面

图 1-37　对刀

图 1-38　划片

⑤ 下片：划片完毕解除真空，此时开启仓门，取出晶圆。取出的晶圆需要在清洗机内进行清洗，同时用氮气枪将晶圆和工作载片台上的冷却水吹干，准备放入下一片晶圆。

⑥ 质量检查：晶圆划片后，需要对外观进行检查，通常称为光检，如图 1-39 所示。晶圆精密划片切割中，总会遇到各种问题，而最常见的就是晶圆崩边问题，如图 1-40 所示。如前所述，多种因素都会导致晶圆崩边的产生，如晶圆表面情况、黏膜、冷却水、刀片等。因此，在晶圆划片时，要保证硅片表面的平整，选用合适

的黏膜、刀片并充分冷却。

图 1-39 质量检查   图 1-40 崩边

（4）晶圆划片影响因素

在晶圆划片操作中，合适的划片刀和加工条件对于获得满足工艺要求的切割效果都起着至关重要的作用。如果被磨损的金刚砂颗粒没有及时脱落更新，就会导致划片刀变钝。此时切割电流变大，切割温度过高，即所谓划片刀过载，会导致芯片背面崩裂。此外，辅助耗材的选配也对晶圆划片质量产生影响，如冷却水系统等。冷却水系统可以冷却切割晶圆表面及划片道，确保切割的品质，同时冷却刀片，延长刀片寿命，将切割产生的碎屑冲掉，解决划片刀过载的问题，有效地控制背面崩裂。在工艺控制方面，冷却水系统的水温及流量、划片机主轴转速、划片机进给速度是影响划片刀过载的 3 个主要因素，具体如图 1-41 所示。

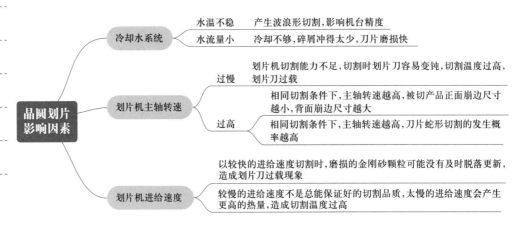

图 1-41 晶圆划片影响因素

（5）晶圆划片工艺操作注意事项

纵观过去的半个世纪，集成电路正向超大规模方向发展，集成度越来越高，划片道也越来越窄，其对划片的工艺要求越发精细化。晶圆划片时要避免或减少减薄引起的硅片翘曲以及划片引起的边缘损坏，增强芯片的抗碎能力。在晶圆划片的工艺操作中需要注意的事项如图 1-42 所示。

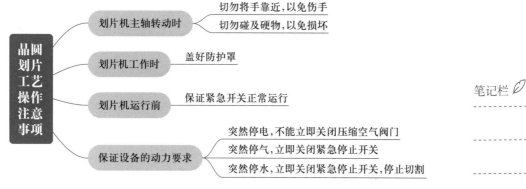

图 1-42　晶圆划片操作注意事项

（6）划片机的日常维护

划片机作为半导体芯片封装前道工序的加工设备之一，用于晶圆的划片、分割或开槽等微细加工，其切割的质量与效率直接影响芯片的质量和生产成本。为保证划片机的正常使用及使用寿命，应做好设备日常点检以及维护工作，在维护过程中注意不要将东西遗忘在运动部件或设备中。维护需要根据需求与设备特点进行调整，划片机的日常维护如图 1-43 所示。

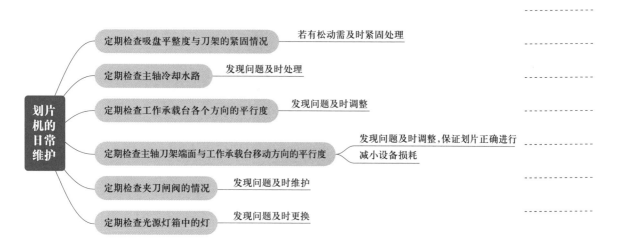

图 1-43　划片机的日常维护

（7）划片机的常见故障

划片机是综合了水、气、电、空气静压高速主轴、精密机械传动、传感器及自动化控制等技术的精密数控设备，其特点为切割成本低、效率高，适合较厚晶圆的切割。划片机的常见故障如图 1-44 所示。

电磁阀损坏、管道破裂、管道堵塞

电磁阀或气缸等执行元件供电异常

检测仪器异常，如真空传感器、压力传感器或纯水流量传感器故障

由真空回路、气路、水路异常引发的故障

伺服电动机、步进电动机故障

机械部件异常

运动反馈机构故障，导致误判、误运行

电动机驱动故障，导致各移动部件运作异常

软件故障，如设备参数配置异常，引起机械运动系统异常

由运动系统引发的故障

划片机的常见故障

操作系统及应用系统异常

数据传输异常

计算机故障

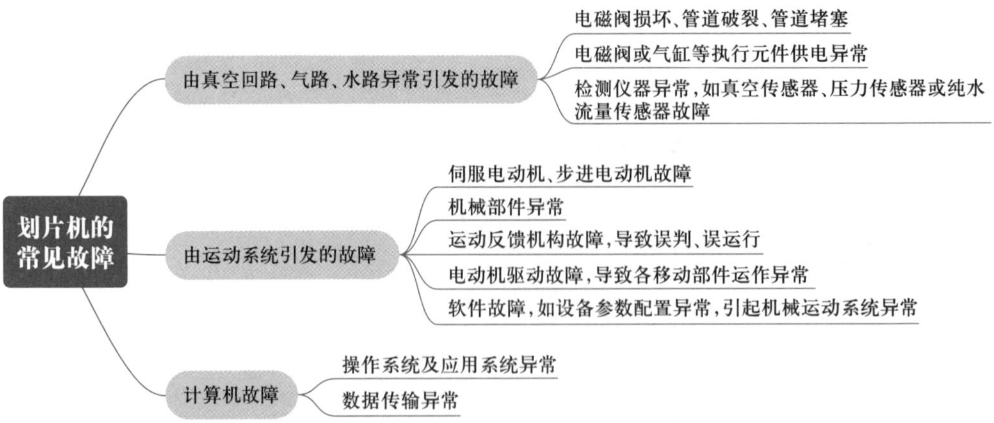

图 1-44　划片机的常见故障

笔记栏

小思考

"集成电路开发及应用"赛项样题

图 1-45 所示为封装工艺中晶圆划片的对刀操作过程，若①与②未对齐就进行划片，则会造成（　　）现象。

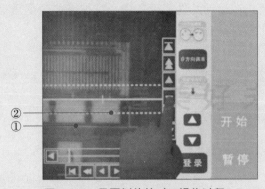

②
①

图 1-45　晶圆划片的对刀操作过程

A. 晶圆沾污　　　　　　　　　　B. 晶圆整片划伤

C. 蓝膜切透　　　　　　　　　　D. 切割处严重崩边

5. 芯片粘接

（1）芯片粘接的定义与目的

芯片粘接（Die Bonding 或 Die Mount）也称为装片，是将芯片固定于封装基板或引线框架芯片承载座上的工艺，如图 1-46 所示。芯片是固定在引线框架上的，如图 1-47 所示。引线框架由芯片焊盘和引脚两部分组成，主要材料是铜合金，具有以下 3 个主要作用：

① 为芯片提供机械支撑：芯片在灌封以及后续使用中都依赖引线框架的支撑。

微课
芯片粘接
（上）

② 提供电气连接：沟通芯片和外部电路，所有信号、电源都通过引脚传输。

③ 提供散热通路：引脚相对塑封有更低的热阻，是主要的散热渠道。

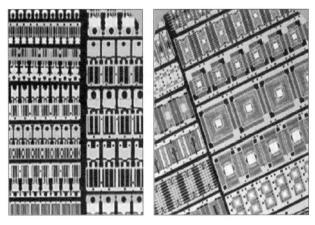

图 1-46 芯片粘接

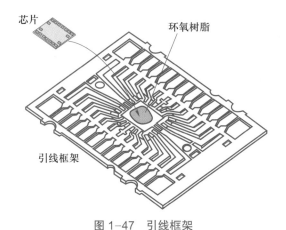

图 1-47 引线框架

已切割下来的芯片要贴装到引线框架的中间焊盘（芯片座）上。若焊盘尺寸太大，会导致引线跨度太大，在转移成型过程中会由于流动产生的应力而造成引线弯曲及芯片位移等现象，如图 1-48（a）所示。若焊盘尺寸太小，则会造成芯片超出焊盘的现象，如图 1-48（b）所示。因此焊盘尺寸要与芯片大小相匹配。

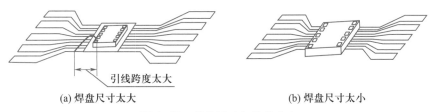

(a) 焊盘尺寸太大　　　　　　　　　　(b) 焊盘尺寸太小

图 1-48 焊盘尺寸与芯片大小

芯片粘接的目的有：① 将一颗颗分离的晶粒放在引线框架上并进行固定，使芯片和封装体之间产生牢固的物理性连接；②使芯片和封装体之间产生传导性或绝缘性的连接；③提供热量的传导及对内部应力的缓冲吸收。

芯片粘接的方法有 4 种，分别是共晶粘贴法、焊接粘贴法、导电胶粘贴法、玻璃胶粘贴法。

① 共晶粘贴法：利用金–硅合金（一般是金 69%、硅 31%）在 363 ℃时的共晶熔合反应使芯片粘接固定。

② 焊接粘贴法：利用合金反应进行芯片粘接的方法，具有热传导性好的优点。它是在芯片背面淀积一定厚度的金或镍，同时在焊盘上淀积金–钯–银和铜的金属层，然后利用合金焊料将芯片焊接在焊盘上的方法。

③ 导电胶粘接法：利用导电胶完成芯片粘接的方法，其过程是用针筒或注射器将导电胶涂布到焊盘上，然后用机械手将芯片精确地放到焊盘的导电胶上，在一定温度下固化处理完成芯片粘接。导电胶是银粉与高分子聚合物（环氧树脂）的混合物，银粉起导电作用，环氧树脂起粘接作用。

④ 玻璃胶粘贴法：一种仅适用于陶瓷封装的低成本芯片粘接技术。在芯片粘贴时，用盖印、丝网印刷、点胶等方法将玻璃胶涂布于基板的焊盘中，再将芯片放在玻璃胶上，将基板加热到玻璃胶熔融温度以上即可完成粘贴。与导电胶类似，玻璃胶也属于厚膜导体材料，它是由金属粉（银、银–钯、金、铜等）、低温玻璃粉、有机溶剂混合而成的，金属粉起导电作用，低温玻璃粉起粘接作用。

共晶粘贴法、焊接粘贴法、玻璃胶粘贴法主要用于陶瓷封装或金属封装。导电胶粘贴法通常用于塑料封装。

（2）芯片粘接设备

由于芯片粘接的过程又称为装片，因此相应的设备称为装片机。装片机主要由设备主体、视觉识别系统、上料系统、送料系统、收料系统、点胶系统、显示系统、控制系统、传送装置等组成，如图 1-49 所示。

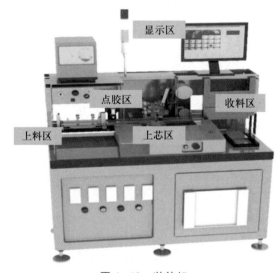

图 1-49 装片机

笔记栏

装片机的工作原理是通过视觉识别系统对芯片进行识别、筛选，将检测结果反馈到控制系统中，控制系统根据检测结果将合格的芯片从蓝膜上取下，粘接到引线框架上。

（3）芯片粘接工艺操作

芯片粘接要求芯片和引线框架中焊盘的连接机械强度高，导热和导电性能好，装配定位准确，能满足自动键合的需要，能承受键合或封装时可能的高温环境，保证器件在各种条件下使用时均有良好的可靠性。

当操作员接收到完成晶圆划片工序的物料后，开始进行芯片粘接工艺操作。芯片粘接工艺的操作流程包括来料整理、装料、设置参数、粘接、收料、银浆固化、质量检查，如图 1-50 所示。

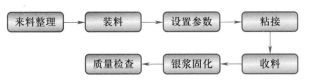

图 1-50　芯片粘接工艺操作流程

① 来料整理：操作员确保工位整洁后，领取需要进行芯片粘接的晶圆以及对应规格的引线框架，其中不同的芯片会对应不同的引线框架型号，因为引线框架焊盘的大小、引脚的个数都与芯片有关。除此之外，还应检查银浆的型号、点胶头的规格等。

② 装料：装料过程需要完成引线框架、晶圆、银浆、料盒等的添加，如图 1-51 所示。

(a) 料盒　　　　　　　　　　(b) 上料区与点胶区示意图

图 1-51　装料

③ 设置参数：在系统操作界面上需要对载片台步进值、真空值、银浆注射量等参数进行设置，同时需要调整摄像头、吸嘴、顶针、载片台位置。参数设置完成即可运行设备。

④ 粘接：芯片粘接过程由装片机自动完成，通过传动装置控制带有钩针的连接杆来移动引线框架，引线框架由传输轨道依次完成上料、点胶、取芯、装片、下料几个环节，如图 1-52 所示。芯片取芯的过程需要通过吸嘴和顶针共同完成，如图 1-53 所示。

上料：引线框架被送至轨道上，通过钩针运输

点胶(银浆)：通过银浆分配器在引线框架的指定位置点好银浆

下料：完成粘接，放入收料盒

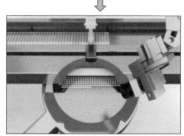

取芯：通过吸嘴从蓝膜上吸取合格芯片
装片：将合格芯片装到引线框架的指定位置，银浆固化，实现固定

图 1-52　芯片粘接

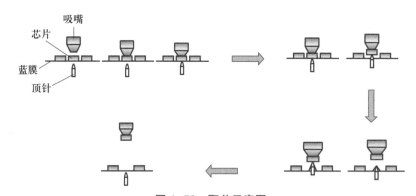

图 1-53　取芯示意图

⑤ 收料：粘接完成的引线框架经由传输装置送至收料区的料盒中。

⑥ 银浆固化：为了使芯片与引线框架之间焊接牢固，需要利用银浆在高温下能完全反应的特性，进行银浆固化处理。操作员将贴装完成的引线框架放于高温烘干箱中，如图 1-54 所示，通常要在 175 ℃的环境下烘烤 1 小时。

⑦ 质量检查：芯片粘接的质量检查一般采用抽检的方式，抽取部分完成芯片粘接的引线框架，利用显微镜进行粘接的质量检查，并记录抽检结果。

图 1-54　高温烘干箱

笔记栏

（4）装片机的日常维护

为了保证装片机的正常运行以及延长其使用寿命，做好日常保养及定期检查与维护工作显得特别重要。装片机的日常维护需要在设备处于不带电的状态下进行，如图 1-55 所示。

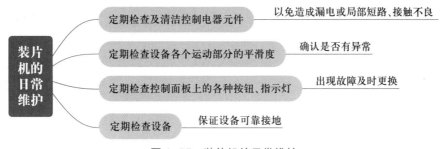

图 1-55　装片机的日常维护

（5）装片机的常见故障

装片机在正常运行时绿色指示灯亮起，当设备的运行发生异常时会发出报警或者提示，若影响操作，设备将自动暂停，然后黄色指示灯亮起。装片机常见的故障有电源启动失败、传送引线框架失败、引线框架下料失败、吸片失败或不牢等。遇到这些情况时，通常需要关闭设备电源，并立即告知技术人员进行处理。

小思考

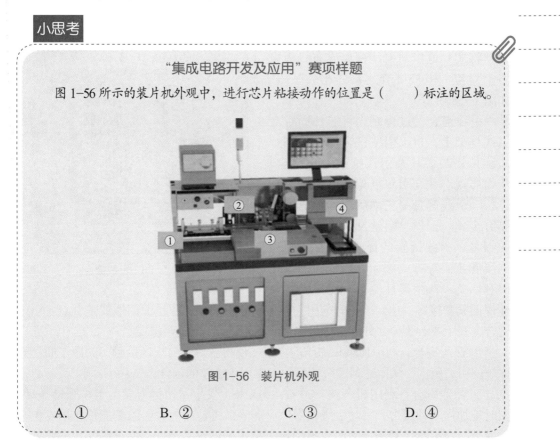

"集成电路开发及应用"赛项样题

图 1-56 所示的装片机外观中，进行芯片粘接动作的位置是（　　　）标注的区域。

图 1-56　装片机外观

A. ①　　　　　　B. ②　　　　　　C. ③　　　　　　D. ④

微课
引线键合

笔记栏

6. 引线键合

（1）芯片互连的定义与目的

芯片互连是指将芯片焊区与电子封装外壳的 I/O 引线或基板上的金属布线焊区相连接，只有实现芯片与封装结构的电路连接才能发挥已有的功能，如图 1-57 所示。芯片互连指的是芯片和引线框架（基板）的连接，它为电源和信号的分配提供了电路连接。

图 1-57　芯片互连

芯片互连常见的方法有引线键合（Wire Bonding，WB）、载带自动键合（Tape Automated Bonding，TAB）、倒装芯片键合（Flip Chip Bonding，FCB）3 种。其中，倒装芯片键合也称为反转式芯片互连或控制坍塌芯片互连（Controlled Collapse Chip Connection，C4）。这 3 种互连技术对于不同的封装形式和芯片集成度（输入/输出引脚数）的限制各有不同的应用范围。

引线键合在诸多封装连接方式中占据主导地位，其应用比例几乎达到 90%，这是因为它具备工艺实现简单、成本低廉等优点。随着半导体封装技术的发展，引线键合在未来一段时间内仍将是封装连接中的主流方式。以下主要介绍引线键合技术。

引线键合技术是将芯片电极面朝上粘贴在封装基座或基板上，再用金丝或铝丝将芯片电极与引线框架或布线板电路上对应的电极键合连接的相关技术，如图 1-58 所示。

引线键合的过程是先将芯片固定在引线框架上，再以引线键合工艺将细金属线依序与芯片及引线框架完成接合，从而实现芯片与引线框架的电气和物理连接。引线键合工艺中所用的导电丝主要有金丝、铜丝、铝丝及近年发展起来的银丝。引线键合的原理是采用加热、加压和超声等方式破坏被焊表面的氧化层和污染，产生塑性变形，使得引线与

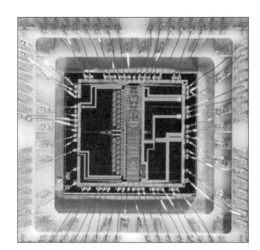

图 1-58　引线键合

被焊面紧密接触，达到原子间的引力范围并使界面间原子扩散而形成焊合点。引线键合方式主要有 3 种，分别是热压键合、超声键合和热超声键合。

① 热压键合：利用加热和加压的方法，使得金属丝与焊区接触面的原子间达到原子间引力范围，从而达到键合的目的，常用于金丝的键合。

② 超声键合：利用超声波（60 ～ 120 kHz）发生器使劈刀发生水平弹性振动，同时施加向下的压力，带动引线在焊区金属表面迅速摩擦，引线受能量作用发生塑性变形，与键合区紧密接触而完成焊接，常用于铝丝的键合。该过程既不需要外界

加热，也不需要电流、焊剂，对被焊件的物理化学特性无影响。

③ 热超声键合：为热压键合与超声键合的结合。它也采用超声波能量，但是与超声键合不同的是键合时要提供外加热源，且键合线不需要磨蚀掉表面氧化层。外加热源的目的是激活材料的能级，促进两种金属的有效连接以及金属间化合物的扩散和生长。

微课
引线键合工
艺流程

（2）引线键合工艺

在实际生产中，引线键合有两种工艺，分别为球形键合工艺和楔形键合工艺。

① 球形键合工艺：将键合引线（金属丝）垂直插入毛细管劈刀的工具中，引线在电火花作用下受热熔成液态，由于表面张力的作用而形成球状，这个过程称为烧球。在视觉系统和精密控制下，劈刀下降使球接触芯片的键合区，对球加压，使球和焊盘金属形成冶金结合完成焊接过程，这个过程称为植球。然后劈刀提起，沿着预定的轨道移动（称为弧形走线），到达第二键合点（焊盘）时，利用压力和超声能量形成月牙式焊点，劈刀垂直运动截断金属丝的尾部，这样完成两次焊接和一个弧线循环。球形键合工艺过程如图 1-59 所示。

笔记栏

(a) 毛细管劈刀与焊盘对准

(b) 劈刀下降，球状凸起与焊盘接触，形成第一键合点

(c) 劈刀上升，金属丝从劈刀中拉出，移动到第二焊盘上方

(d) 劈刀下降，形成第二键合点

(e) 劈刀上升，到一定高度金属丝被夹紧，劈刀继续上升，金属丝被拉断

(f) 新的球状凸起在金属丝末端形成，准备下一次键合

图 1-59　球形键合工艺过程

在球形键合工艺中，第一键合点和第二键合点的形状是不一样的，第二键合点在硅片衬底上形成月牙式的压痕，如图 1-60 所示。

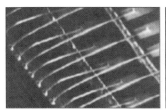

(a) 球形键合

(b) 第一键合点

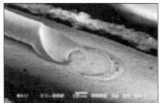

(c) 第二键合点

图 1-60　球形键合焊点

② 楔形键合工艺：将金属丝穿入楔形劈刀背面的一个小孔，金属丝与芯片键合区平面成 30°～60°。当楔形劈刀下降到焊盘键合区时，劈刀将金属丝压在焊区表面，采用超声或热超声焊实现第一点的键合焊。随后劈刀抬起并沿着劈刀背面的孔对应的方向按预定的轨道移动，到达第二键合点（焊盘）时，利用压力和超声能量形成第二点的键合焊，劈刀垂直运动截断金属丝的尾部，这样完成两次焊接和一个弧线循环。楔形键合工艺过程如图 1-61 所示。

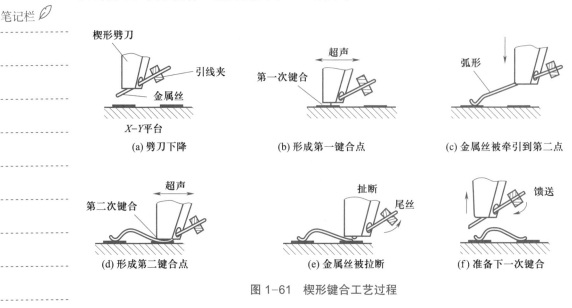

图 1-61 楔形键合工艺过程

引线键合时第一焊点在芯片表面焊盘上，第二焊点在引线框架对应引脚上，为保证键合位置的准确性，在开始键合前需要校准键合点位置，该操作在引线键合机的显示器上进行。校准由操作系统实现，通过视觉系统显示键合区的芯片焊盘和引线框架引脚的图像，对准时需要保证第一焊点和第二焊点在对应键合点的中央位置，键合时的图像显示如图 1-62 所示。

图 1-62 键合时的图像显示

小思考

"集成电路开发及应用"赛项样题

图 1-63 所示为封装工艺中引线键合的操作过程，其中①指示的部位是（　　）。

A. 第一焊点　　　　　　　　　　B. 第一键合点

C. 第二焊点　　　　　　　　　　D. 第二键合点

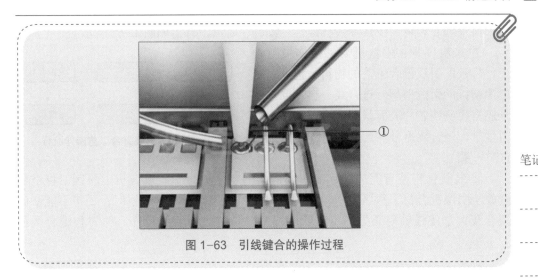

图 1-63　引线键合的操作过程

笔记栏

（3）引线键合设备

引线键合是封装过程中一道关键的工艺，键合的质量好坏直接关系到整个封装器件的性能和可靠性，半导体器件的失效有 1/4 ～ 1/3 是由芯片互连引起的，故芯片互连对器件长期使用的可靠性影响很大。引线键合技术也直接影响到封装的总厚度。

引线键合过程是由引线键合机完成的。引线键合机是一种集精密机械、自动控制、图像识别、光学、超声波热压焊接等技术于一体的现代化高技术生产设备，如图 1-64 所示。它通过视觉系统将芯片电路图像传输到计算机内，计算机完成电极位置识别，并控制引线完成键合动作。

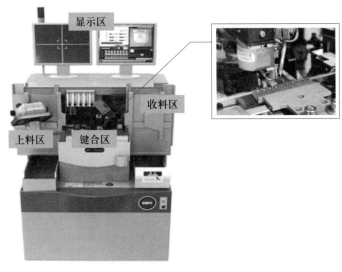

图 1-64　引线键合机

（4）引线键合工艺操作

装片合格品进入引线键合工序，由操作员进行引线键合工艺操作，操作流程包括来料整理、装料、设置参数、键合、收料、质量检查，如图 1-65 所示。

① 来料整理：引线键合的操作员整理工位后领取引线键合工艺的物料，包括完成芯片粘接的引线框架、键合线、料盒等。此外还需要确认芯片表面是否有沾污，确定劈刀型号、键合线型号、产品数量等是否与随件单一致。

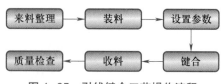

图 1-65　引线键合工艺操作流程

② 装料：将装有完成装片的引线框架的料盒放于引线键合机上料区，将空料盒放于引线键合机下料区，同时将键合线穿入劈刀内。拿键合线时，手指不能触碰键合线，拿住线轴空心处，用镊子取线的一端并进行装线操作。劈刀和键合线如图 1-66 所示。

图 1-66　劈刀和键合线

③ 设置参数：在引线键合机操作系统界面进行操作，调出键合程序，进行参数设置，包括键合图像、键合温度、键合线数据、轨道高度、料盒升降高度等。所有参数设定好后，启动自动键合，开始键合操作。

④ 键合：上料区的引线框架依次从料盒中进入传输轨道，到达键合区后完成键合，并送至收料区，如图 1-67 所示。

⑤ 收料：完成键合的引线框架经传输轨道送至收料区的料盒中。键合后的芯片如图 1-68 所示。

图 1-67　键合

图 1-68　键合后的芯片

⑥ 质量检查：引线键合完成后，用显微镜进行抽检，并记录抽检结果，填写到抽检单中，如图 1-69 所示。

封装(首)抽检记录							
项目	内容	日期	抽样时间	抽检数量	不良只数	结论	签名
键合抽检	抽样检查键合是否合格						

图 1-69 抽检单

（5）引线键合质量分析

在引线键合过程中，由于键合温度异常、键合时间不当、引线框架表面异常、键合参数设置不正确、劈刀安装不当、键合材料选择不合适等，将会产生金属间化合物裂纹（IMC Crack）、焊点松脱、"高尔夫"、引线偏离球的中心位置、弹坑、超出压区、颈部折断等质量问题，如表 1-3 所示。

表 1-3 引线键合质量分析

引线键合质量问题	图片	产生原因
金属间化合物裂纹	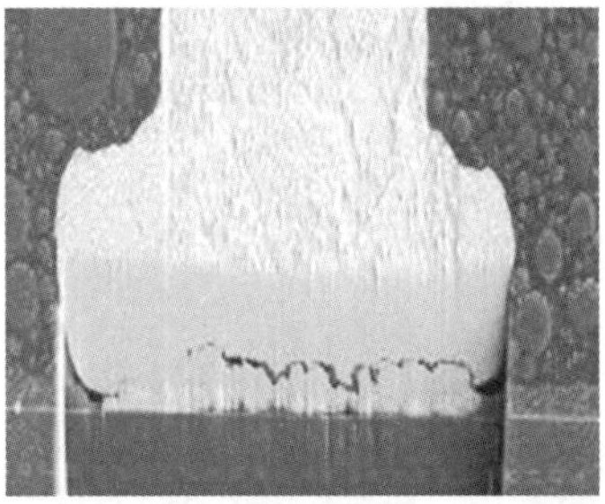	（1）键合温度太高。 （2）键合时间太长。 （3）键合材料选择不当
焊点松脱	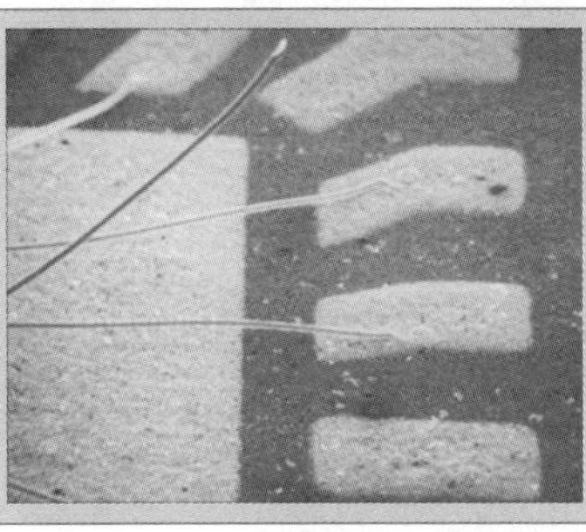	（1）引线框架表面异常。 （2）引脚松动。 （3）参数设置不当。 （4）劈刀未装好
"高尔夫"	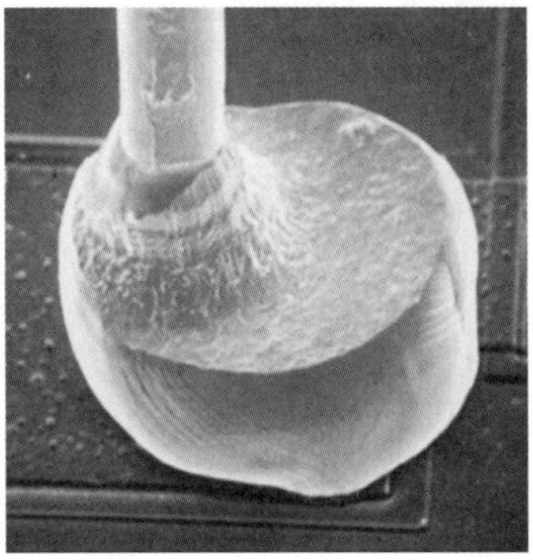	（1）劈刀未装好。 （2）基岛松动。 （3）参数设置不当。 （4）烧球不良

续表

引线键合质量问题	图片	产生原因
引线偏离球的中心位置	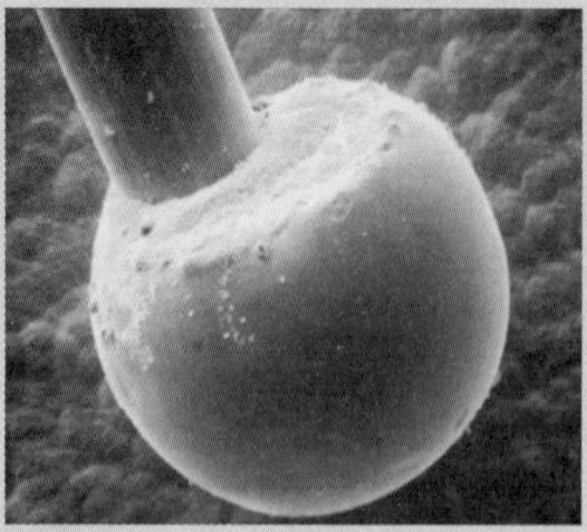	（1）金球未完全熔化。 （2）劈刀未装好。 （3）参数设置不当
弹坑	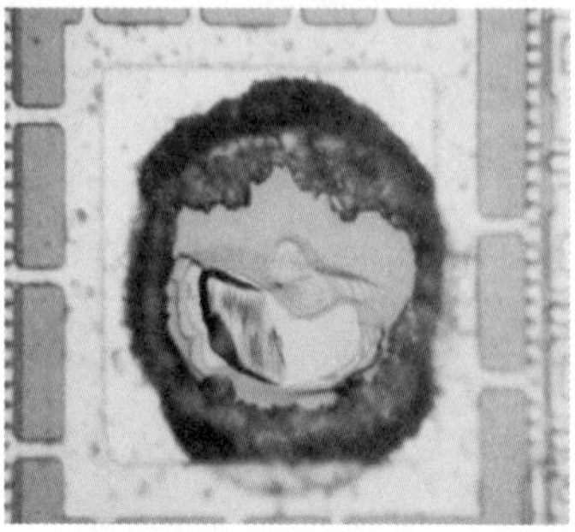	（1）球焊参数太大，导致劈刀直接碰到压区表面。 （2）金球太小。 （3）劈刀不良
超出压区		（1）金球太大。 （2）劈刀不良
颈部折断		劈刀不良

（6）引线键合机的日常维护

引线键合机的运行质量会直接影响引线键合的质量，因此要对其进行日常维护，主要包括检查机台气管、接头、加热板温度、显示器温度、键合线夹具、设备气压表等，如图 1-70 所示。

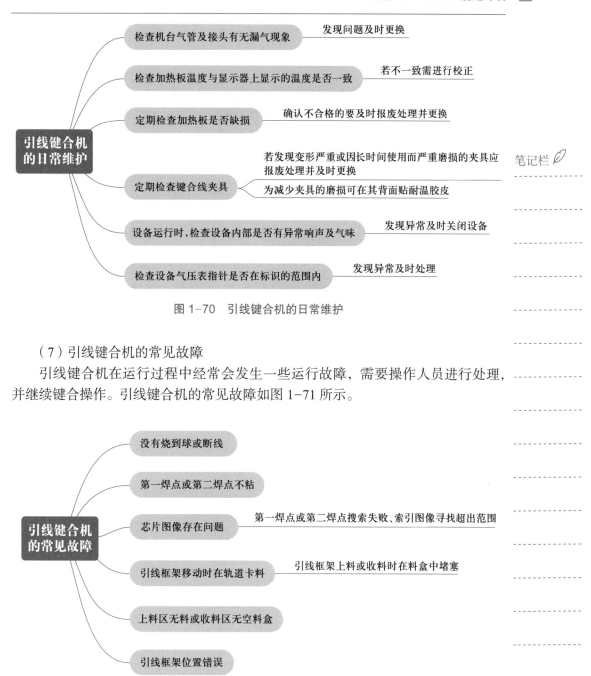

图 1-70　引线键合机的日常维护

（7）引线键合机的常见故障

引线键合机在运行过程中经常会发生一些运行故障，需要操作人员进行处理，并继续键合操作。引线键合机的常见故障如图 1-71 所示。

图 1-71　引线键合机的常见故障

拓展知识

如前所述，有 3 种方法可以实现芯片互连，即引线键合、载带自动键合、倒装芯片键合。其中，引线键合适用的引脚数为 3 ～ 257 个，载带自动键合适用的引脚数为 12 ～ 600 个，倒装芯片键合适用的引脚数为 6 ～ 16 000 个。前面着重学习了

笔记栏

引线键合技术，下面将介绍载带自动键合（TAB）技术，倒装芯片键合技术将在后面的项目中介绍。

（1）TAB 技术的定义

TAB 技术是一种将芯片组装在金属化柔性高分子聚合物载带上的集成电路封装技术。它的工艺过程是：先在芯片上形成凸点，将芯片上的凸点同载带上的焊点通过引线键合机自动键合在一起，然后对芯片进行密封保护。载带是指带状绝缘薄膜上载有由覆铜箔经蚀刻而形成的引线框架，而且芯片也要载于其上。载带既作为芯片的支撑体，又作为芯片同周围电路的连接引线，是 TAB 技术的关键材料，如图 1-72 所示。

图 1-72　载带

类似于胶片的柔性载带粘接金属薄片，像电影胶片一样卷在载带卷上，载带宽度为 8 ～ 70 mm。载带的特定位置上开有窗口，为蚀刻出一定的印制线路图形的金属箔片（厚 0.035 mm）。引线排从窗口伸出，并与载带相连，载带边上有供传输带用的链轮齿孔。当载带卷转动时，载带依靠齿孔向前运动，使载带上的窗口精确对准载带下的芯片，再利用热压模将引线排精确键合到芯片上，如图 1-73 所示。

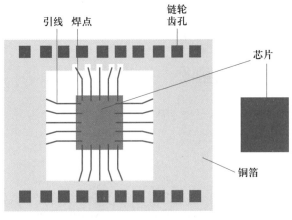

图 1-73　TAB 技术

（2）TAB 技术的特点

TAB 技术有别于且优于引线键合技术，是用于薄型 LSI 芯片封装的新型芯片互连技术，主要用于消费类电子产品芯片的封装，如液晶显示、智能 IC 卡、计算机、电子手表、计算器、数码相机等。其具有以下优点：

① TAB 的结构轻、薄、短、小，高度小于 1 mm，可形成具有超薄、极小外形尺寸的器件，使用 TAB 技术封装的器件在基板上所占面积为传统封装器件的10.6%。

② TAB 的电极尺寸、电极与焊区的间距比引线键合大为减少。

③ TAB 可容纳的 I/O 引脚数比引线键合更多。

④ 采用 TAB 互连可对芯片进行电老化、筛选和测试。

⑤ TAB 采用铜箔引线，导热、导电性好，机械强度高。

⑥ TAB 焊点的键合拉力比引线键合高 3 ～ 10 倍。

（3）TAB 技术的工艺过程

通过前面的讲解可以知道，TAB 技术先要在芯片上形成凸点，将芯片凸点与载带上的焊盘通过引线键合机自动键合在一起，对芯片进行密封保护后，再将载带外引线与基板焊区进行焊接，从而实现整个芯片的互连。

TAB 技术包括内引线键合（Inner Lead Bonding，ILB）和外引线键合（Outer Lead Bonding，OLB）两大部分，如图 1-74 所示。内引线键合是将载带内引线与芯片凸点互连起来的技术，外引线键合是将载带外引线与外壳或基板焊区互连起来的技术。

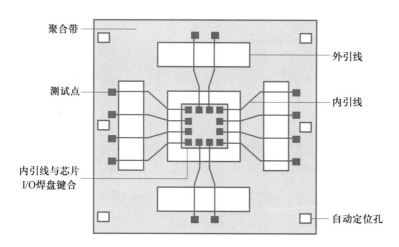

图 1-74　内引线键合与外引线键合示意图

内引线键合通常采用热压焊的方法，焊接工具是由硬质金属或钻石制成的热电极，如图 1-75 所示。

内引线键合在 300 ～ 400 ℃下进行，完成一次键合大约需要 1 s，主要工艺操作包括对位、焊接、抬起、芯片传送四部分，如图 1-76 所示。

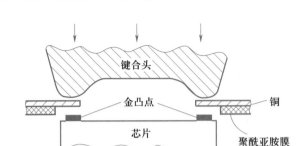

图 1-75　内引线键合示意图

① 对位：芯片置于载带引线图形下方，使载带引线图形对芯片凸点进行精确对位。

② 焊接：落下加热的键合头，加压一定时间，完成焊接。

③ 抬起：抬起键合头，焊接机将压焊到载带上的芯片通过链轮步进卷绕到卷轴上，同时下一个载带引线图形也步进到焊接对位的位置上。

④ 芯片传送：供片系统按设定程序将下一个通过测试的芯片移到新的载带引线图形下方进行对位，从而完成程序化的完整的焊接过程。

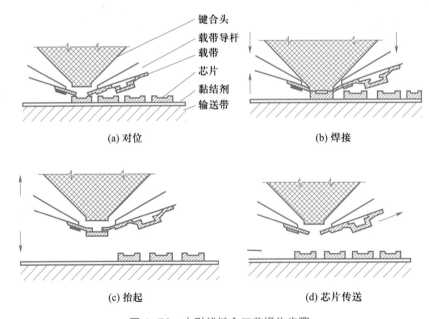

图 1-76　内引线键合工艺操作步骤

引脚与芯片键合完成后，芯片必须再涂上一层高分子胶密封起来，称为包封，如图 1-77 所示。其作用是保护引脚、凸点与芯片，避免外界的压力、振动、水汽渗透等因素对其造成破坏。环氧树脂与硅树脂是 TAB 最常使用的包封材料。

芯片包封完成后，即可进行外引线键合。经过电老化、筛选、测试的载带芯片可以用于各种集成电路。将通过测试的载带芯片沿载带外引线的压焊区外沿剪下，先用黏结剂将芯片粘接在基板预留的芯片位置上，并注意使载带外引线焊区与基板的布线焊区一一对准，用热压焊法或热压回流焊法将外引线焊好，再固化黏结剂（也可先固化，后压焊），如图 1-78 所示。

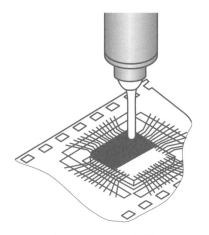

图 1-77　TAB 包封

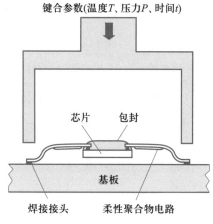

图 1-78　外引线键合

小思考

"集成电路开发及应用"赛项样题

图 1-79 所示为封装工艺中的哪种芯片互连技术？（　　　）

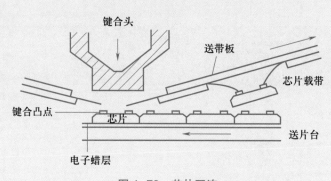

图 1-79　芯片互连

A. 引线键合技术

B. 载带自动键合技术

C. 倒装芯片键合技术

D. WB 技术

任务实施

分组完成塑料封装资料收集任务，然后在集成电路虚拟仿真平台上完成塑料封装前道工序的实操，填写《塑料封装前道工序工艺操作流程单》。工艺操作流程单可以根据实际需要自行设计，下面给出示例仅供参考，如表 1-4 所示。

表 1-4 《塑料封装前道工序工艺操作流程单》示例

项目名称	模拟芯片 LM1117 塑料封装			
任务名称	LM1117 前道封装			
晶圆贴膜				
生产过程	设备	步骤		要求
覆膜准备				
装片				
……				
晶圆减薄				
生产过程	设备	步骤		要求
晶圆划片				
生产过程	设备	步骤		要求
……				

任务检查与评估

完成塑料封装前道工序的实操后，进行任务检查，可采用小组互评等方式进行任务评价，任务评价单如表 1-5 所示。

表 1-5 任务评价单

LM1117 前道封装任务评价单		
职业素养（20分，每项4分）	□具有良好的团队合作精神 □具有严控质量关的责任意识 □具有严谨求实的工作态度 □具有自主学习能力及正确的学习观 □能严格遵守"6S"管理制度	□较好达成（≥16分） □基本达成（12分） □未能达成（<12分）
专业知识（15分，每项5分）	□掌握芯片塑料封装前道工序的工艺目的 □掌握芯片塑料封装前道工序的工艺操作过程 □掌握解决芯片塑料封装前道工序过程中常见问题的方法	□完全达成（15分） □基本达成（10分） □未能达成（≤5分）
技术技能（15分，每项5分）	□具备准确阐述芯片塑料封装前道工序工艺目的的能力 □具备熟练使用芯片塑料封装前道工序相关设备的能力 □具备快速解决芯片塑料封装前道工序工艺过程中常见问题的能力	□完全达成（15分） □基本达成（10分） □未能达成（≤5分）
技能等级（50分，每项5分）	"集成电路封装与测试"1+X职业技能等级证书（中级）： □能识别晶圆减薄、划片工艺的操作流程 □能识读晶圆减薄、划片工艺随件单的工艺要素 □能正确操作减薄机、划片机 □能完成减薄机、划片机的日常保养 □能识别芯片粘接工艺的操作流程 □能识读芯片粘接工艺随件单的装片机原材料等工艺要素 □能正确进行装片机操作界面的参数设置 □能完成粘接机的日常保养 □能识别引线键合工艺的操作流程 □能识读引线键合工艺随件单的工艺要素	□较好达成（≥40分） □基本达成（30～35分） □未能达成（<30分）

笔记栏

任务 1.2 LM1117 后道封装

✏️ 开启新挑战——任务描述

温馨提示：有3位职工代表某集成电路封装企业参加"集成电路开发及应用"职业院校技能大赛（高职组），在集成电路工艺仿真环节要求完成LM1117芯片塑料封装的后道工序，合理设计该芯片后道封装的工艺流程，选择合适的原材料、设备进行后道封装工序的仿真操作并完成封装产品质量分析，提交LM1117后道封装工艺报告。任务内容可以参考图1-80。

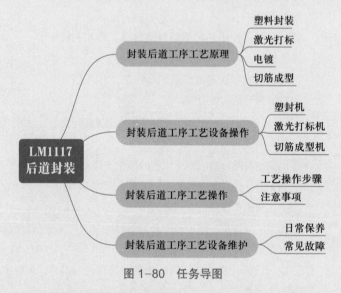

图 1-80 任务导图

你的角色：该企业技术骨干，拥有自己的工艺研发团队及封装设备。

你的职责：在比赛中完成LM1117芯片塑料封装的后道工序。

突发事件：需要在集成电路虚拟仿真平台上完成LM1117芯片塑料封装的后道工序。

团队新挑战

整个比赛中所有的工艺操作都要通过仿真完成，而你和团队成员是第一次接触这个仿真操作系统，团队成员要根据自己的实际工作操作虚拟仿真设备。

要求在掌握封装工艺流程的前提下，遵守工艺操作规范，与团队成员共同协作，完成塑料封装、激光打标、电镀、切筋成型工艺操作，提交LM1117

后道封装工艺报告。可参考步骤如下：

①完成 LM1117 芯片塑料封装后道工序的工艺流程设计。

②完成塑料封装、激光打标、电镀、切筋成型工艺操作。

③完成塑封机、激光打标机、切筋成型机等设备维护，解决芯片塑料封装后道工序工艺过程中常见的问题。

④根据任务单要求进行任务计划及实施，提交 LM1117 后道封装工艺报告。

笔记栏

任务单

根据任务描述，本次任务需要完成 LM1117 芯片塑料封装的后道工序，并进行产品质量分析，提交 LM1117 后道封装工艺报告，具体任务要求参照表 1-6 所示的任务单。

表 1-6　任　务　单

项目名称	模拟芯片 LM1117 塑料封装
任务名称	LM1117 后道封装
任务要求	
（1）任务开展方式为分组讨论 + 工艺操作，每组 3 ~ 5 人。	
（2）完成 LM1117 芯片塑料封装后道工序工艺的资料收集与整理。	
（3）进行 LM1117 芯片塑料封装后道工序的工艺设计，完成后道工序操作并进行封装产品质量评估。	
（4）提交 LM1117 后道封装工艺报告，包括但不限于塑料封装后道工序工艺操作方案	
任务准备	
1. 知识准备：	
（1）封装后道工序工艺流程。	
（2）塑料封装工艺原理、目的、工艺方法。	
（3）激光打标工艺原理、目的、工艺流程。	
（4）电镀目的、工艺方法。	
（5）引线成型目的、工艺方法、工艺流程。	
2. 设备支持：	
（1）仪器：塑封机、激光打标机、电镀设备、切筋成型机或集成电路虚拟仿真平台。	
（2）工具：计算机：书籍资料、网络	
工作步骤	
参考表 1-1	
总结与提高	
参考表 1-1	

在明确本学习任务后，需要先熟悉芯片封装后道工序的工艺原理、工艺流程、工艺操作等，并通过查询资料，进一步完善实际工艺中芯片塑料封装后道工序的

知识储备，结合 1+X 职业技能等级证书标准及技能大赛要求，根据自主学习导图（图 1-81）进行相应的学习。

笔记栏

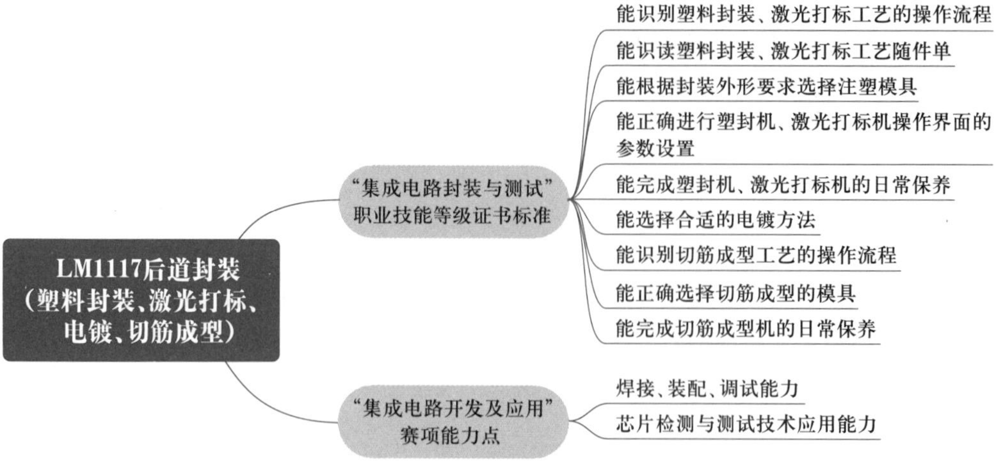

LM1117后道封装
（塑料封装、激光打标、
电镀、切筋成型）

"集成电路封装与测试"
职业技能等级证书标准

- 能识别塑料封装、激光打标工艺的操作流程
- 能识读塑料封装、激光打标工艺随件单
- 能根据封装外形要求选择注塑模具
- 能正确进行塑封机、激光打标机操作界面的参数设置
- 能完成塑封机、激光打标机的日常保养
- 能选择合适的电镀方法
- 能识别切筋成型工艺的操作流程
- 能正确选择切筋成型的模具
- 能完成切筋成型机的日常保养

"集成电路开发及应用"
赛项能力点

- 焊接、装配、调试能力
- 芯片检测与测试技术应用能力

图 1-81　自主学习导图

任务资讯

小阅读

北斗卫星上的龙芯

在外太空，除了温度的骤然变化，还有许多宇宙射线，如果这些射线照射到芯片上就好比石头打到玻璃上，会损坏芯片内部电路，因此安装在人造卫星上的芯片必须能够抵抗辐射和极端温度。十几年前，这种宇航级的芯片垄断在美国一家公司手中，中国必须通过首脑级别的外交才能买到少数几颗。胡伟武带领团队于 2008 年研究出首款抗辐射芯片——龙芯，并用在了北斗卫星上。和普通芯片不同的是，抗辐射芯片的外表是金色的，为了散热和防护，外部镀上了黄铜，并且采用陶瓷封装，而普通芯片采用的是塑料封装。胡伟武团队一直坚持自主创新，为国家的发展保驾护航。他本人在学生时代许下的入党誓言说，作为一个学生，要为人民、为祖国而勤奋学习，树立填补祖国空白、为祖国争光的雄心壮志，将来为党、为人民不计较个人得失，吃苦在前、享受在后，兢兢业业地工作。

基础知识

1. 塑料封装

（1）塑料封装的定义与目的

为了防止外部环境的冲击，芯片连接好之后就进入封装环节，即将裸露的芯片

微课
塑料封装

与引线框架"包装"起来。根据"包装"使用的材料，可以将封装分为塑料封装、金属封装、陶瓷封装、玻璃封装。表 1-7 列出了这几种封装形式的特点。

表 1-7　不同封装形式的特点

封装形式	特点
塑料封装	重量轻，体积小，有利于微型化，成本低，生产效率高；但机械性能差，导热能力弱，对电磁不能屏蔽。主要用于消费电子产品
金属封装	稳定性好、可靠性高，散热好，具有电磁屏蔽作用；但成本高，重量重，体积大，高频工作有寄生效应。主要用于军工或航天技术
陶瓷封装	高频绝缘性好，多用于高频、超高频和微波器件。优于金属封装，也多用于军事产品
玻璃封装	气密性好，重量轻，价格便宜；但机械性能和散热性差

笔记栏

目前使用的封装材料大部分都是树脂聚合物，即所谓的塑料封装，简称塑封。它是芯片封装过程中的关键工序之一，是指在一定的温度和压力下，使塑封材料在塑封模具型腔内发生化学反应并固化成型的过程。图 1-82 所示为塑封前后的比较。

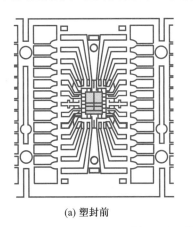
(a) 塑封前

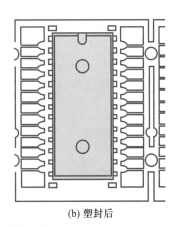
(b) 塑封后

图 1-82　塑封前后的比较

由于塑封成本低廉、工艺简单，并适用于大批量生产，因此具有极强的生命力，自诞生起发展得越来越快，在封装中所占的份额越来越大。目前塑封在全世界范围内占集成电路市场的 95% 以上，消费类电路和器件基本上是塑封的天下。对集成电路进行塑封的目的有以下几点：

① 使芯片与外界环境隔绝，保护电路不受环境（外部冲击、热、水等）影响，并保证其表面清洁。

② 以机械方式支持引线框架。

③ 散热，将内部产生的热排出。

④ 提供可手持的形体。

（2）塑封成型技术

塑封就是将前道完成后的产品用塑封料包封起来，免受外力损坏，同时加强芯片的物理特性便于使用。塑封成型技术包括转移成型技术、喷射成型技术、预成型技术。

①转移成型技术：将塑封料在高温的转移成型罐中变为熔融状态，并使其在外加压力作用下进入模具型腔内，获得一定形状的芯片外形。

②喷射成型技术：将混有引发剂和促进剂的两种聚合物分别从喷射枪两侧喷出，同时将塑封料树脂由喷射枪中心喷出，使三者混合，沉积到模具型腔内，压实固化而获得一定的外形。

③预成型技术：将封装材料预先做成封装芯片外形对应的形状。如陶瓷封装，先做好上下封盖后，使两封盖密封接合。

这 3 种成型技术中，转移成型技术最为普遍，后面将主要针对这种技术进行介绍。用转移成型技术密封微电子器件有许多优点，其技术和设备都比较成熟，工艺周期短，成本低，适合大批量生产。当然它也有一些明显的缺点，如塑封料的利用率不高，对于高密度封装有限制。

（3）塑封设备

转移成型技术的典型工艺过程为：将已贴装好芯片并完成芯片互连的引线框架置于模具中，将塑料材料预加热（90～95 ℃），然后放进转移成型机的转移罐中。在转移成型活塞的压力下，塑封料被挤压到浇道中，并经过浇口注入模腔（170～175 ℃）。塑封料在模具中快速固化，经过一段时间的保压，使得模块达到一定的硬度，然后用顶杆顶出模块并放入高温烘箱进一步固化。

转移成型技术的设备包括预热机、塑封机（压机）和固化炉（高温烘箱），若引线框架预热时需要自动排片，还需要使用自动排片机。图 1-83 所示为各设备外观。

(a) 高频预热机

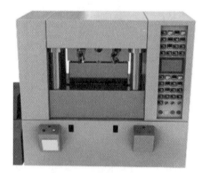

(b) 塑封机

(c) 高温烘箱

(d) 自动排片机

图 1-83　转移成型技术相关各设备外观

其中塑封机主要包含设置区、控制区和注塑区三部分，注塑成型过程如图 1-84 所示。

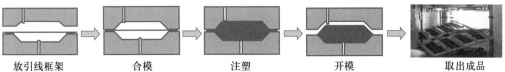

| 放引线框架 | 合模 | 注塑 | 开模 | 取出成品 |

图 1-84 注塑成型过程

笔记栏

（4）塑封工艺操作

塑封工艺的操作流程包括来料确认、参数设置、上料合模、注塑成型、开模下料、质量检查、高温固化，如图 1-85 所示。其中，上料合模前先要做好前期准备，即完成引线框架和塑封料的预热工作。

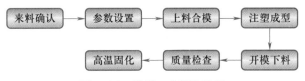

图 1-85 注塑工艺操作流程

① 来料确认：塑封工艺操作员接收到引线键合后的制品时，需要核对产品物料信息与随件单上的信息是否一致，核对内容包括产品名称、批次编号、来料数、装片与引线键合工序中不良品的条数及颗数、料盒编号等，并检查引线框架有无明显变形、氧化、沾污等现象，保证引线框架质量符合要求。

② 参数设置：塑封机运行前需要完成参数设置，主要包括模具温度、合模压力、注塑时间、注塑压力、固化时间的设置。其中，模具温度在温度设置盘上设置，一般设置为 175 ℃左右。如图 1-86 所示，该塑封机采用多点加温的方式，对模具各个区域进行加热，升温速度快且受热均匀。

③ 上料合模：进行上料合模操作前先要完成引线框架预热和塑封料预热，具体内容如下：

a. 引线框架预热：即将需要注塑的制品进行塑封前加热，将引线框架加热至设定温度。该操作可以缩短引线框架

图 1-86 温度设置盘

在塑封机模具内的加热时间，提高生产效率。预热温度低于注塑时的加热温度，一般设定为 150 ℃。

引线框架预热时，需通过上料架放到预热台上，启动预热台使温度达到设定

值。上料架和预热台分别如图 1-87 和图 1-88 所示。

图 1-87 上料架

图 1-88 预热台

　　将引线框架放到上料架上称为排片，可分为人工排片和自动排片两种。人工排片即由操作员将引线框架盒内的框架放到上料架上，如图 1-89 所示；自动排片即通过自动排片机完成框架从料盒到上料架的排片工作，如图 1-90 所示。

图 1-89 人工排片

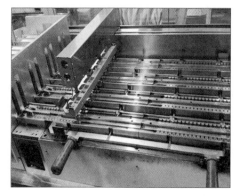

图 1-90 自动排片

　　b. 塑封料预热：即将饼状塑封料加热至设定温度，使其软化，便于投入塑封机之后的灌胶，缩短其在模具里的加热时间，提高生产效率，如图 1-91 所示。预热温度一般设定为 85 ～ 95 ℃。

图 1-91 塑封料及预热

c. 上料：预热工作完成后，开始上料。将装有预热引线框架的上料架水平拿起放入塑封模具中。在操作时注意正确定位，完成固定，保证引线框架都嵌入模具对应的框架槽内，如图 1-92 所示。

图 1-92　上料

d. 合模：上料完成后按下合模按钮，合模时通常是下模具台向上移动，使下模具与上模具紧密闭合，为注塑成型做好准备。合模后将预热好的塑封料放入模具料筒内。

④ 注塑成型：完成上料和投放塑封料后开始注塑，即将预热的塑封料注进塑封模具中成型，如图 1-93 所示。注塑完成后，自动开始固化。

⑤ 开模下料：到达设定的固化时间后，设备自动开模，通过顶针自动将定型好的制品从模具中顶出。操作员从模

图 1-93　注塑成型

具上取出上料架，并取出已塑封好的引线框架，将引线框架与废的塑封料分离，如图 1-94 所示。分离时手法要正确，确保引线框架不变形且引线框架上没有废料。

图 1-94　下料

下料之后用气枪对模具进行清理，准备下一次作业，如图 1-95 所示。重复上料、注塑的几个操作步骤，直至整批塑封完毕，作业完毕清理工作台，准备下一次作业。

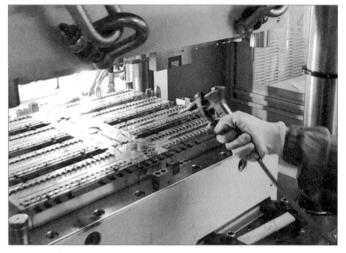

图 1-95　清理模具

⑥ 质量检查：为保证塑封的生产质量，在塑封过程中需进行质量检查，通常采用抽检的方式，查看有无填充不足、粘模、溢料、气孔等不良现象。塑封不良现象及产生原因如表 1-8 所示。

表 1-8　塑封不良现象及产生原因

塑封不良现象	产生原因
气孔 / 缩孔	（1）塑封工艺参数设置不合理：模温过高或过低、注射速度太快或不稳定等。 （2）设备原因：模具排气口堵塞导致排气不畅、料筒密封圈磨损等。 （3）塑封料原因：料饼退冰不足、过期吸潮、分量不足、料饼直径与注射料筒直径不匹配、料饼本身质量（配方、水分、密度、流动性等）问题等
塑封料未填充	（1）塑封工艺参数设置不合理：注射速度过慢、注塑压力过低、模温过高或不均衡等。 （2）设备原因：模具脏或排气不畅、注射杆未注射到底、密封圈溢料严重、进胶口堵塞、模具内局部流道堵塞。 （3）操作失误：手动注射时少放一块料饼、料饼卡在料筒上方未完全进入、注射过程中误按急停键等。 （4）塑封料原因：料饼分量不足、料饼醒料不足或过期吸潮、料饼本身质量问题（流动性差）
弧度冲歪、断线	（1）塑封工艺参数设置不合理：注射速度太快、注塑压力过大。 （2）塑封料原因：黏度高、大颗粒填充剂的冲击等。 （3）进胶口磨损变大，导致进胶速度太快。 （4）组装原因：金线过长、弧度过高、打线虚焊、焊线直径不匹配、金线强度差等。 （5）组装、封装操作过程中，操作不当碰到产品引起金线损伤

续表

塑封不良现象	产生原因
溢料	（1）工艺原因：注塑压力过大、合模压力不够导致框架压不紧。 （2）设备原因：模具模面不平整、模面局部压伤或磨损导致框架局部压不紧。 （3）塑封料原因：流动性差。 （4）框架原因：厚度与模具不匹配、框架与模具之间的间隙过大
胶体表面异物沾污	（1）模具型腔内未清理干净。 （2）模具脏。 （3）内引线（金线、铝线）外露、芯片外露。 （4）料饼内有杂质

⑦ 高温固化：完成塑封的产品需要将塑封树脂进一步高温固化，称为后固化，其作用是消除塑封体内部的应力，保护芯片。该操作在高温烘箱内进行，通常固化温度设置为 175 ℃ ± 5 ℃，时间约为 8 h。

（5）塑封影响因素

在塑封过程中，影响其质量的工艺参数主要有模具温度、注塑压力、合模压力、注塑时间、保压时间等。

① 模具温度：一般情况下，在 160 ~ 180 ℃时，塑封料的一些特性处于最佳状态，如流动特性好、凝胶时间合理、熔融黏度小、成型以及脱模性能好等。所以一般设定的模具温度为 160 ~ 180 ℃，在实际操作过程中，要注意控制一副模具中各点之间的温度差异。

② 注塑压力：研究发现塑封过程中树脂（液态情况下）受到的压强为 60 ~ 120 kg/cm^2，在此范围内，要确保塑封体填充充分、塑封料的流动性适中，同时避免成型时塑封料的流动应力对组装好的产品造成影响。

③ 合模压力：为确保注塑时模具不被打开、产品成型时成型完整、无多余溢料，必须有足够的合模压力。一般情况下合模压力应当大于 3 倍的开模压力（等于模具内树脂投影面乘注塑压力），同时应考虑到模具的使用情况，确保塑封时合模紧密无漏胶。

④ 注塑时间：为了确保塑封料能够在良好的熔融状态下进行注射，避免因固化太晚或提前固化而影响产品成型质量（外观以及内部），必须控制注塑的速度，即注塑时间。确定注塑时间的主要依据是塑封料的凝胶化时间。

⑤ 保压时间：为了确保成型以后的产品有较好的热硬度与强度，能从模具腔体内顺利脱出，注塑结束后在模具内保温的时间称为保压时间。

（6）塑封工艺操作注意事项

在塑封工艺的操作过程中，每一步都会影响最终产品的质量，需要注意图 1-96 所示的事项。

（7）飞边毛刺现象

塑料封装时，若塑封料溢料只在模块外的引线框架上形成薄薄的一层，面积也很小，通常称为树脂溢出；若渗出部分较多、较厚，则称为毛刺或飞边毛刺。生产时常将树脂溢出、贴带毛边、引线毛刺等统称为飞边毛刺现象，如图 1-97 所示。

笔记栏

塑封工艺操作注意事项

- 领取塑封料后需要在常温下回温
  - 回温时间根据塑封料及室温确定
  - 塑封料在规定的时间内使用完毕
  - 优先使用回温早的塑封料
  - 塑封料不得放在塑封机台上
- 模具必须定期清洗
  - 新更换的模具必须使用特定的清洗剂洗模后使用
  - 不允许有洗模残渣留于上下模
- 作业前穿戴好个人防护用品
  - 避免高温烫伤
- 高温烘箱使用前应进行检查
  - 确认烘箱内无易燃物及其他无关物件
- 塑封成型后,保证产品在高温烘箱内冷却半小时后再取出
  - 取出时需戴防高温专用手套
  - 取出的产品放在待打标区

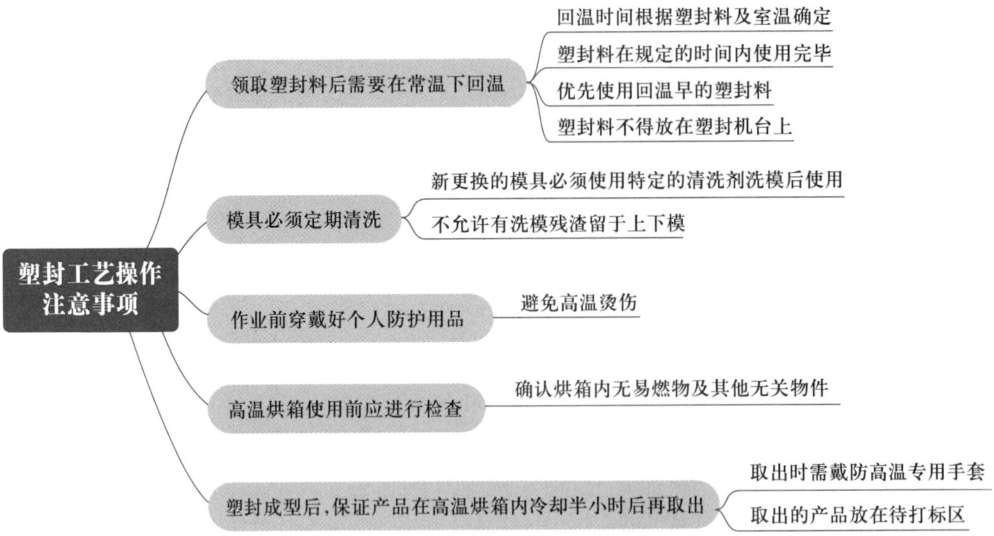

图 1-96 塑封工艺操作注意事项

溢料超出
引脚平面

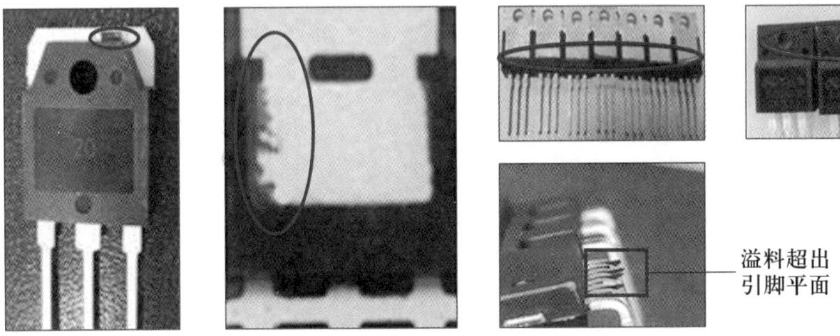

图 1-97 飞边毛刺现象

毛刺的厚度一般应薄于 10 μm,过厚的毛刺如果不去除会影响后续工艺甚至损坏机器,因此在进行电镀、切筋成型工序之前,需要先进行去飞边毛刺工序。图 1-98 所示为去飞边毛刺前后芯片外形的比较。

(a) 去飞边毛刺前 (b) 去飞边毛刺后

图 1-98 去飞边毛刺前后芯片外形的比较

去飞边毛刺工序实际上是塑封工序的后备完善工序或者说是塑封工序的弥补工序，随着模具设计和封装技术的改进，很少产生溢出的飞边毛刺，便可以免除去飞边毛刺操作。

（8）塑封机的日常维护

塑封机的日常维护需要定期进行，具体如图 1-99 所示。

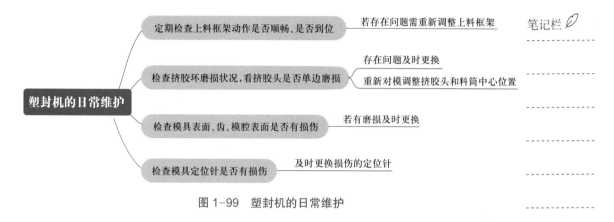

图 1-99　塑封机的日常维护

（9）塑封机的常见故障

塑封机在运行过程中可能会发生一些故障而影响生产，操作员在操作时需留意设备的运行情况，及时发现故障并做出相应处理，以减少损失。塑封机的常见故障如图 1-100 所示。

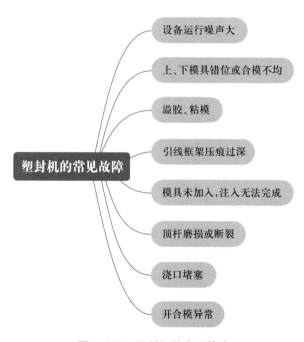

图 1-100　塑封机的常见故障

小思考

"集成电路开发及应用"赛项样题

　　在塑封工艺操作过程中，预热的塑封料未及时领取，而是静置一段时间后再将塑封料投入塑封机，此时可能会造成（　　　　）。

A. 塑封体气泡　　　　　　　　　　B. 塑封体上的打标字迹模糊

C. 塑封溢料　　　　　　　　　　　D. 塑封料流动性差

2. 激光打标

（1）打标的定义与目的

　　塑封之后的塑封体表面没有任何内容，此时如果发生混料或散落等情况会很难辨识，而且不便于后期的跟踪，所以塑封之后通常会在产品的正面或背面进行打标操作。

微课
激光打标

　　打标就是在塑封模块的顶面印上去不掉的、字迹清楚的字母和标志，包括（但不局限于）制造商的信息、国家、器件代码、商品的规格、产品名称、生产日期、生产批次等，主要是为了识别和跟踪。封装过程中要保证良好的打标质量，生产中会因为打标不清晰或字迹断裂而导致退货重新打标的情况发生。

（2）打标的方式

　　在芯片上打标的方式有很多，主要有以下几种：

① 直印式：直接像印章一样将内容印在塑封体上。

② 转印式：使用转印头，从字模上蘸印内容，再将其印在塑封体上。

③ 激光打标：利用激光直接在塑封体上刻印内容。

　　直印式和转印式均使用油墨实现，油墨打标字迹比较深，对比清晰，但对模块表面要求较高，若模块表面有沾污，油墨就不易印上去，且油墨比较容易被擦除。

　　激光打标则精度较高，字迹不易擦除，且不产生机械挤压和应力，不会损坏被加工芯片，热影响区域也较小，但相较于油墨打标而言，它的字迹较淡，对比不明显。激光打标利用高能量、高密度的激光对工件某一个部分进行照射，使其表层材料气化或发生颜色变化，从而留下永久性的标记，如图 1-101 所示。

　　综上所述，在芯片表面进行加工打字对精度的要求非常高，在不损伤元器件的前提下，要求能够标记出清晰的信息，所以一般会选用更加精准且不容易褪色的激光打标方式。

（3）激光打标设备

　　激光打标一般在激光打标机上进

图 1-101　激光打标

行，图 1-102 所示为激光打标机的外观。

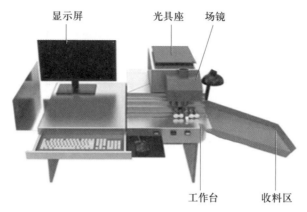

图 1-102　激光打标机外观

激光打标机最关键的部分就是它的工作台，即打标区，如图 1-103 所示。将已完成塑封待打标的引线框架放入轨道中，通过转动滚轮来移动引线框架，当塑封体经过激光束的位置时便已刻印上设置好的内容。

图 1-103　激光打标机工作台

（4）激光打标工艺操作

一般情况下，激光打标工艺的操作流程包括来料整理、调用打标文件、打标、收料，如图 1-104 所示。

图 1-104　激光打标工艺操作流程

① 来料整理：操作前清理工位，领取待打标的产品并核对产品物料信息与随件单信息是否一致，核对内容包括产品名称、数量、产品批次等。

② 调用打标文件：启动激光打标机后调整光路，并打开激光打标软件系统，根据随件单信息调用对应的打标文件，如图 1-105 所示，对打标内容进行确认。

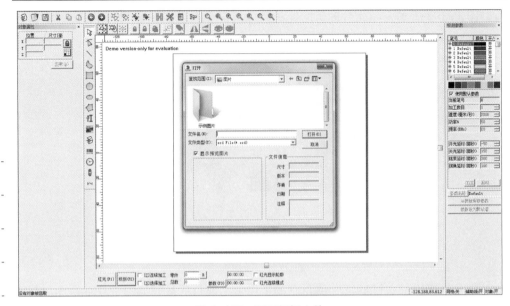

图 1-105 调用打标文件

③打标：确认程序调用完毕后，开始打标。批量进行打标操作前，需进行预打标，以保证本次打标的质量。首条引线框架作为试片进行打标确认，打标完成后，目视检测试片，若信息刻写位置正确、刻写线条均匀、文字图案都清晰无误，方可开始批量生产；若有问题则需重新调整，调整合格后再开始批量生产。图 1-106 所示为正在对引线框架进行打标。

图 1-106 打标

④收料：打标完成的物料会落入激光打标机的收料区内，如图 1-107 所示。引线框架则被送至电镀工序进行镀锡操作。

（5）激光打标工艺操作注意事项

激光打标是激光加工最大的应用领域之一。激光打标可以打出各种文字、符号和图案等，字符大小可以从毫米量级到微米量级，这对产品的防伪有特殊

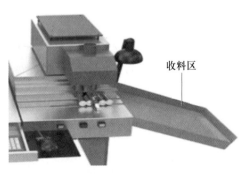

图 1-107 收料区

的意义。激光打标工艺操作注意事项如图 1-108 所示。

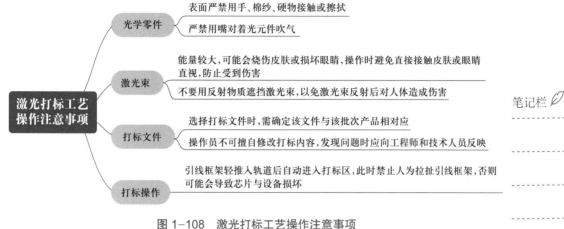

图 1-108　激光打标工艺操作注意事项

笔记栏

（6）激光打标机的日常维护

由于芯片种类繁多，仅通过外观难以区分，容易混料且不便于物流跟踪，因此信息标记是区分和追溯的重要一步。激光打标机是信息标记的重要设备。为保证激光打标机能长期有效地运行，需要定期对其进行维护，及时发现并处理问题，延长其使用寿命。激光打标机的日常维护如图 1-109 所示。

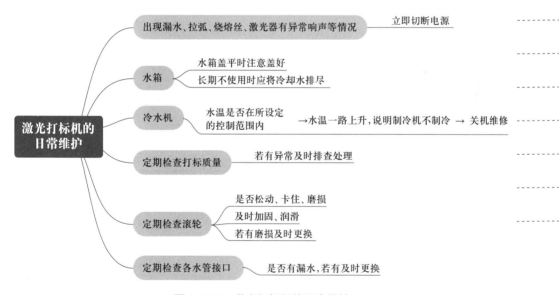

图 1-109　激光打标机的日常维护

（7）激光打标机的常见故障

激光打标机在运行时难免会出现故障，如控制盒电源绿色指示灯不亮或报警红色指示灯点亮、激光不稳定或能量弱、激光打标时出现微小波浪线或刻写线不均匀、冷却无效果、漏水等。在实际生产中，应积极排查故障原因，保证激光打标的质量。

小思考

"集成电路开发及应用"赛项样题

在塑料封装后道工序工艺操作过程中，图 1-110 显示的是（　　）工序。

图 1-110　塑料封装后道工序工艺操作过程

A. 电镀　　　　B. 激光打标　　　　C. 切筋成型　　　　D. 塑封

微课
电镀和切筋
成型

3. 电镀

（1）电镀的定义与目的

塑封或激光打标之后，需要在引线框架外露的部位覆上一层金属，用于保护外露的芯片引脚，增加其可焊性。由于锡具有良好的可焊接性、导电性，以及耐变色、易钎焊等特点，因此塑料封装的引线框架一般覆上锡层。图 1-111 所示为引线框架镀锡前后的比较。但是锡在潮湿或温度变化的环境中易长出晶须，如图 1-112 所示。晶须的生长会导致芯片引脚之间短路，为了避免这一问题，同时为了减少镀层内部的应力，要对电镀之后的芯片进行退火处理。

(a) 镀锡前

(b) 镀锡后

图 1-111　引线框架镀锡前后的比较

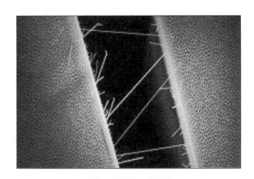

图 1-112　晶须

塑料封装涂覆锡层一般通过电镀或浸锡的方式实现。电镀是利用金属材料和化学方法，在引线框架表面（材质通常为铜）镀上一层镀层。浸锡是将引线框架直接浸入调配好的锡液中，在外露的引线框架表面形成锡层。

（2）电镀设备

集成电路由芯片和引线框架经封装而成。在集成电路中，引线框架是连接芯片与外部元件的载体，因此引线框架在集成电路中占据重要的地位。在电子仪器中，元器件或引线框架通常会在其表面通过电镀沉积一层金属锡来提高其可焊性。电镀目前都是在流水线式的电镀槽中进行的，如图 1-113 所示。

图 1-113　电镀

（3）电镀工艺操作

引线框架是将芯片的功能电极引出并与电子线路连接的框架条，对其质量有着严格的要求。引线框架的镀层要求结晶细致，外观为半光亮，光亮度过高，会影响焊接性能，但不光亮的镀层会导致结晶粗糙，表面容易变色，也会影响焊接性能。对镀层结合力要求能通过热冲击试验，即在 450 ℃下烘烤 3 min 不能起皮、脱落、变色、氧化等。大多数引线框架要求只对需要的部位进行电镀，背面不需要镀上镀层。

电镀工艺的操作流程为：先进行清洗，经热水浸泡后在不同浓度的电镀槽中进行电镀，最后冲洗、吹干或放入烘箱中烘干。

① 清洗：主要是把镀件表面的油脂、污迹清洗干净，以免影响镀层效果，否则镀层不光亮。

② 热水浸泡：要用 80 ℃以上的洁净热水浸泡 1 min 左右。其主要目的是提升镀件本身的温度，以免在将其投放到镀液时引起镀液温度的急剧降低。

③ 化学镀锡：使镀液保持在 70 ～ 75 ℃，把从热水中捞出的镀件迅速投放到镀液中浸泡 30 ～ 60 s，镀件即可镀上洁白光亮的锡层。不要等到镀件冷却再投放，否则会使镀层表面产生斑点或污迹。

④ 清洗：把镀好的镀件从镀液中捞出，迅速投放到 75 ℃以上的洁净热水中清洗干净。注意，动作一定要迅速（别让镀件冷却），一定要用大量洁净的热水把镀件上的残留镀液清洗干净，否则会使镀层表面产生斑点或污迹。

⑤ 吹干：最好用热风吹干。

4. 切筋成型

（1）切筋成型的定义与目的

微课
电镀和切筋
成型

目前在半导体封装工艺中,裸芯片通过芯片互连的方法将其焊区与封装外引脚连接起来完成一级封装,经切筋成型后通过焊接工艺与基板(PCB)连接。切筋成型实际上是两道工艺——切筋与成型,但通常同时完成。有时会在一台机器上完成,有时也会分开完成。

切筋工艺是指切除引线框架外引脚之间的堤坝以及在引线框架带上连在一起的地方。成型工艺则是指将引脚弯成一定的形状,以满足装配的需要。切筋的目的是将整条引线框架上已经封装好的元件独立分开。成型的目的则是将已经完成切筋的元件外引脚压成预先设计好的引脚形状,便于后期在电路板上使用。切筋成型示意图如图1-114所示。

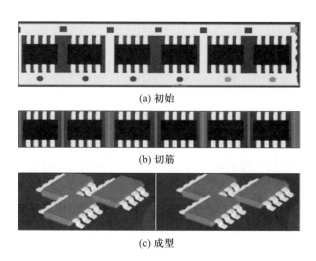

(a) 初始

(b) 切筋

(c) 成型

图 1-114　切筋成型示意图

现在集成电路封装工业正把注意力集中于无引脚封装的发展,但是引脚产品特别是翅形(翼形)表面贴装式封装,还在集成电路市场上扮演重要的角色。

引脚集成电路封装可以分成直线引脚、J形引脚和翅形引脚三大类,如图1-115所示。

(a) 直线引脚

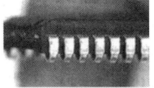
(b) J形引脚

(c) 翅形引脚

图 1-115　引脚集成电路封装类型

（2）切筋成型设备

切筋成型设备为切筋成型机。切筋成型机用于将整条片状的引线框架切割成独立的电路，并在进行引脚成型后放进料管或料盘中。切筋机可分为上料区、显示区、切筋成型区、出料区几部分，如图 1-116 所示。

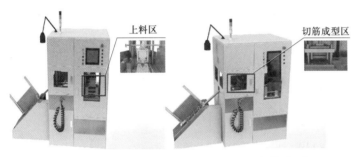

图 1-116　切筋成型机

将合格的镀锡引线框架装盒，置于切筋成型机的上料区。设备启动后，引线框架会被送到轨道上。机械滑块会将引线框架送到指定位置，进行切筋与成型的操作，上下模闭合，切断连筋。成型冲头下压，将引脚弯成所需的形状，就完成了切筋与成型的操作。成型后的元件通过下料轨道被收入收料管。

切筋成型机上有显示屏，主要用来设置该批芯片的参数，调用相关的程序；另设有开关键、紧急停止键、警示灯等控件，在机械动作中若有紧急状况发生时，可以立刻采取相关措施。

（3）切筋成型模具

切筋成型模具由上模和下模组成，每批产品型号不同，模具要进行一次调整，直到产品更换再调整。切筋成型模具如图 1-117 所示。

(a) 切筋成型模具整体

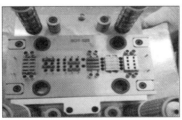
(b) 下模

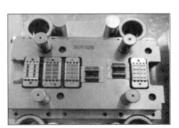
(c) 上模

图 1-117　切筋成型模具

模具的总体结构采用榫卯连接的方式，即通过板块之间的压力，使结构在承受水平外力时能有一定的适应能力。凸模用凸模固定板和螺钉固定；下模部分由凸模、凹模固定板、垫板和下模座组成；引线框架通过沟槽固定在相应位置，利用凹槽进行定位。

凸模和凹模都采用镶嵌结构，这样便于采用线切割加工。凹、凸模示意图如图 1-118 所示。

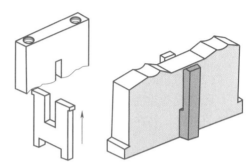

图 1-118 凹、凸模示意图

（4）切筋成型工艺操作

切筋成型工艺决定了芯片外引脚的最终形状，也是将前面工序中一直以引线框架形态相连的芯片独立分开的工艺操作，其操作流程主要为来料整理、调用切筋程序、装料、切筋与成型、下料、质量检查，如图 1-119 所示。

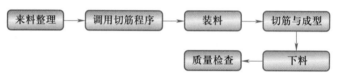

图 1-119 切筋成型工艺操作流程

① 来料整理：整理清洁工位，领取切筋成型的物料进行信息确认，包括模具型号是否与随件单信息一致，并用气枪将模具表面清理干净。

② 调用切筋程序：在系统里调用切筋程序，并进行参数设定。

③ 装料：打开上料部分的保护门，将装好引线框架的料盒放入机器的上料部分，装料时需要注意芯片方向。

④ 切筋与成型：准备就绪后，点击启动按钮，设备运行，由抓取装置将料片送入轨道运输装置，传送到成型模具中，进行切筋与成型操作，如图 1-120 所示。

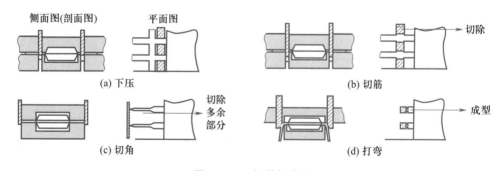

图 1-120 切筋与成型

⑤ 下料：将完成切筋成型的产品送入物料区进行统一收取。

⑥ 质量检查：为保证产品质量，需要对切筋成型的产品进行质量检查，通常采

用目检的方式。

　　为保证切筋成型机的正常运行以及提升切筋成型的速率，在进行引线框架装盒时，操作员需要先对引线框架进行检验。该检验过程主要包括两部分，一部分为芯片的外观质量检查，如检查是否存在注塑料缺损、引脚断裂、镀锡露铜等情况，对于这些产品需要用工具将外观不良的地方从引线框架中剔除；另一部分为引线框架变形的质量检查，若发现不平整的引线框架，需要操作员进行调整，防止切筋成型时卡料或模具损坏。图 1-121 所示为对引线框架进行质量检验。

笔记栏

(a) 剔除引线框架外观不良的地方　　　　(b) 整理引线框架

图 1-121　引线框架质量检验

（5）切筋成型机的日常维护

　　为保证切筋成型机的有效运行，提升生产效率，减少对切筋成型机的损耗，延长使用寿命，需要对切筋成型机进行日常维护，如图 1-122 所示。

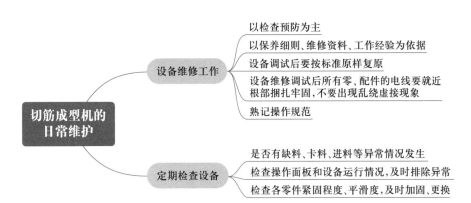

图 1-122　切筋成型机的日常维护

　　总之，设备维护维修工作要以保养细则、维修资料和工作经验为依据，不乱拆、乱卸、乱焊、乱修，以免导致故障扩大。

（6）切筋成型机的常见故障

　　切筋成型机在运行时发生故障是不可避免的，在生产实际中需要知道其常见故障及产生原因，才能保证切筋成型机的有效运行，从而保证生产质量。切筋成型机的常见故障如图 1-123 所示。

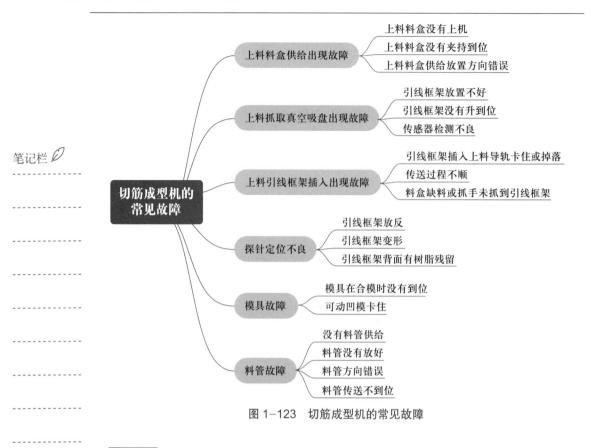

图 1-123　切筋成型机的常见故障

小思考

"集成电路开发及应用"赛项样题

图 1-124 展示的切筋成型机中，进行切筋成型动作的位置是（　　）标注的区域。

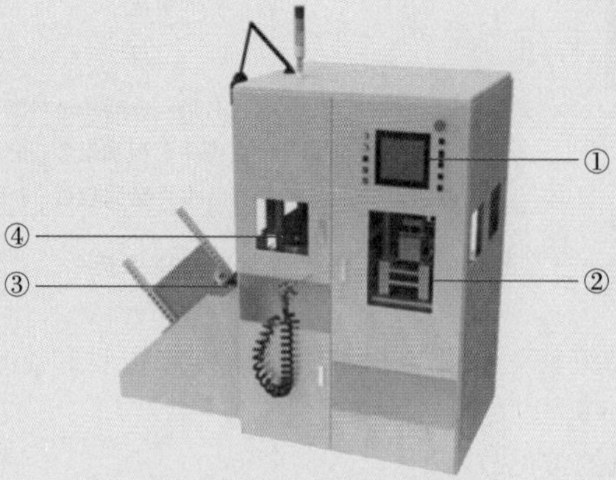

图 1-124　切筋成型机

A. ①　　　　　B. ②　　　　　C. ③　　　　　D. ④

拓展知识

集成电路封装是对半导体芯片外壳的成型包封。塑封工艺和模具是半导体器件封装后道工序中极其重要的手段和装备。微电子封装越来越向小型化发展，然而在这种狭窄的空间里，引脚数却从几十根向上百根发展，导致引线之间的间隙越来越小。芯片上的引脚与引线框架通常是用金线键合在一起的。在塑封成型过程中，会产生金线偏移的现象。金线偏移是微电子封装在转移成型过程中最重要的缺陷之一。

笔记栏

（1）金线偏移

热固性环氧树脂材料在充填过程中，高黏度熔胶和快速流动会引起金线偏移。在成型过程中，当金线变形或是和其他金线接触时，就有可能发生断路或短路问题，如图 1-125 所示。

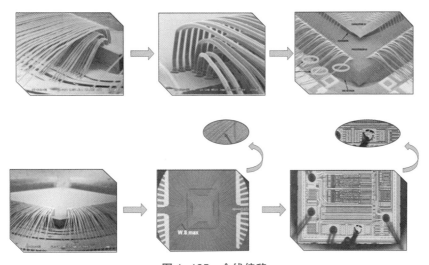

图 1-125　金线偏移

（2）金线偏移产生的原因

在集成电路元件向薄型化与高密度化发展的同时，对金线偏移分析的探讨也将变得更困难且具挑战性，这是因为微尺度效应对成型具有更大的影响。金线偏移的原因一般有以下几种：

① 树脂流动而产生的拖曳力：在塑封成型过程中，塑封料（树脂）注入模具中会流动，如图 1-126 所示。树脂流动产生的拖曳力是引起金线偏移最主要也是最常见的原因。在填充阶段，熔胶黏性过大、流速过快，拖曳力越大，金线的偏移量就越大。

② 引线框架变形：引起引线框架变形的原因是塑封成型过程中上下模穴内树脂流动不平衡，即所谓的"赛马"现象，此时引线会因为上下模穴中的压力差而变形。由于金线位于引线框架的芯片焊垫与内引脚上，因此引线框架变形会引起焊接在芯片压焊点和内引脚上的金线发生偏移，引线框架变形越严重，金线的偏移量就越大。

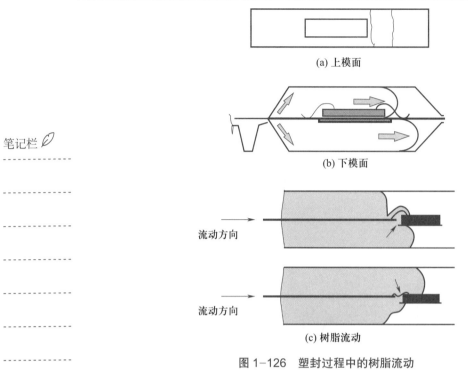

(a) 上模面

(b) 下模面

流动方向

流动方向

(c) 树脂流动

图 1-126　塑封过程中的树脂流动

③ 气泡的移动：在塑封料进入模具的填充阶段可能会有空气进入模穴内形成气泡，气泡碰撞金线也会造成一定程度的金线偏移。

④ 过保压/迟滞保压：在塑料注塑成型时，被注入型腔的熔体会因为冷却而收缩，因此螺杆要继续缓慢地向前移动，使料管中的熔体继续注入型腔，这个过程称为保压。注塑机中保压的作用是当塑封料熔融冷却/固化收缩时，保持一个压力，继续注入熔融的塑封料来填补收缩的空间，减少或避免凹痕的产生。选择恰当的保压时间和保压压力，可以有效地防止产品收缩，产品生产也比较稳定。当保压不正常时会产生缺陷。

当某些流动路径还在充填时，有些流动路径已经开始进行将额外塑封料压缩的动作，这就是过保压。过保压会让模穴内部压力过大，偏移的金线难以弹性地恢复原状。保压动作完成后，熔体还未完成填充或密实，这称为迟滞保压。迟滞保压会使温度升高，使熔体黏度过大，偏移的金线也难以弹性地恢复原状。

⑤ 填充物的碰撞：封装材料会添加一些填充物，较大颗粒的填充物（如 2.5～250 μm）碰撞纤细的金线（如 25 μm），也会引起金线偏移。

（3）金线偏移的解决办法

随着多引脚集成电路的发展，封装中的金线数目及引脚数目也随之增加，金线密度的提升会使得金线偏移现象更加明显。为了有效地降低金线偏移量，预防断路或断线的状况发生，应当谨慎选用封装材料以及准确地控制制造参数，降低模穴内金线受到熔体流动产生的拖曳力，防止引线框架变形，以避免金线偏移量过大的情况发生。

小思考

解决塑料封装过程中金线偏移（图 1-127）的措施有好几种，能不能通过增加金线的硬度来减少金线偏移现象的发生呢？

图 1-127　金线偏移

任务实施

分组完成塑料封装资料收集任务，然后在集成电路虚拟仿真平台上完成塑料封装后道工序的实操，填写《塑料封装后道工序工艺操作流程单》。工艺操作流程单可以根据实际需要自行设计，下面给出示例仅供参考，如表 1-9 所示。

表 1-9　《塑料封装后道工序工艺操作流程单》示例

项目名称	模拟芯片 LM1117 塑料封装			
任务名称	LM1117 后道封装			
塑料封装				
生产过程	设备	步骤		要求
来料确认				
塑封机参数设置				
……				
激光打标				
生产过程	设备	步骤		要求
电镀				
生产过程	设备	步骤		要求
……				

任务检查与评估

完成塑料封装后道工序的实操后，进行任务检查，可采用小组互评等方式进行任务评价，任务评价单如表 1-10 所示。

笔记栏

表 1-10 任务评价单

LM1117 后道封装任务评价单		
职业素养（20 分，每项 4 分）	□具有良好的团队合作精神 □具有严控质量关的责任意识 □具有严谨求实的工作态度 □具有自主学习能力及正确的学习观 □能严格遵守"6S"管理制度	□较好达成（≥ 16 分） □基本达成（12 分） □未能达成（<12 分）
专业知识（15 分，每项 5 分）	□掌握芯片塑料封装后道工序的工艺目的 □掌握芯片塑料封装后道工序的工艺操作过程 □掌握解决芯片塑料封装后道工序过程中常见问题的方法	□完全达成（15 分） □基本达成（10 分） □未能达成（≤ 5 分）
技术技能（15 分，每项 5 分）	□具备准确阐述芯片塑料封装后道工序工艺目的的能力 □具备熟练使用芯片塑料封装后道工序相关设备的能力 □具备快速解决芯片塑料封装后道工序工艺过程中常见问题的能力	□完全达成（15 分） □基本达成（10 分） □未能达成（≤ 5 分）
技能等级（50 分，每项 5 分）	"集成电路封装与测试"1+X 职业技能等级证书（中级）： □能识别塑料封装、激光打标工艺的操作流程 □能识读塑料封装、激光打标工艺随件单的注塑原材料等工艺要素 □能正确进行塑封机、激光打标机操作界面的参数设置 □能完成塑封机、激光打标机的日常保养 □能识别切筋成型工艺的操作流程 □能正确进行切筋成型机的操作 □能完成切筋成型机的日常保养	□较好达成（≥ 40 分） □基本达成（30 ～ 35 分） □未能达成（<30 分）

拓展与提升

1. 集成应用

（1）知识图谱

塑料封装的半导体产品在民用领域得到了广泛的应用，在消费类电路和器件领域基本均采用塑料封装，因此对它的了解非常重要。本项目讲解了芯片的塑料封装工序，请你根据自己的学习情况绘制知识图谱。

（2）技能图谱

塑料封装的前道工序包括晶圆贴膜、晶圆减薄、晶圆划片、芯片粘接、引线键合几个步骤，后道工序包括塑料封装、激光打标、电镀、切筋成型几个步骤。请你根据项目完成情况总结塑料封装工艺中所涉及的技能，绘制技能图谱。

2. 创新应用设计

随着半导体技术在工业生产自动化、计算机技术、通信技术中的广泛应用，人们对于电子器件的可靠性要求也越来越高。在早期的各种封装形式中，陶瓷等气密性封装可靠性最高。而早期的塑料封装由于水汽扩散问题未能解决，可靠性难以同气密性封装相比。请你查阅资料，看看在塑料封装设计中采用怎样的方式可以增加塑料封装的气密性。

同时，由于塑料封装具有较低的成本，因此超过 97% 的集成电路都采用塑料封装。而随着对集成电路封装气密性的要求，需要对封装进行严格的测试和筛选实验，以至于增加了成本。有关资料显示，集成电路引脚数每年的增长速率为 8% ～ 11%，而每个引脚成本的降低速率为每年 5%。因此，如何降低封装成本仍是今后封装技术发展的重要课题。

请你查阅资料，完成塑料封装成本降低的研究报告。研究报告需包括研究背景、研究目的、研究内容、解决问题的具体方案等。

3. 证书评测［"集成电路开发与测试" 1+X 职业技能等级证书（中级）试题］

（1）封装工艺中，在晶圆切割后的光检环节中发现的不良废品，需要做（　　）处理。

A. 剔除 　　　　B. 修复 　　　　C. 标记 　　　　D. 降档

（2）封装工艺的芯片粘接工序中，完成点银浆以后进入（　　）步骤。

A. 框架上料 　　　　　　　　B. 芯片拾取

C. 框架收料 　　　　　　　　D. 银浆固化

（3）封装工艺中，装片机上料区上料时，将（　　）的引线框架传送到进料槽。

A. 顶层 　　　　B. 中间位置 　　　　C. 底层 　　　　D. 任意位置

（4）封装工艺中，在完成芯片粘接后需要进行银浆固化，该环节在烘干箱中进行，一般在（　　）℃的环境下烘烤 1 h。

A. 150　　　　　　　　B. 175　　　　　　　　C. 200　　　　　　　　D. 225

（5）在引线键合机内完成引线键合的引线框架送至出料口的引线框架盒内，引线框架盒每接收完一个引线框架会（　　　）。

A. 保持不动　　　　　　　　　　　　B. 自动上移一定位置

C. 自动下移一定位置　　　　　　　　D. 自动后移一定位置

（6）封装工艺中，（　　　）工序后的合格品进入塑封工序。

A. 引线键合　　　　　　　　　　　　B. 第二道光检

C. 芯片粘接　　　　　　　　　　　　D. 第三道光检

（7）封装工艺中，将塑封后的芯片放到 175 ℃ ±5 ℃的高温烘箱内的作用是（　　　）。

A. 消除内部应力，保护芯片　　　　　B. 测试产品耐高温效果

C. 改变塑封外形　　　　　　　　　　D. 剔除塑封虚封的产品

（8）封装工艺中，激光打标的文本内容和格式设置完成后，需要（　　　）。

A. 选择打标文档　　　　　　　　　　B. 点击保存按钮保存设置情况

C. 点击开始打标按钮　　　　　　　　D. 调整光具位置

（9）激光打标工序中，在进行文本设置时，点击图 1-128 中（　　　）位置的按钮后，会弹出可以调整字体对齐方式、字体宽度、行间距等参数的对话框。

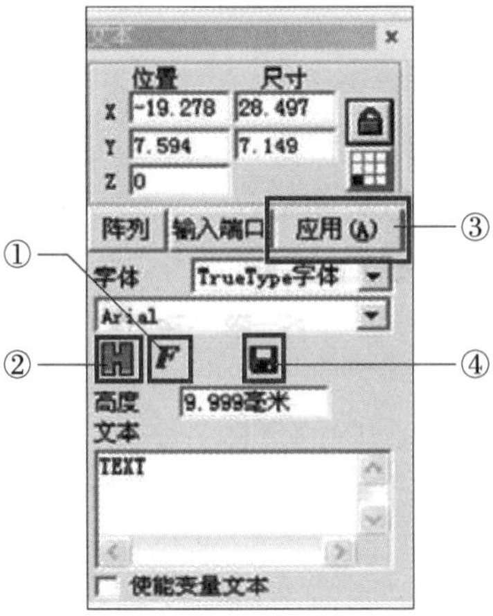

图 1-128　文本设置

A. ①　　　　　　　　B. ②　　　　　　　　C. ③　　　　　　　　D. ④

（10）封装工艺的电镀工序中，完成前期的清洗后，下一步操作是（　　　）。

A. 装料　　　　　　B. 高温退火　　　　　　C. 电镀　　　　　　D. 后期清洗

（11）去飞边毛刺的目的是（　　　）。

A. 去除激光打字后标识打印有瑕疵的部分

B. 去除注塑工序塑封周围、引线之间的多余溢料

C. 去除电镀后引脚镀层外围多余的镀料

D. 去除引脚周围长出的晶须

笔记栏

（12）下面 4 张图中，（　　　）是切筋成型的下模具。

A.

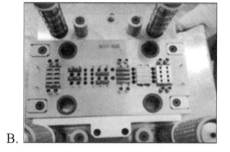

B.

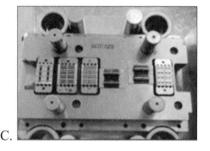

C.

D.

（13）切筋成型工序中，设备在完成模具内的切筋与成型步骤后，下一步是
（　　　）。

A. 人工目检   B. 核对数量

C. 装料   D. 下料

项目二

模拟芯片 LM1117 测试

通过项目一的学习，我们已经了解了模拟芯片 LM1117 的功能、用途及塑料封装方法。

由于 LM1117 的测试方法具有典型性，因此本项目将通过 LM1117 来学习模拟芯片测试的相关知识。在本项目中，需要对 LM1117 芯片进行两类测试，根据测试类型，将本项目划分为两个任务，如图 2-1 所示。

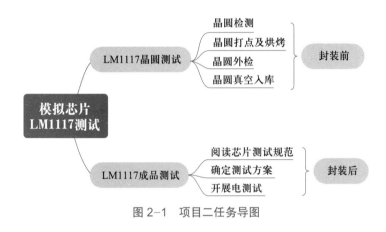

图 2-1　项目二任务导图

完成本项目的学习后，应实现以下目标：

知识目标　≫≫≫

① 能说出晶圆测试的目的。
② 能整理晶圆测试的工艺流程。
③ 能识读芯片数据手册和测试规范。
④ 能复述测试机的工作原理。
⑤ 能总结测量仪器和测试机、分选机的使用方法。

能力目标　≫≫≫

① 能完成晶圆测试。
② 能解决晶圆测试过程中的问题。
③ 能制订晶圆测试方案。
④ 能选择合适的测试机。
⑤ 能设计测试负载板。
⑥ 能开发测试程序。

素养目标　≫≫≫

① 养成新技术和新知识的自主学习习惯。
② 通过合作与交流，养成互帮互助、团结友善的良好品质。
③ 树立正确的劳动观，崇尚劳动、尊重劳动、热爱劳动。

任务 2.1   LM1117 晶圆测试

开启新挑战——任务描述

温馨提示：某企业研发出一款低压差线性稳压器（Low Dropout Linear Regulator，LDO）芯片 LM1117，成功在某晶圆厂 6 英寸生产线流片，首批生产出 5 片晶圆。现需要进行芯片检测，请仔细阅读任务描述，根据图 2-2 所示的任务导图完成任务。

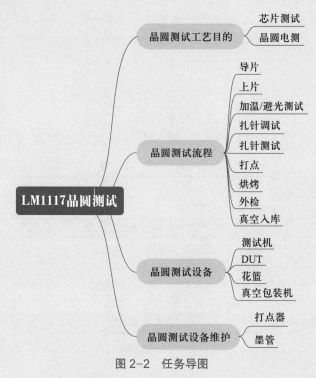

图 2-2   任务导图

你的角色：某集成电路测试企业技术骨干，拥有自己的技术研发团队及测试设备。

你的职责：在规定的时间内，完成 LM1117 芯片的晶圆测试任务。

突发事件：根据行业分工，你所在的企业完成测试后发现产品良率仅为 75%。

团队新挑战

要求在掌握封装工艺流程的前提下，遵守工艺操作规范，与团队成员共同协作，完成 LM1117 芯片的晶圆测试，撰写 LM1117 晶圆测试报告，并将产品的良率反馈给设计与制造厂商，以作为该企业设计效能与良率提升的参考依据。

小阅读

模拟芯片行业空间及发展趋势

模拟芯片的应用十分广泛，下游市场涵盖了几乎所有电子产品，从智能手机、笔记本式计算机、LED 显示器，到数控机床、医疗设备和汽车电子系统等。由于下游应用甚广，模拟芯片市场不易受单一产业景气变动影响，因此其价格波动远没有存储芯片和逻辑电路等数字芯片的变化大，市场的整体波动幅度也相对较小。2022 年，全球模拟芯片市场规模为 890 亿美元（1 美元约合 7 元人民币），同比增长 20.10%。我国的模拟集成电路市场总体呈现平稳增长态势。2022 年中国模拟芯片市场销售额达 2 956.10 亿元，占全球的比重大于 50%，反映国产提升自给率的空间巨大。2023 年，政策扶持加大，所以国内模拟芯片赛道不论是从空间上还是发展趋势上都呈现一个良好的态势。

笔记栏

任务单

根据任务描述，本次任务需要完成采用某工艺 6 英寸生产线流片的 LM1117 晶圆测试，并解决工艺过程中常见的问题，具体任务要求参照表 2-1 所示的任务单。

表 2-1 任 务 单

项目名称	模拟芯片 LM1117 测试
任务名称	LM1117 晶圆测试
任务要求	
（1）任务开展方式为分组讨论＋工艺操作，每组 3 ～ 5 人。 （2）学习掌握任务资讯中提供的知识工具。 （3）利用知识工具在集成电路虚拟仿真平台上完成晶圆测试。 （4）提交阶段性学习报告，包括但不限于晶圆测试（操作）方案	
任务准备	
1. 知识准备： （1）晶圆测试工艺流程。 （2）晶圆检测方法、工艺流程。 （3）扎针测试目的、操作流程。 （4）晶圆打点目的、操作流程。 （5）晶圆外检目的、方法。 2. 设备支持： （1）仪器：探针台、测试机或集成电路虚拟仿真平台。 （2）工具：计算机、书籍资料、网络	
工作步骤	
参考表 1-1	
总结与提高	
参考表 1-1	

在知悉本学习任务后，需要明确知识在岗位技能要求中的定位，完善晶圆测试知识储备。任务资讯给出了完成本任务所需的知识工具，完成知识学习后，通过图 2-3 所示的自主学习导图对照 1+X 职业技能等级证书标准的要求，检验学习效果。

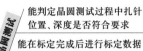

1. 晶圆测试	能判定晶圆测试过程中扎针位置、深度是否符合要求
	能在标定完成后进行标定数据的校核
3. 晶圆打点及烘烤	能进行墨点烘烤工艺操作
	能根据晶圆要求设置烘烤时长
	能根据芯片的大小选择合适的打点墨管
2. 晶圆打点	能判定晶圆打点过程中墨点是否满足要求
	能对测试机、探针台进行程序加载及参数设置
4. 晶圆外检及真空入库	能进行晶圆外检工艺操作

"集成电路封装与测试"职业技能等级证书标准

笔记栏

图 2-3　自主学习导图

任务资讯

小阅读

什么是晶圆测试？为什么要进行晶圆测试？

晶圆测试是对晶圆上的每个晶粒进行针测，在检测头上装上以金线制成的细如毛发的探针（probe），与晶粒上的接点（PAD）接触，测试其电气特性，不合格的晶粒会被标上记号，而后当晶圆被切割成独立的晶粒时，标有记号的不合格晶粒会被淘汰，不再进行下一个工艺，以免徒增制造成本。

在晶圆制造完成后，晶圆测试是一步非常重要的测试。测试完成会给出晶圆生产过程的成绩单。在测试过程中，每一个芯片的电路性能都会被检测。晶圆测试也称为芯片测试（die sort）或晶圆电测（wafer sort）。

在测试时，晶圆被固定在真空吸力的卡盘上，并与很薄的探针电测器对准，同时探针与芯片的每一个焊接垫相接触（图 2-4），电测器在电源的驱动下测试电路并记录结果。测试的数量、顺序和类型由计算机程序控制。测试机是自动化的，所以在探针电测器与第一片晶圆对准后（人工对准或使用自动视觉系统），测试工作无须操作员的辅助即可进行。

测试有以下 3 个目标：

① 在晶圆送到封装工厂之前，鉴别出合格的芯片。

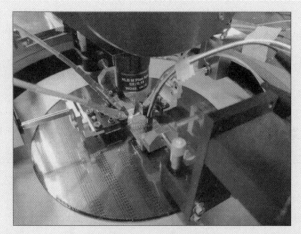

图 2-4 晶圆测试

② 对器件 / 电路的电性能参数进行特性评估。工程师需要监测参数的分布状态来保持工艺的质量水平。

③ 芯片的合格品与不良品的核算会给晶圆生产人员提供全面业绩的反馈。合格品与不良品在晶圆上的位置会在计算机上以晶圆图的形式记录下来。从前的旧式技术则会在不良品上涂下一墨点。

晶圆测试是主要的芯片良品率统计方法。随着芯片的面积增大和密度提高，晶圆测试的费用越来越多。芯片需要更长的测试时间以及更加精密复杂的电源、机械装置和计算机系统来执行测试工作和监控测试结果。视觉检查系统也随着芯片尺寸的扩大而更加精密和昂贵。芯片的设计人员被要求将测试模式引入存储阵列。测试的设计人员在探索如何使测试流程更加简化而有效，例如，在芯片参数评估合格后使用简化的测试程序，也可以隔行测试晶圆上的芯片，或者同时进行多个芯片的测试。

📖 基础知识

1. 集成电路测试概述

（1）缺陷、故障和失效

通常集成电路有正常和非正常两种工作状态。导致集成电路处于非正常工作状态的因素包括：① 设计过程中考虑不周全；② 制造过程中的一些物理、化学因素。

上述造成集成电路不符合技术条件从而不能正常工作的各种因素统称为集成电路缺陷。

集成电路缺陷导致其功能发生变化，则称为故障。

集成电路缺陷和故障是相互联系但又有一定区别的一对概念。缺陷会引发故障，如引线间不应有的短路和开路这样的物理缺陷将导致电路不能完全地按预定的

微课
芯片测试
简介

要求工作，即产生故障。因此故障是表面现象，并且相对稳定，可以通过集成电路测试手段来确定；而缺陷则相对较隐蔽，并且是微观层面的，导致其查找与定位非常困难。

若故障导致集成电路无法实现其特定规范要求的功能，则称为集成电路失效。故障有可能导致集成电路失效，也有可能不会导致集成电路失效。

（2）故障诊断

上面提到可以通过集成电路测试来确定其故障，因此集成电路测试有时也称为故障诊断。故障诊断分为故障检测和故障定位。

① 故障检测主要检验电路是否实现了预定的功能，是否发生了故障。

② 故障定位是在故障检测的基础上进一步确定发生了何种故障。

（3）测试规范

集成电路的性能或特性主要取决于电路设计和制造工艺，同时与电路的工作条件，如电源电压、环境温度等密切相关。因此，涉及产品的测试规范通常有两个：工作保证范围和工作保证特性。

工作保证范围是指保证集成电路呈现最好工作特性的工作条件的允许范围，包括电源电压、环境温度和使用方法等。

工作保证特性是指集成电路在工作保证范围内使用时，可以确保的特性及其变化范围。

一个电路的测试规范通常包括参数项、参数范围、测试方法等几部分。

除了上述测试规范外，还有产品批量生产时确定的规范（称为生产规范）、用户在产品设计时提出的规范（称为设计规范）和产品进行可靠性试验所依据的规范（称为可靠性规范）等不同规范。这些规范之间的差别包括测试系统的精度、参数的温度特性和参数稳定性等。通常生产规范最严苛，测试规范次之，可靠性规范相对宽松。

2. 晶圆测试工艺流程

晶圆测试在晶圆制造完成之后、芯片封装之前进行。晶圆测试又称晶圆针测（称其"针测"是因为在测试时需用特殊材料做成的探针与芯片的 PAD 相互接触），其主要目的是将不合格的芯片筛选出来。晶圆测试工艺流程主要包括晶圆检测、晶圆打点及烘烤、晶圆外检、晶圆真空入库，其中，晶圆检测又包括导片、上片、加温 / 避光测试、扎针调试、扎针测试，如图 2-5 所示。

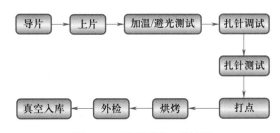

图 2-5　晶圆测试工艺流程

微课
探针台与
分选机

笔记栏

3. 晶圆检测

（1）晶圆检测设备

晶圆检测系统由中测台、测试机、测试负载板、探针卡和测试程序组成。其主要设备为探针台和测试机，如图 2-6 所示。

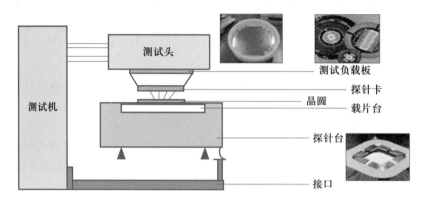

图 2-6 晶圆检测系统

晶圆测试过程就是通过给被测晶圆上的芯片一定的输入，观测芯片的输出是否在允许范围内，如果在范围内，就是好的芯片；如果不在范围内，就是坏的芯片，如图 2-7 所示。

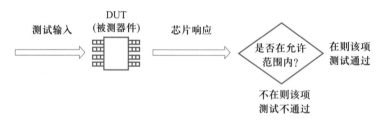

图 2-7 芯片测试过程

（2）晶圆检测操作步骤

一般情况下，晶圆检测工艺流程包括导片、上片、加温 / 避光测试、扎针调试、扎针测试。

① 导片。导片是在核对晶圆与晶圆测试随件单上的信息一致后，将同一批次的晶圆按片号依次放入空花篮的过程。它可为后续操作奠定相应基础，从而保证晶圆检测的合格率。

② 上片。晶圆扎针测试环节在探针台上进行。在进行扎针测试前，需要将完成导片的晶圆放到探针台的载片台上固定住，等待晶圆检测，这一过程就是上片。

③ 加温 / 避光测试。某些特殊的晶圆因其自身性能特点，需根据晶圆测试随件单上所要求的测试条件在特定的条件下（如避光、加温等）进行扎针测试。

避光测试是通过显微镜观察到待测点位置、完成扎针位置的调试后，用一块黑布遮挡住晶圆四周，完全避光后再进行测试，如图 2-8 所示。

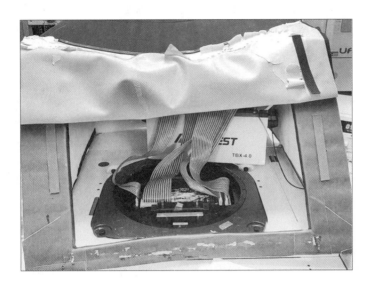

图 2-8　避光测试

某些晶圆上的芯片对光线敏感，如光照可能会导致某些芯片漏电流增加，显然这时测到的漏电流不是真实的漏电流，结果就是合格的芯片可能会被误判为不合格，这时就需要对晶圆进行避光测试。

加温测试是将需要高温加热的晶圆放在载片台上，根据晶圆测试随件单上的加温条件对晶圆进行加温，如图 2-9 所示。

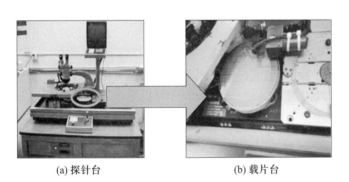 

(a) 探针台　　　　　　　　　　(b) 载片台　　　　　　　　(c) 温度显示

图 2-9　探针台、载片台及温度显示

某些芯片的测试项目需要将芯片加温至某个温度后进行测试，这时就需要进行加温测试。

④ 扎针调试。在进行扎针调试前需要进行参数设置，如晶圆信息、步进信息等，而后进行扎针调试，可确保扎针的位置正确、深度合适。扎针调试的内容就是确定扎针是否合格，若合格，则不需要调整；若不合格，则需要调整。扎针合格分为扎针位置合格和扎针深度合格两个方面。

a. 扎针位置。合格扎针要求在 PAD 点的范围内有针印，且针印无异常。如图 2-10 所示，压点是指在封装过程中用于黏合金属线的区域，扎针针痕必须位于压点中间；且当单个压点上有两个以上的探针同时进行测试时，针痕应均匀分布在压点中间。

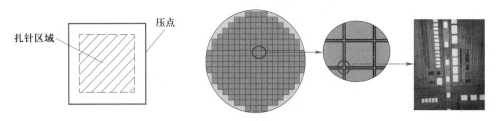

图 2-10　压点示意图和压痕实际图

b. 扎孔深度。扎针不可过深或过浅。在晶圆测试过程中，探针会对与其接触的晶圆 PAD 施加一定的压力，若压力不足，可能导致接触不良，无法正常判断芯片的好坏；若压力超出一定范围，会导致探针扎入晶圆 PAD 表面的铝层深度变深，严重的会将晶圆 PAD 表面铝层扎穿，造成芯片中间绝缘层的损坏。

⑤扎针测试。扎针测试在晶圆产品流片结束之后、品质检验之前进行，主要测量特定测试结构的电性参数，检测每片晶圆产品的工艺情况，评估半导体制作过程的质量和稳定性，判断晶圆产品是否符合工艺技术平台的电性能标准要求。

4. 晶圆打点及烘烤

（1）晶圆打点

微课
晶圆打点

扎针测试完成后需要对不合格的晶粒（芯片）进行标记，即打点。打点是用打点器对测试不合格的芯片和没有测试的芯片都打上墨点（所有不合格的芯片都需打点），便于在封装过程中不将其从蓝膜上取下来进行芯片粘接，从而降低成本。

因为墨水可能会对其他合格的芯片造成污染，因此现在被认可的一种方法是电子硅片图（MAP 图），建立一张芯片位置和测试结果的计算机图形以区分合格与失效的芯片。封装过程中在芯片粘接工序把 MAP 图下载到设备数据库中，设备依此 MAP 图将合格的芯片装到引线框架上，不合格的芯片则留在蓝膜上，不将其装到引线框架上。

（2）烘烤

烘烤的主要目的是固化墨点。固化墨点所用的烘箱温度及时间是经过严格试验而最终确定的。烘烤时间太长会导致墨点开裂，时间太短又可能会使墨点不足以抵抗后续封装工艺中的液体冲刷，导致墨点消失。图 2-11 所示为显微镜下看到的墨点。

（3）晶圆打点及烘烤设备

晶圆打点所需设备及物品包括中测台、测试机、打点器、墨管和墨水，而烘烤仅需要高温烘箱、高温花篮即可。

①打点器。打点器主要由调节上下和左右的两个旋钮以及墨管放置位置组成，如图 2-12 所示。通过调节旋钮，可以使墨点处于晶粒的中央位置。

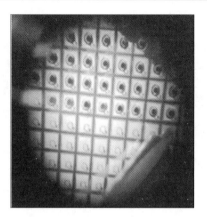

图 2-11　显微镜下看到的墨点

图 2-12　打点器

② 墨管。打点时所用的墨水有 6993 烘烤型墨水等。根据要打点芯片面积大小的不同，需要采用不同规格的墨管，常见的为 5 mil（1 mil ≈ 0.025 4 mm）和 30 mil 的墨管。其中 5 mil 墨管针尖细，打出来的墨点尺寸大小约为 125 μm，适用于尺寸大小在 2.0 mm² 以下的芯片，这类芯片常采用的晶圆尺寸为 5 in、6 in。30 mil 墨管针尖较粗，打出来的墨点尺寸大小约为 750 μm，适用于尺寸大小在 4.0 mm² 以上的芯片，这类芯片常采用的晶圆尺寸为 8 in、12 in。

③ 高温烘箱。高温烘箱也称高温干燥箱，如图 2-13 所示。烘箱壳体由优质钢板制成，夹层内填充优质玻璃纤维保温材料，具有良好的保温性能。

图 2-13　高温烘箱

④ 高温花篮。花篮分为高温花篮和常温花篮。高温花篮在晶圆烘烤时使用，有高温铜质花篮和高温实心花篮两种，如图 2-14 所示。高温铜质花篮本身较重，制造成本高，一般用于尺寸较小的晶圆，如 5 in、6 in 晶圆。高温实心花篮具有重量

轻、制造成本低等特点，目前工业上一般多用高温实心花篮。

笔记栏

(a) 常温花篮　　　　　　　(b) 高温铜质花篮　　　　　　(c) 高温实心花篮

图 2-14　常温花篮、高温铜质花篮、高温实心花篮

（4）晶圆打点工艺操作

一般情况下，晶圆打点工艺的操作流程包括墨管规格选择、墨管加墨（有需要的情况）、输入晶圆信息并生成 MAP 图、墨点调试、打点、墨点检查。

① 墨管规格选择：在进行打点之前，为保证墨点落在管芯中央，占芯片面积的 1/4 ~ 1/3（一般不允许墨点落在芯片 PAD 上），整片晶圆的墨点大小、高低一致，需根据所打点芯片面积的大小选择相应的墨管规格及墨水量，确保能够顺利完成该批次的打点。图 2-15 所示为不同规格的墨管。

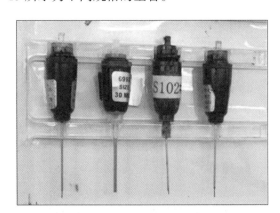

图 2-15　不同规格的墨管

② 墨管加墨：若墨管里墨水太少，则需要加墨水。首先在墨管上下方凸点重合时拉起墨管，逆时针旋转 180° 再往上拉即可打开墨管，此时需轻拉，以防将导墨丝拉出，在此状态滴入相同规格的墨水，适量加墨，搅拌均匀，最后盖上墨管盖后顺时针旋转 90° 即可正常使用。

③ 输入晶圆信息并生成 MAP 图，如图 2-16 所示。

④ 墨点调试：生成 MAP 图后，调试墨点位置。如果遇到需要特殊测试的晶圆，就需要进行相应操作。例如，要求高温加热的晶圆需先根据晶圆测试随件单上所要求的加温条件进行加温后，再进行打点调试。

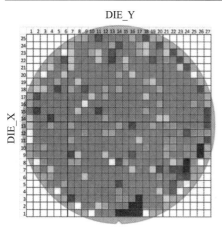

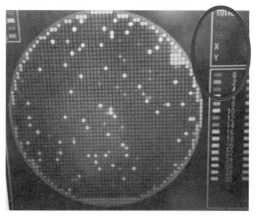

图 2-16　MAP 图

调节打点器的旋钮，使墨点位置处于晶粒的中央，远离 PAD 点，在晶圆的沿边直接剔除区域进行打点调试，直至墨点合格。图 2-17 所示为打点器调节的示意图。

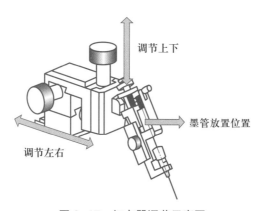

图 2-17　打点器调节示意图

⑤ 打点：墨点的位置和大小调试无误后进行清零，然后开始打点操作，对应操作效果如图 2-18 所示。

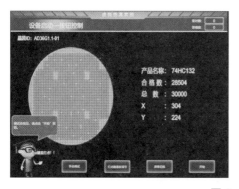

图 2-18　打点

⑥墨点检查：打点时需查看 MAP 图和实际晶圆打点是否保持一致，并在显微镜下观察晶圆打点是否正常，如图 2-19 所示。

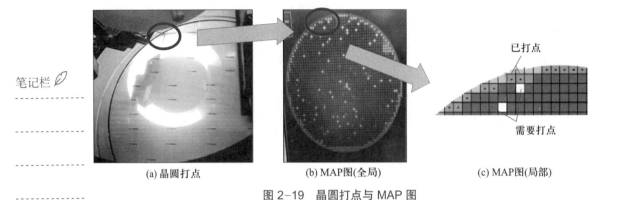

(a) 晶圆打点　　　　　　(b) MAP图(全局)　　　　　　(c) MAP图(局部)

图 2-19　晶圆打点与 MAP 图

小思考

"集成电路开发与测试" 1+X 职业技能等级证书（中级）试题

在全自动探针台上进行扎针测试时，需要根据晶圆测试随件单在探针台输入界面上输入的信息有（　　）。

A. 晶圆产品名称　　　　　　　　B. 晶圆印章批号

C. 晶圆片号　　　　　　　　　　D. 晶圆尺寸

拓展知识

晶圆打点完成后，可以对晶圆进行外观检查，然后入库进行下一流程。

1. 晶圆外检

晶圆外检，即晶圆外观检查。晶圆烘烤后，晶圆上的墨点已经固定在芯片上了，这时需要对晶圆的扎针和打点的情况进行外观检查，对扎针扎透铝层、墨点大小点等异常的晶粒进行手动标记。

晶圆外检是通过显微镜查看晶圆表面，主要检查晶圆是否有划伤、异物等异常情况。对不合格的晶粒用油墨笔或打点器打上墨点，并在晶圆测试随件单上做好相应的记录。

2. 晶圆真空入库

晶圆真空入库主要分为两部分：包装和抽真空。将花篮中的晶圆进行包装后，套上防静电铝箔袋进行抽真空操作，将完成抽真空的晶圆包装盒放入氮气柜进行储存，防止氧化，这一过程就是真空入库。

3. 晶圆外检所用设备

晶圆外检所用设备包括显微镜、手动打点器或油墨笔。

（1）显微镜

这里使用的显微镜一般由光学部分（包括物镜、目镜、聚光镜、反光镜等）和机械部分（包括粗细调焦机构、载物台、聚光器升降机构、镜臂、镜座等）组成，如图 2-20 所示。

（2）手动打点器或油墨笔

对外检不合格的芯片用手动打点器（图 2-21）或油墨笔打上墨点，并在晶圆测试随件单上做好相应的记录。注意，墨管的选择应该与自动打点器的墨管选择一致，这样补打上去的墨点会与原先用自动打点器打出来的墨点一致。

笔记栏

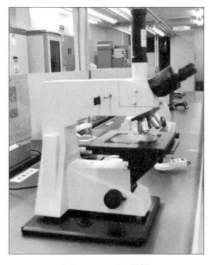

图 2-20　显微镜

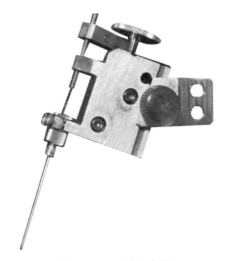

图 2-21　手动打点器

4. 晶圆真空入库所用设备

晶圆真空入库所用设备为真空包装机、包装盒。

（1）真空包装机

真空包装机如图 2-22 所示，它是将抽嘴放入防静电铝箔袋内，抽空空气后，退出抽嘴，完成封口。封口采用气压式，2～10 s 即可完成。

图 2-22　真空包装机

（2）包装盒

① 立式晶圆包装盒。立式晶圆包装盒（图 2-23）用于晶圆的垂直运输、承载，可以防止晶圆碰撞、摩擦，降低晶圆污染的风险。

② 罐式晶圆包装盒。罐式晶圆包装盒（图 2-24）设计简洁，易于清洁和使用，同时保证了晶圆在运输或存放过程中的安全性，通过提高包装密度实现运输成本最低化。

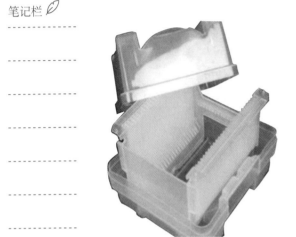

图 2-23　立式晶圆包装盒

图 2-24　罐式晶圆包装盒

5. 晶圆外检操作步骤

一般情况下，晶圆外检操作步骤如图 2-25 所示。

| 取出晶圆，检查批号与测试随件单 | 检查晶圆背面是否有沾污、受损等情况 | 发现晶圆周边有指纹等印记时，可以用手动打点器或油墨笔进行标记。使用油墨笔时要注意，先将油墨笔在白纸上画几笔，除去笔尖上多余的油墨，再用油墨笔进行标记 | 将晶圆放入显微镜下进行检查，移动晶圆，检查是否有墨点沾污、扎针异常等情况，若发现异常，需用手动打点器或油墨笔进行标记 | 晶圆真空入库 |

图 2-25　晶圆外检操作步骤

6. 晶圆真空入库操作步骤

一般情况下，晶圆真空入库包括包装和抽真空两个步骤。

① 包装。

a. 花篮外盒包装。花篮外盒包装需要用到立式晶圆包装盒。根据晶圆片号和花篮编号将外检完成的晶圆放在立式晶圆包装盒对应的沟槽内，然后在外部套上外盒进行包装，如图 2-26 所示。

b. 晶圆盒包装。晶圆盒包装需要用到罐式晶圆包装盒，其流程如图 2-27 所示。

图 2-26 在立式晶圆包装盒外部套上外盒

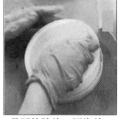  

晶圆缝隙放一圈海绵　　　每两层(杜邦特卫强)纸　　　在最后一层纸上方放入海绵
　　　　　　　　　　　　之间放一片晶圆

盖上包装盒封盖　　　　　放入晶圆测试随件单　　　　放入干燥剂等防潮材料

图 2-27 晶圆盒包装流程

② 抽真空。

最终成品如图 2-28 所示。

(a) 花篮外盒包装　　　　　　　　　　(b) 晶圆盒包装

图 2-28 花篮外盒包装及晶圆盒包装成品

小阅读

2022—2028 年全球与中国半导体测试探针市场产业情况

据恒州博智（QYResearch）的统计及预测，2021 年全球半导体测试探针市场销售额达到 60 974 万美元，预计 2028 年将达到 971.23 百万美元，复合年均增长率（CAGR）为 5.92%（2022—2028 年）。从地区层面来看，中国市场在过去几年变化较快，2021 年市场规模为 12 437 万美元，约占全球的 20.40%，预计 2028 年将达到 24 667 万美元，届时全球占比将达到 25.40%。

从消费层面来说，目前北美地区是全球最大的消费市场，2021 年占有 25.59% 的市场份额，之后是中国和韩国，分别占有 20.40% 和 11.58%。预计未来几年，中国增长最快，2022—2028 年期间 CAGR 约为 9.43%。

任务实施

针对 LM1117 晶圆测试任务，在集成电路虚拟仿真平台或晶圆测试设备上完成晶圆测试实操，填写《晶圆测试工艺操作流程单》。工艺操作流程单可以根据实际需要自行设计，下面给出示例仅供参考，如表 2-2 所示。

表 2-2 《晶圆测试工艺操作流程单》示例

项目名称	模拟芯片 LM1117 测试		
任务名称	LM1117 晶圆测试		
晶圆检测			
生产过程	设备	步骤	问题解决
			扎针位置
			扎针深度
……			
晶圆打点			
生产过程	设备	步骤	问题解决
			打点程序
			墨点检查
……			
晶圆烘烤			
生产过程	设备	步骤	问题解决
			烘箱温度
			烘烤时长
……			
……			

笔记栏

任务检查与评估

完成 LM1117 晶圆测试后，进行任务检查，可采用小组互评等方式进行任务评价，任务评价单如表 2-3 所示。

表 2-3 任务评价单

笔记栏

LM1117 晶圆测试任务评价单		
职业素养（20 分，每项 5 分）	□能自主学习新知识、新技能 □具有良好的团队合作精神 □具有良好的沟通交流能力 □能热心帮助小组其他成员	□较好达成（≥ 15 分） □基本达成（10 分） □未能达成（<10 分）
专业知识（15 分，每项 3 分）	□掌握晶圆测试的目的 □掌握晶圆测试的工艺流程 □掌握晶圆扎针测试的工艺流程 □了解晶圆打点的目的和工艺流程 □掌握晶圆外检、包装的目的和方法	□较好达成（≥ 12 分） □基本达成（9 分） □未能达成（<9 分）
技术技能（15 分，每项 5 分）	□具备完成晶圆测试的能力 □能解决晶圆测试过程中的问题 □具备制订晶圆测试方案的能力	□完全达成（15 分） □基本达成（10 分） □未能达成（≤ 5 分）
技能等级（50 分，每项 5 分）	"集成电路封装与测试" 1+X 职业技能等级证书（中级）： □能判定晶圆测试过程中扎针位置、深度是否符合要求 □能对测试机、探针台进行程序加载及参数设置 □能根据芯片要求加载打点程序 □能判定晶圆打点过程中墨点是否满足要求 □能在标定完成后进行标定数据的校核 □能进行墨点烘烤工艺操作 □能根据晶圆要求设置烘箱温度 □能根据晶圆要求设置烘烤时长 □能进行晶圆外检工艺操作 □能根据芯片的大小选择合适的打点墨管	□较好达成（≥ 40 分） □基本达成（30～35 分） □未能达成（<30 分）

任务 2.2　LM1117 成品测试

✎ 开启新挑战——任务描述

温馨提示：某企业研发的 LM1117 芯片，晶圆测试的良率为 93%，达到了预期产品良率要求，经过塑料封装之后，现在需要对成品进行测试。请仔细阅读任务描述，根据图 2-29 所示的任务导图完成任务。

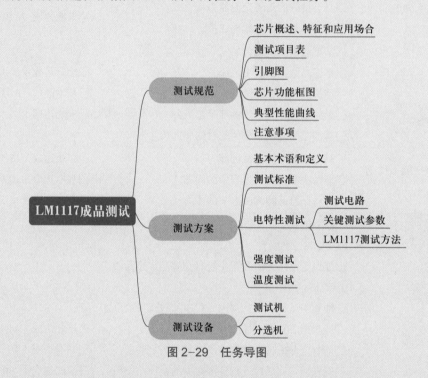

图 2-29　任务导图

你的角色：某集成电路测试企业技术骨干。
你的职责：在规定的时间内，完成 LM1117 芯片的成品测试任务。
突发事件：需要针对 LM1117 的测试规范，制订测试方案。

☰ 团队新挑战

请根据测试规范等资料完成芯片量产测试，提交 LM1117 成品测试报告。

任务单

根据任务描述，本次任务需要完成 LM1117 成品测试，具体任务要求参照表 2-4 所示的任务单。

表 2-4 任 务 单

笔记栏

项目名称	模拟芯片 LM1117 测试
任务名称	LM1117 成品测试
任务要求	
（1）任务开展方式为分组讨论 + 工艺操作，每组 3 ～ 5 人。 （2）完成 LM1117 成品测试开发方案设计的资料收集与整理，明确测试需求后制订测试开发计划。 （3）理解芯片工作原理，分析测试规范，确定测试方法，提出测试资源需求，选择测试机和分选机，设计测试原理图。 （4）制订测试开发方案。 （5）制作测试 PCB，编写测试程序。 （6）焊接 PCB 后，进行测试调试。 （7）工程批试测，收集测试数据。 （8）撰写测试报告	
任务准备	
1. 知识准备： （1）LM1117 工作原理。 （2）LM1117 测试规范。 （3）LK8820 测试机。 2. 设备支持： （1）仪器：测试机、分选机。 （2）工具：计算机、书籍资料、网络	
工作步骤	
参考表 1-1	
总结与提高	
参考表 1-1	

在知悉本学习任务后，需要明确知识在岗位技能要求中的定位，先熟悉 LM1117 工作原理，理解 LM1117 测试规范（图 2-30，在实际的学习过程中，如果没有真实的测试规范，可以用芯片数据手册替代）。任务资讯给出了完成本任务所需的知识工具，完成知识学习后，通过图 2-31 所示的自主学习导图对照 1+X 职业技能等级证书标准和技能大赛的要求，检验学习效果。

序号	参数	符号	测试条件	最小值	典型值	最大值	单位	软件分类	硬件分类
1	开/短路 Open/Short	V_{OS}	$I_{OS}=100\ \mu A$	-1.2	-0.6	-0.2	V	6	2
2	输出电压 Output Voltage	V_{OUT}	$I_{OUT}=10\ mA$ $V_{IN}=5\ V$	3.267	3.3	3.333	V	7	3
3	静态电流 Quiescent Current	I_Q	$V_{IN}\leqslant 15\ V$		5	10	mA	8	3
4	线性调整率 Line Regulation	ΔV_{LNR}	$4.75\ V\leqslant V_{IN}\leqslant 15\ V$ $I_{OUT}=0\ mA$		1	6	mV	9	3
5	负载调整率 Load Regulation	ΔV_{LDR}	$V_{IN}=4.75\ V$ $0\ mA\leqslant I_{OUT}\leqslant 800\ mA$		1	10	mV	10	3
6	输入输出电压差 Dropout Voltage	$V_{IN}-V_{OUT}$	$I_{OUT}=100\ mA$			1.2	V	11	3
			$I_{OUT}=500\ mA$			1.25	V		
			$I_{OUT}=800\ mA$			1.3	V		
7	输出限制电流 Currentlimit	I_{LIM}	$V_{IN}-V_{OUT}=5\ V$	800	1 200	1 500	mA	12	3

图 2-30　LM1117 芯片及测试规范

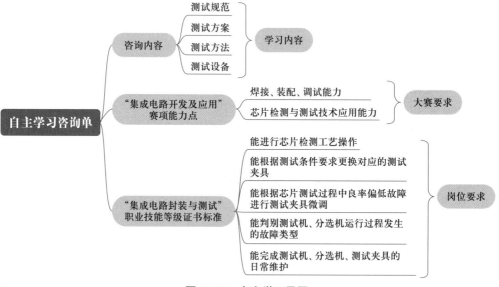

图 2-31　自主学习导图

任务资讯

基础知识

1. 芯片测试规范

芯片测试规范（Test Specification 或 Test Plan，有时也称为测试计划或测试规格）一般是由芯片设计公司提供的，其内容一般包括测试步骤、测试项目描述及测试条件、测试参数的规格、测试模式、测试电路、BIN（分类）、芯片功能简介、引脚图、芯片极限工作条件、测试规范历史修改记录等，是芯片测试开发的依据。

芯片测试规范与芯片数据手册类似，但是芯片测试规范是主要针对芯片测试的，芯片数据手册则侧重芯片应用。

芯片测试规范通常包括以下几个方面的内容：

① 概述、特征和应用场合：主要介绍芯片的一般特性和使用范围，如图 2-32 所示。这些数据有助于我们对芯片有一个宏观的了解，此时需要弄清楚该芯片的一些特殊功能，充分利用芯片的特殊功能，对整体电路的设计，将会有极大的好处。

概述

　　LM1117是一款在800 mA负载电流下具有1.2 V电压降的低压降稳压器。

　　LM1117提供可调节电压版本，只需两个外部电阻即可将输出电压设置为1.25~13.8 V。此外，该器件还提供4种固定电压：1.8 V、2.5 V、3.3 V和5 V。

　　LM1117具有电流限制和热关断功能。该器件的电路中包括一个齐纳微调带隙基准，用于确保输出电压精度在±1%以内。

　　为了改善瞬态响应和稳定性，输出端需要一个容值至少为10 μF的钽电容器。

特性

- 提供1.8 V、2.5 V、3.3 V、5 V和可调节电压版本
- 节省空间的SOT-223和WSON封装
- 电流限制和热保护
- 输出电流：800 mA
- 线性调整率：0.2%（最大值）
- 负载调整率：0.4%（最大值）
- 温度范围：0~125 ℃

应用

- 交流驱动器功率级模块
- 商用网络和服务器PSU
- 工业交流/直流电源
- 超声波扫描仪
- 伺服驱动器控制模块

图 2-32　LM1117 测试规范概览

② 测试项目，这是芯片测试开发最重要的依据，具体如图 2-30 所示。

"序号"列决定了测试步骤，即首先进行开/短路测试，接着进行输出电压测试，以此类推。这里需要声明的是，测试步骤不是一成不变的，在有必要并取得客户许可的情况下可以进行适当调整。

"参数"列即测试项目名称，"符号"列为测试项目的标识。

"测试条件"列说明测试项目进行测试时的条件。如图 2-30 中，开/短路的测试条件是 $I_{OS} = -100\ \mu A$，这意味着测试时应该从引脚拉 100 μA 的电流。

"最小值""典型值""最大值""单位"这 4 列分别指测试项目所得测试结果的下限、典型值、上限和单位。测试结果不能超过上限或下限。如果未列出下限或者上限，则最好跟设计公司沟通，给出一个具体的下限或者上限。典型值可以作为测试项目所得测试结果是否正常的参考值，测试结果一般会在典型值附近。

测试 Bin 就是测试分类，可以分为硬件分类（HareWare Bin，HW Bin）和软件分类（SoftWare Bin，SW Bin）。硬件分类是对被测芯片实物进行分类处理。就图 2-30 中所示的硬件分类信息而言，这里假定 BIN1 是测试合格的芯片。则在对测试完的芯片进行分类操作时，分选机会把测试合格的被测芯片放到 BIN1 对应的分选机料盒中，把因开/短路测试不通过导致芯片测试不合格的被测芯片放到 BIN2

对应的分选机料盒中（这种情况可能是由于接触不良导致误测，有些公司会对开 / 短路测试不通过的芯片再次进行测试），把因其他测试项目不通过导致芯片测试不合格的被测芯片放到 BIN3 对应的分选机料盒中。

软件分类是对测试项目的通过与否的软件计数统计，方便后面对测试数据进行分析。就图 2-30 中所示的软件分类信息而言，如果某颗芯片开 / 短路测试不通过，则 BIN6 的数值加 1。这些信息最后汇总在 datalog（测试数据统计）里，如果良率正常，量产时工程师一般不会分析测试数据统计。但是当良率低于预期值时，测试工程师会通过测试数据统计分析失效比例多的 BIN 所对应的那一个或几个测试项目，目的是找到该测试项目不通过的原因（有些原因是测试过程造成的，有些则是设计、制造、封装过程造成的），从而为相应的改进或优化指明方向，最终提升芯片良率。

③ 引脚图（图 2-33）：给出芯片引脚的功能、封装等信息。封装形式决定了分选机种类的选择。所有引脚中，要特别留意控制信号引脚或者特殊信号引脚。

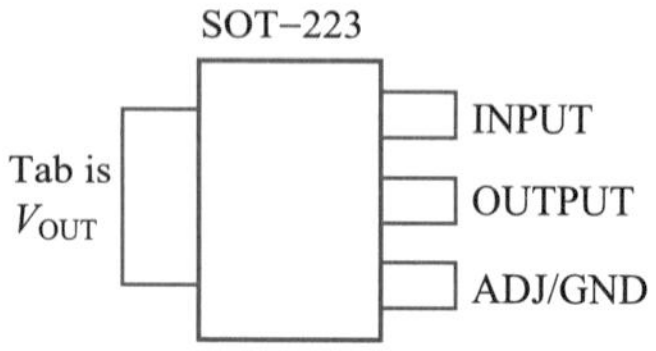

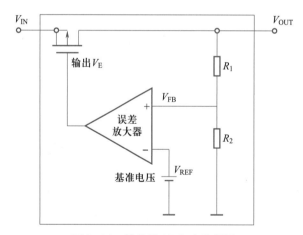

图 2-33 LM1117 引脚图

2. LM1117-3.3 工作原理、测试参数及典型应用电路

（1）工作原理

LDO（低压降稳压器）的作用是在一定的输入 / 输出条件下，将输出电压稳定（调整）为一个固定值。最基本的 LDO 一般由 MOS 管（也可称为调整管）、运算放大器、反馈电阻和基准参考电压构成，其中 MOS 管可以是 NMOS 管也可以是 PMOS 管，这里以 PMOS 管为例。简化的 LDO 电路框图如图 2-34 所示。

图 2-34 简化的 LDO 电路框图

LDO 芯片通过 R_1 和 R_2 的分压对输出电压 V_{OUT} 进行取样，将取样电压 V_{FB}（一般称为反馈电压）与基准电压 V_{REF} 比较后，通过误差放大器的输出电压对 MOS 管的栅极电压进行调整，从而调整栅源电压，导致 MOS 管的电流发生变化，最终稳定 V_{OUT}。

当 V_{OUT} 由于负载变化或其他原因升高时，反馈电压 V_{FB} 升高，其与基准电压

笔记栏

V_{REF} 的差值增加，误差放大器的输出电压升高，PMOS 管的栅源电压降低，电流降低，V_{OUT} 降低，恢复正常。反之，当 V_{OUT} 降低时，反馈电压降低，其与基准电压的差值减小，误差放大器的输出电压降低，PMOS 管的栅源电压降低，电流增加，V_{OUT} 升高，恢复正常。

（2）关键测试参数

① 输出电压 V_{OUT}：是 LDO 在正常工作条件下的稳定输出电压值，是 LDO 最重要的参数。当加载在 LDO 输入端的工作电压在规定范围内变动时，LDO 的输出电压 V_{OUT} 应稳定在特定范围内。

测试目的：测试在不同的输入 / 输出条件下，芯片的输出电压是否在要求范围之内。比如测试规范要求输出电压在 2.9 ～ 3.1 V 之间，如果测试结果超出这个范围，则不满足要求。

② 输入输出电压差 V_{DO}：也称为跌落电压，是 LDO 工作在一定的负载电流下，以最小的输入电压维持正常的输出电压时，输入端与输出端的电压差值。

测试目的：测试一定负载电流下，能够维持标称输出电压时的最小输入电压。这里需注意的是，在不同的负载电流下，有不同的 V_{DO}。因为 V_{DO} 就是调整管上的电压，该电压等于调整管的电阻和流过调整管的电流（即负载电流）的乘积。

③ 静态电流：原始定义是芯片工作在待机或休眠状态，负载为空载或小负载时，芯片本身消耗（来源于反馈网络和驱动电路）的电流。LDO 的静态电流一般是指 LDO 工作时芯片本身消耗的电流。测试时分为空载时的静态电流和有负载电流时的静态电流两种情况。

测试目的：当 LDO 工作在空载或轻载时，由静态电流消耗的功率会占据 LDO 芯片消耗功率的很大一部分，对于那些经常工作在待机模式的可穿戴电子设备（如智能手环、智能手表等）来说，静态电流所消耗的这部分功率就会影响很大。

④ 负载调整率：当输出端负载电流变化时，输出端电压的变化。

测试目的：测试负载变化对芯片输出电压的影响，也就是芯片抑制负载干扰的能力，这个值越小越好。

⑤ 线性调整率：在特定负载电流条件下，当输入电压变化时，引起的对应输出电压的变化量。

测试目的：测试输入电压变化时，输出维持稳定电压的一种能力，这个值小越好。

（3）测试精度和量程

遍历整个测试规范，可以看到电压须精确到 1 mV，电流须精确到 1 mA。最大输入电压为 15 V，最大负载电流为 800 mA。电压精度为毫伏级，需要做四线开尔文连接。所以 V/I 源连接时，需将 Force 线和 Sense 线相短接，且短接的点离引脚越近越好。

（4）典型应用电路

典型应用电路如图 2-35 所示。

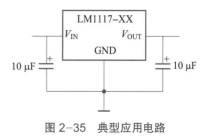

图 2-35　典型应用电路

笔记栏

3. 测试机和分选机

（1）LK8820 测试机

① 测试硬件。LK8820 测试机（图 2-36）由控制系统、接口与通信模块、参考电压与电压测量模块、四象限电源模块、数字功能引脚模块、模拟功能模块、模拟开关与时间测量模块组成，可实现集成电路芯片测试、板级电路测试、电子技术学习与电路辅助设计。

LK8820 测试机整体采用智能化、模块化、工业化设计，主要由工控机、触控显示器、测试主机、专用电源、测试软件、测试终端接口等部分组成。测试主机主要包含 CM、VM、PV、PE、WM、ST 等模块，如图 2-37 所示。

CM 模块即接口与通信模块，其作用是进行数据通信、电源状态指示、RGB 灯控制、软启动继电器控制。VM 模块即参考电压与电压测量模块，其作用是提供输入高电平（V_{IH}）、输入低电平（V_{IL}）、输出高电平（V_{OH}）、输出低电平（V_{OL}）四个参考电压。PV 模块即四象限电源模块，其作用是输出 4 路 V/I 源（电压/电流源），可提供精密的四象限恒压、恒流、测压、测流通道。PE 模块即数字功能引脚模块，其作用是给被测电路提供输入信号，测试被测电路的输出状态。

图 2-36　LK8820 测试机

WM 模块即模拟功能模块，其作用是提供交流信号输出与交流信号测量功能。ST 模块即模拟开关与时间测量模块，其作用是提供 16 个用户继电器、128 个光继电器矩阵开关、1 kHz ～ 1 MHz 用户时钟信号、TMU（时间测量单元）测试功能。

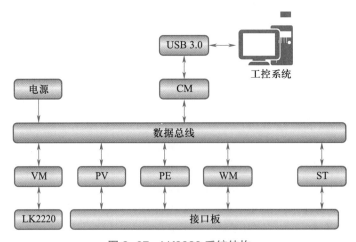

图 2-37　LK8820 系统结构

② 测试软件。测试软件主要关注的是测试程序编写，而进行测试程序编写时需

要关注的是测试函数。测试函数是测试机通过软件来控制测试硬件的测试程序的函数封装体，可以完成加压测流、加流测压等不同功能，方便了测试工程师。

LK8820 测试函数可分为系统函数、VM 板函数、PV 板函数、PE 板函数、ST 板函数、WM 板函数等类型，如表 2-5 所示。

表 2-5　LK8820 常见测试函数

函数类型	主要函数名
系统函数	MSleep-mS()、MSleep-uS()、_reset()、MyPrintfExcel()
VM 板函数	_vm_init()、_set_logic_level()、_measure()、_measure_v()、_measure_i()
PV 板函数	_pv_init()、_on_vpt()、_off_vpt()、_on_ip()、_off_ip()
PE 板函数	_pe_init()、_on_fun_pin()、_off_fun_pin()、_on_pmu_pin()、_off_pmu_pin()、_sel_drv_pin()、_set_drvpin()、_sel_comp_pin()、_read_comppin()、_on_pmu()、_off_pmu()、_pmu_test_vi()、_pmu_test_iv()、_read_pin_voltage()
ST 板函数	_st_init()、_turn_switch()、_turn_key()、_on_clko()、_off_clko()、_set_tmu()、_read_tmu()
WM 板函数	_wm_init()、_set_wave()、_wave_on()、_wave_off()、ACM_Set_LMeasure()、ACM_LMeasure()、ACM_Set_HMeasure()、ACM_HMeasure()

结合 LM1117 测试规范，编写测试程序时需要用到的函数有：加压 _on_vpt()、加流 _on_ip()、测流 _measure_i()、测压 _measure_v()、初始化 _reset()、延时 MSleep_mS()、打印 MyPrintf Excel()。

（2）LK2220TS 分选机

分选机的作用是对被测的成品芯片进行分类。比如最简单的分类就是把测试合格的芯片放到一个容器（如料管）里，把测试不合格的芯片放到另一个容器里。

LK8820 配套的分选机为 LK2220TS，其由图像采集系统、主控模块、传感器模块、电磁传动模块、通信接口、触控显示器等组成。图 2-38 所示为芯片分选机运行框图。

图 2-38　芯片分选机运行框图

4. LM1117-3.3 测试开发计划制订

对被测芯片的测试规范和测试、分选设备有了大致的了解后，就可以开始制订测试开发计划。

测试开发计划是对测试开发进度的时间安排，规定了预期完成日期，从而增加了测试开发项目的可控制性，也提升了开发效率。测试开发计划的内容一般可以包括测试前期准备、测试方案制订、测试板卡制作、测试程序编写、测试调试、测试数据收集以及测试报告撰写 7 个部分。

对于初学者，具体的进度安排可以是：测试前期准备 4 个学时，测试方案制订 2 个学时，测试板卡制作 1 个学时，测试程序编写 4 个学时，测试调试 2 个学时，测试数据收集 1 个学时，测试报告撰写 2 个学时。

5. LM1117-3.3 测试规范测试项目解读及测试资源需求

（1）LM1117-3.3 测试规范测试项目解读

根据测试规范，结合各个电参数的测试方法，完成各个测试项目的测试资源需求统计。

① 开/短路测试：基于芯片引脚内部的 ESD 防静电保护二极管的正向导通压降进行测试。开/短路测试是测试工程师需要掌握的最基本的技能。

开/短路测试的主要目的是确认在测芯片的所有引脚与测试系统相应的通道在电气性能上连接良好，同时验证在测器件的引脚与其他信号引脚、电源或地有无开/短路现象。

a. 测试规范的要求：如表 2-6 所示。

表 2-6　开/短路测试规范

序号	参数	符号	测试条件	最小值	典型值	最大值	单位	软件分类	硬件分类
1	开/短路	V_{OS}	$I_{OS} = 100\ \mu A$	-1.2	-0.6	-0.2	V	6	2

b. 测试方法：根据测试规范要求，将 GND 引脚接测试机地（V_{OUT} 引脚不加电压，参见测试说明），给 V_{IN} 引脚加 $I_{OS} = -100\ \mu A$ 的电流（测试规范中 $I_{OS} = 100\ \mu A$，但是可以看到测试范围为负值，说明测试结果是负值。只有当芯片引脚内部的对地二极管导通时，该引脚电压是负值，此时电流是从芯片的被测引脚流出去。在芯片测试时，流出引脚的电流记为负电流，也称为拉电流；流进引脚的电流记为正电流，也称为灌电流。所以在实际测试时，V_{OS} 的测试条件应更改为 $I_{OS} = -100\ \mu A$），测量 V_{IN} 引脚上的电压 V_{IN_OS}，判断 V_{IN_OS} 是否在最小值（-1.2 V）和最大值（-0.2 V）之间。典型值应为 -0.6 V。电压值在 -1.2 ~ -0.2 V 之间时该项测试通过，否则该项测试不通过。此项目主要测试 V_{IN} 引脚和 GND 引脚的开/短路情况，也测试了 V_{IN}、GND 引脚和测试机的 V/I 源有没有连接好。

V_{IN} 引脚不加电压，将 GND 引脚接测试机地，给 V_{OUT} 引脚加 $I_{OS} = -100\ \mu A$ 的电流，测量 V_{OUT} 引脚上的电压 V_{OUT_OS}，判断 V_{OUT_OS} 是否在最小值（-1.2 V）和最大值（-0.2 V）之间。电压值在 -1.2 ~ -0.2 V 之间时该项测试通过，否则该项测

试不通过。此项目主要测试 V_{OUT} 引脚和 GND 引脚之间的开/短路情况，也测试了 V_{OUT}、GND 引脚和测试机的 V/I 源有没有连接好。这里需申明的是，V_{OUT} 引脚开/短路的测试方法其实是存在问题的，这点可以参考调试步骤中的开/短路测试。

　　c. 测试资源需求：如表 2-7 所示。

笔记栏

表 2-7　开 / 短路测试资源需求

测试项目	测试资源需求		
	V_{IN} 引脚	V_{OUT} 引脚	GND 引脚
开/短路	1 路 V/I 源	1 路 V/I 源	测试机地

　　d. 测试说明：在测试 V_{IN} 引脚开 / 短路情况时，如果 V_{OUT} 引脚加 0 V 电压，会导致当 V_{IN} 引脚短路时，无法区别其是与 GND 引脚短路还是与 V_{OUT} 引脚短路。如果不需要区分具体是与哪个引脚之间的短路，则可以采用这种测试方法。

　　② 输出电压：

　　a. 测试规范的要求：如表 2-8 所示。

表 2-8　输出电压测试规范

序号	参数	符号	测试条件	最小值	典型值	最大值	单位	软件分类	硬件分类
2	输出电压	V_{OUT}	$I_{OUT} = 10$ mA $V_{IN} = 5$ V	3.267	3.3	3.333	V	7	3

　　b. 测试方法：根据测试规范要求，将 GND 引脚连接测试机地，V_{IN} 引脚加 5 V 电压，V_{OUT} 引脚拉 -10 mA 电流（测试规范上写的是 $I_{OUT} = 10$ mA，但是考虑到此时输出引脚上的 10 mA 电流是流出引脚以驱动负载，意味着为拉电流，所以该电流在实际测试时应记为负电流，即 $I_{OUT} = -10$ mA。后面类似的情况不再赘述），测量芯片 V_{OUT} 引脚上的电压 V_{OUT}，判断 V_{OUT} 是否在 3.267 ～ 3.333 V 之间，不在此范围内则该项测试不通过。

　　c. 测试资源需求：如表 2-9 所示。

表 2-9　输出电压测试资源需求

测试项目	测试资源需求		
	V_{IN} 引脚	V_{OUT} 引脚	GND 引脚
输出电压	1 路 V/I 源	1 路 V/I 源	测试机地

　　③ 静态电流：

　　a. 测试规范的要求：如表 2-10 所示。

表 2-10　静态电流测试规范

序号	参数	符号	测试条件	最小值	典型值	最大值	单位	软件分类	硬件分类
3	静态电流	I_Q	$V_{IN} \leqslant 15$ V		5	10	mA	8	3

b. 测试方法：V_{IN} 引脚加 15 V 电压，GND 引脚接地，V_{OUT} 引脚加 0 mA 电流，测量 V_{IN} 引脚上的电流 I_Q，判断 I_Q 是否小于或等于 10 mA。

c. 测试资源需求：如表 2-11 所示。

表 2-11　静态电流测试资源需求

测试项目	测试资源需求		
	V_{IN} 引脚	V_{OUT} 引脚	GND 引脚
静态电流	1 路 V/I 源	1 路 V/I 源	测试机地

d. 测试说明：在进行上述测试时，也可以测试 GND 引脚上流过的电流，因为此时 V_{IN} 引脚上流过的电流等于 GND 引脚上流过的电流。但是这样就需要在 GND 引脚上连接 1 路 V/I 源，额外增加了测试资源，在实际生产中是不会这样操作的。

另外，静态电流和接地电流是不一样的。接地电流是指输出电流不为零时，GND 引脚上流过的电流，这时一般需要在 GND 引脚上接 1 路 V/I 源来测试该电参数。

虽然理论上也可以通过 $I_{GND} = I_{IN} - I_{OUT}$ 来得到该参数值，这样可以不用在 GND 引脚上接 1 路 V/I 源，但是实际生产中一般不这么做。因为 I_{OUT} 和 I_{IN} 需要用相对较大的量程来测，如果 I_Q 很小，则误差会较大。

④ 线性调整率：

a. 测试规范的要求：如表 2-12 所示。

表 2-12　线性调整率测试规范

序号	参数	符号	测试条件	最小值	典型值	最大值	单位	软件分类	硬件分类
4	线性调整率	ΔV_{LNR}	$4.75\,V \leqslant V_{IN} \leqslant 15\,V$ $I_{OUT} \leqslant 0\,mA$		1	6	mV	9	3

b. 测试方法：首先在 V_{IN} 引脚加 4.75 V 电压，V_{OUT} 引脚加 0 mA 电流，测量 V_{OUT} 引脚上的电压 V_{O1}；然后在 V_{IN} 引脚加 15 V 电压，测量 V_{OUT} 引脚上的电压 V_{O2}；最后计算 $V_{O1} - V_{O2}$ 的绝对值，判断该值是否小于或等于 6 mV。

c. 测试资源需求：如表 2-13 所示。

表 2-13　线性调整率测试资源需求

测试项目	测试资源需求		
	V_{IN} 引脚	V_{OUT} 引脚	GND 引脚
线性调整率	1 路 V/I 源	1 路 V/I 源	测试机地

d. 测试说明：线性调整率还有其他的测试、计算方法，测试时应以测试规范为准。

⑤ 负载调整率：

a. 测试规范的要求：如表 2-14 所示。

表 2-14　负载调整率测试规范

序号	参数	符号	测试条件	最小值	典型值	最大值	单位	软件分类	硬件分类
5	负载调整率	ΔV_{LDR}	$V_{IN}=4.75\text{ V}$ $0\text{ mA}\leqslant I_{OUT}\leqslant 800\text{ mA}$		1	10	mV	10	3

b. 测试方法：首先在 V_{IN} 引脚加 4.75 V 电压，V_{OUT} 引脚加 0 mA 电流，测量 V_{OUT} 引脚上的电压 V_{O1}；然后在 V_{OUT} 引脚拉 800 mA 电流，测量 V_{OUT} 引脚上的电压 V_{O2}；最后计算 $V_{O1}-V_{O2}$ 的绝对值，判断该值是否小于或等于 10 mV。

c. 测试资源需求：如表 2-15 所示。

表 2-15　负载调整率测试资源需求

测试项目	测试资源需求		
	V_{IN} 引脚	V_{OUT} 引脚	GND 引脚
负载调整率	1 路 V/I 源	1 路 V/I 源	测试机地

⑥ 输入输出电压差：

a. 测试规范的要求：如表 2-16 所示。输入引脚电压 $V_{IN}=3.3\text{ V}+1.5\text{ V}=4.8\text{ V}$，输出引脚拉某个电流，测试输出引脚电压，该电压记为 V_{OUT}。随后降低 V_{IN}，直至输出引脚电压小于或等于 $V_{OUT}-0.1\text{ V}$，此时的输入电压减去此时的输出电压即为输入输出电压差，简称压差。

表 2-16　输入输出电压差测试规范

序号	参数	符号	测试条件	最小值	典型值	最大值	单位	软件分类	硬件分类
6	输入输出电压差	$V_{IN}-V_{OUT}$	$I_{OUT}=100\text{ mA}$			1.2	V	11	3
			$I_{OUT}=500\text{ mA}$			1.25	V		
			$I_{OUT}=800\text{ mA}$			1.3	V		

b. 测试方法：根据测试规范要求，需要进行 3 次测试。

首先在 V_{IN} 引脚加 4.8 V 电压，V_{OUT} 引脚拉 100 mA 电流，测量 V_{OUT} 引脚上的电压 V_{OUT}；减小 V_{IN} 引脚上施加的电压，继续测量 V_{OUT} 引脚上的电压 V_{OUT1}；直至 $V_{OUT1}\leqslant V_{OUT}-0.1\text{ V}$，记录此时 V_{IN} 引脚上施加的电压 V_{IN}，计算 $V_{IN}-V_{OUT1}$ 的值，判断该值是否小于或等于 1.2 V。

然后在 V_{IN} 引脚加 4.8 V 电压，V_{OUT} 引脚拉 500 mA 电流，测量 V_{OUT} 引脚上的电压 V_{OUT}；减小 V_{IN} 引脚上施加的电压，继续测量 V_{OUT} 引脚上的电压 V_{OUT1}；直至 $V_{OUT1}\leqslant V_{OUT}-0.1\text{ V}$，记录此时 V_{IN} 引脚上施加的电压 V_{IN}，计算 $V_{IN}-V_{OUT1}$ 的值，判断该值是否小于或等于 1.25 V。

笔记栏

最后在 V_{IN} 引脚加 4.8 V 电压，V_{OUT} 引脚拉 800 mA 电流，测量 V_{OUT} 引脚上的电压 V_{OUT}；减小 V_{IN} 引脚上施加的电压，继续测量 V_{OUT} 引脚上的电压 V_{OUT1}；直至 $V_{OUT1} \leqslant V_{OUT} - 0.1$ V，记录此时 V_{IN} 引脚上施加的电压 V_{IN}，计算 $V_{IN} - V_{OUT1}$ 的值，判断该值是否小于或等于 1.3 V。

c. 测试资源需求：如表 2-17 所示。

笔记栏

表 2-17　输入输出电压差测试资源需求

测试项目	测试资源需求		
	V_{IN} 引脚	V_{OUT} 引脚	GND 引脚
输入输出电压差	1 路 V/I 源	1 路 V/I 源	测试机地

d. 测试说明：如果采用上述测试方法，有些测试机在更改输入电压时会出现一个向下的尖峰脉冲，导致输出电压也瞬时出现一个向下的尖峰脉冲，致使测试出错。同时，在实际测试时，因为上述扫描的方法用时较长，一般可以考虑在测试到某个负载电流的 V_{DO}（即输入输出电压差）时，在输入电压上直接加（3.2 V + V_{DO} + 一定余量）[其中，（V_{DO} + 一定余量）要小于测试规范要求的最大 V_{DO} 值]，输出拉某个负载电流，测试此时输出电压值是否小于或等于 3.2 V。

⑦ 输出限制电流：

a. 测试规范的要求：如表 2-18 所示。

表 2-18　输出限制电流测试规范

序号	参数	符号	测试条件	最小值	典型值	最大值	单位	软件分类	硬件分类
7	输出限制电流	I_{LIM}	$V_{IN} - V_{OUT} = 5$ V	800	1 200	1 500	mA	12	3

b. 测试方法：在 V_{IN} 引脚加 8.3 V 电压，V_{OUT} 引脚拉 800 mA 电流，测量 V_{OUT} 引脚上的电压 V_{OUT}，判断 V_{OUT} 是否在 3.235 ~ 3.365 V 之间，不在此范围内就判为失效。逐渐增大 V_{OUT} 引脚拉的电流 I_{OUT}，直至 V_{OUT} 不在 3.235 ~ 3.365 V 之间，记录此时的 I_{OUT}，该值即为该芯片的输出限制电流 I_{LIM}，判断该值是否在 800 ~ 1 500 mA 之间。

c. 测试资源需求：如表 2-19 所示。

表 2-19　输出限制电流测试资源需求

测试项目	测试资源需求		
	V_{IN} 引脚	V_{OUT} 引脚	GND 引脚
输出限制电流	1 路 V/I 源	1 路 V/I 源	测试机地

d. 测试说明：上述方法不适合大规模生产，因为该方法测试时间较长。在实际生产中可能会改用更为省时的测试方法。

首先在 V_{IN} 引脚加 3.3 V + 5 V = 8.3 V 电压，V_{OUT} 引脚拉 800 mA 电流，测量 V_{OUT} 引脚上的电压 V_{OUT}，判断 V_{OUT} 是否在 3.235 ～ 3.365 V 之间，不在此范围内就判为失效。

然后在 V_{IN} 引脚加 3.3 V + 5 V = 8.3 V 电压，V_{OUT} 引脚拉 1 500 mA 电流，测量 V_{OUT} 引脚上的电压 V_{OUT}，判断 V_{OUT} 是否在 3.235 ～ 3.365 V 之间，在此范围内就判为失效。

因为后面选择的测试机的测试板卡的最大电流量程是 500 mA，测试机的性能满足不了该电参数测试的要求，因此对该参数不做测试。在实际工作中，可以考虑外接电流源、电子负载等方法或者更换性能更强的测试机来解决此问题。

（2）LM1117-3.3 所用测试资源

总的测试资源需求如表 2-20 所示。

表 2-20　总的测试资源需求

测试项目	测试资源需求		
	V_{IN} 引脚	V_{OUT} 引脚	GND 引脚
所有被测项目	1 路 V/I 源	1 路 V/I 源	测试机地

关于测试精度和量程将在下面进行说明。

6. LM1117-3.3 测试机和分选机选择

（1）LK8820 测试机 V/I 源的技术指标

由表 2-20 可知，要测试 LM1117-3.3 需要 2 路 V/I 源，测试机地由测试机提供。

V/I 源可以由 PV 板提供，对 LK8820 PV 板的介绍如下：四象限电源模块（PV 板）可输出 4 路 V/I 源，提供精密四象限恒压、恒流、测压、测流通道。电压最大范围为 ±30 V，电流最大范围为 ±500 mA。可根据用户需求扩展至两个四象限电源模块（8 通道），用于满足 64 引脚以下芯片的测试需求。PV 板主要技术指标如表 2-21 所示。

表 2-21　PV 板主要技术指标

配置及性能	技术指标
模块通道数	4
最大配置模块数	2
电源工作模式	四象限：PV+、PV-、PI+、PI-
测量工作模式	四象限：MV+、MV-、MI+、MI-
电压范围	−30 ～ 30 V
电流范围	−500 ～ 500 mA
电流挡位	1 μA、10 μA、100 μA、1 mA、10 mA、100 mA、500 mA
电压驱动精度	± 0.05%
电流驱动精度	± 0.1%
驱动分辨率	16 bit
电压测量精度	± 0.05%
电压测量分辨率	16 bit

笔记栏

这里就电压驱动精度（±0.05%）讲解一下精度问题。±0.05% 一般是指满量程下的 ±0.05%。如 LK8820 的电压量程有 ±30 V、±10 V、±2 V 三挡，如果施加一个 1 V 的电压，采用的就是 ±2 V 这一挡，字面上可以精确到 ±2 V×（±0.05%）= ±1 mV。也就是加 1 V 电压时，实际加的是 0.999 ～ 1.001 V 之间的一个电压，精确到 1 mV。如果加 0.5 V 电压，实际加的是 0.499 ～ 0.501 V 之间的一个电压。

但是，实际的电压驱动精度应该以测试机厂商给的具体值为准，一般会在字面上的驱动精度上叠加一些偏差。

表 2-22 所示为某测试机的电压驱动和测量精度。

表 2-22　某测试机的电压驱动和测量精度

电压量程	分辨率（16 bit）	精度
± 10 V	0.305 mV	±（1.3 mV+0.05% Rdg）
± 30 V	0.915 mV	±（1.3 mV+0.05% Rdg）

注：Rdg 表示测量值，或显示值、读数值。

（2）LK8820 测试资源与芯片测试资源需求匹配

按照芯片测试要求，LK8820 其实不完全满足测试资源需求，如表 2-23 所示。考虑到国内高职院校教学中使用的测试机很大一部分都是 LK8820，比赛时也使用 LK8820，所以这里还是选择 LK8820 测试机。

表 2-23　LK8820 测试资源与芯片测试资源需求匹配

芯片测试要求	测试机能力	满足	备注
电压：0 ～ 15 V	−30 ～ 30 V	是	
电流：−800 ～ 800 mA	−500 ～ 500 mA	否	实际上采用 500 mA
V/I 源：2 路	4 路	是	
施加电压精度：10 mV	± 0.05% 满量程	是	实际能满足
施加电流精度：1 μA	± 0.1% 满量程	是	实际能满足
测量电压精度：1 mV	± 0.05% 满量程	是	实际能满足
测量电流精度：10 mA	未标注	是	实际能满足

在实际测试中，需要更换满足要求的板卡，或者更换其他型号的测试机。

（3）分选机选择

由 LM1117-3.3 芯片测试规范和实物图（图 2-30）及 LM1117 引脚图（图 2-33）可知，LM11117-3.3 采用 SOT-223 封装。因为实际购买的芯片很少，所以此处不进行分选。同时考虑到篇幅限制，后面也不再进行分选操作了。

7. 测试电路原理图初步设计

（1）测试机资源分配

V/I 源选择 PV 板的 1 通道和 2 通道，可以将 1 通道分配给 V_{IN} 引脚，2 通道分

配给 V_{OUT} 引脚，测试机地连接 GND 引脚，如表 2-24 所示。

表 2-24　测试机资源分配

芯片引脚	测试机资源
V_{IN}	PV 板 1 通道
V_{OUT}	PV 板 2 通道
GND	测试机地

（2）测试电路原理图初步设计

芯片测试从某种意义上是通过模拟芯片的实际应用，判断其是否能正常工作，所以测试电路原理图的设计有时可参考芯片的应用电路图，再根据测试项目以及选定的测试机，综合考虑来完成测试电路原理图的初步设计，如图 2-39 所示。

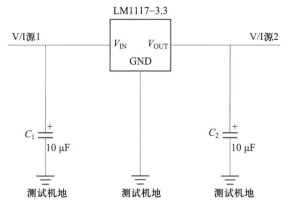

图 2-39　测试电路原理图

8. 测试开发方案设计

在上述准备工作做完以后，可以拟订芯片测试开发方案。测试开发方案从本质上讲就是准备对芯片怎样进行测试的描述，主体就是对前述内容的总结。

测试开发方案一般包括如下方面的内容：所有的被测参数有具体的测试方法，测试机的性能能满足测试参数的要求，结合测试机具体型号绘制的测试电路原理图（同时需考虑该型号的测试机数量能否满足产能的需求），中测台型号或者分选机型号（同样需考虑该型号的机台数量能否满足产能的需求），是否为多 Site 测试，测试机板卡配置等。

其中，多 Site 测试一般是指同时对多个芯片进行测试，这样能大大地提升测试效率。多 Site 测试需考虑测试机资源是否够用，在绘制测试 PCB 时也需有对于不同 Site 互相干扰的防止措施的考虑。这里不考虑多 Site 测试的情况。其他内容在前面都有述及，不再赘述。

前面已经提及，因为需要精确地施加和测量电压，所以需要用到开尔文连接，修改后的测试电路图如图 2-40 所示。

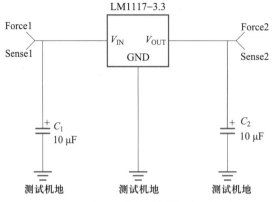

图 2-40　采用开尔文连接的测试电路图

因为在测试开/短路时不需要将输入电容和输出电容接上（如果接入电容，开/短路测试时间会比较长），所以需要增加开关来控制输入、输出电容的接入和断开，修改后的测试电路图如图 2-41 所示。

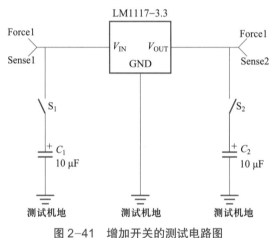

图 2-41　增加开关的测试电路图

LM1117 需要精确地施加和测量电压，这里的 V/I 源不能通过 PE 板来施加，而是需要通过 PV 板来施加。同时考虑到线阻的影响，PV 板中 V/I 源的 Force 和 Sense 短接的地方应该离芯片引脚越近越好。

开关一般是通过继电器实现的。测试机本身有继电器，但是测试机的继电器离被测芯片较远，会导致电容离被测芯片较远，不适合 LDO 的测试电路，所以可以考虑采用外接继电器来实现。继电器的电源电压由测试机的 5 V 电压信号提供。继电器的控制信号一般由 CBIT 板（该板可以提供多个控制位）提供，但是由于该测试机没有 CBIT 板，所以考虑由电源通道提供控制位。因为继电器是用来控制电容接入与否的，只有在测试开/短路时需要将电容全部断开，其他时间都应连接电容，所以两个继电器的控制信号可以考虑用 1 路电源通道来控制。继电器还需要并联续流二极管，防止出现瞬时高压，造成损坏。最终的测试电路图如图 2-42 所示。

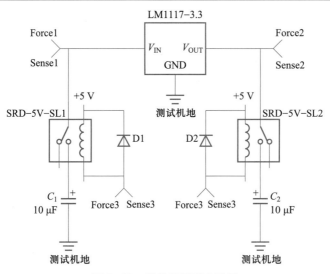

图 2-42 最终的测试电路图

因为多了外接继电器的控制信号，所以测试资源需求要更新，添加 1 路 V/I 源，而 PV 板能提供 4 路 V/I 源，所以测试机资源分配更新如表 2-25 所示。

表 2-25 测试机资源分配更新

芯片引脚	测试机资源
V_{IN}	PV 板 1 通道
V_{OUT}	PV 板 2 通道
继电器	PV 板 3 通道
GND	测试机地

9. 测试开发方案评审

测试开发方案提出后，测试评审组会组织其他测试开发工程师、生产部门、业务部门等相关人员对该测试开发方案进行评审，评审通过后才可以进行下一步工作。

以赛促练

以"集成电路开发及应用"赛项 2021 年 ×× 省的比赛为例。集成电路测试任务共分为数字集成电路测试、数字电路设计与测试、模拟集成电路测试、综合应用电路功能测试 4 项子任务。这里分析模拟集成电路测试部分的样题。

1. 技能大赛样题

需要选手测试的模拟集成电路型号为 TL072，该运算放大器芯片参考资料参见下发资料中相应文档。

任务描述：设计测试工装电路，在下发的 MiniDUT 板中完成焊接装配，装入 DUT 转换板中，完成测试平台信号接入，根据测试任务要求，编写测试程序完成测试，并将测试结果显示在屏幕上，若需要显示的信息存在单位，必须同步显示，显示要求见相应任务说明。

测试条件：在下列测试任务中，TL072 芯片的电源供电电压均为 ±10 V。

① 参数测试。运用芯片中的资源设计并搭建电路，测试 TL072 的输入失调电压。

本任务测试结果的屏幕输出格式为

> 输入失调电压绝对值为：**

以上为示例格式，实际数据以选手根据现场抽取的测试任务的测试结果为准（** 为选手实测数据）。

② 运用芯片中的芯片资源和测试平台资源，自行设计、搭建并调试放大电路。

要求：在正常放大状态前提下，设计一个反向加法器电路，利用测试平台输入两个直流信号分别为 U_{i1} 和 U_{i2}，该放大器对 U_{i1} 的放大倍数为 2.2，对 U_{i2} 的放大倍数为 5，其中 U_{i1} 的直流信号输入范围为 $-1.5 \sim 1.5$ V，U_{i2} 的直流信号输入范围为 $-0.5 \sim 0.5$ V；输入 U_{i2} 是 U_{i1} 的一半。

选手利用测试平台资源编写测试程序，完成相应测试任务。测试时由裁判现场告知选手 U_{i1}、U_{i2} 实际输入信号幅度，选手运行测试程序，在屏幕上显示输出信号幅度（若是交流信号有效值），格式为

> 输出信号幅度（有效值）为：**

以上为示例格式，若相关信息有单位，如电压或电流等，必须显示其单位，实际的输出信息以选手设计的电路及测试结果为准。

2. 样题分析

样题中已经清楚说明，需要测试的参数是 TL072 的输入失调电压以及 TL072 搭建的反向加法器电路的输出信号幅度。下面分析怎么实现这两个参数的测试。

（1）TL072 的输入失调电压

① TL072 的工作原理。由于篇幅有限，运算放大器（简称运放）TL072 的工作原理不在这里阐述，有兴趣的读者可以自行查找相关资料。

② 输入失调电压的概念。在运放两输入端加一电压，该电压使得运放的开环输出为 0 V，这个电压即为输入失调电压。

由于运放的同相和反相电路有差异，导致输入电压为 0 时，输出电压不为 0，将这个输出电压折算到输入电压就是 V_{os}，也称 V_{IO}，即 V_{IO} = 输出电压 / 开环增益。

③ 输入失调电压的测试方法。实际输入失调电压的测试电路一般都采用辅助运放电路，如图 2-43 所示。

图中，U_1 为辅助运放，U_2 为被测运放 TL072。被测运放与辅助运放配置为负反馈。辅助运放与 R_3、C_1 所组成的积分电路的带宽被 R_3、C_1 限制在几赫兹，即辅助运放把被测芯片的输出电压以最高增益放大。辅助运放的输出电压经过电阻 R_4 和

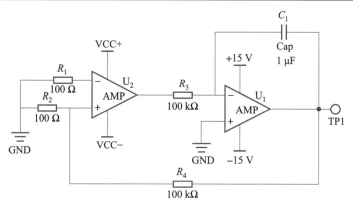

图 2-43　辅助运放电路

R_2 组成的 1 000∶1 衰减器衰减后输入被测电路同向端。负反馈将被测运放输出驱动至 0 电位。测量辅助运放输出端电压 V_{TP}。输入失调电压为

$$V_{IO} = V_{TP}\left(\frac{R_2}{R_4 + R_2}\right)$$

因为待测器件的失调电压可能超过 10 mV，因此辅助运放的供电应采用 ±15 V。注意，辅助运放不能使用 TL072 内部的另外一路运放。

前面假定的是现场可提供辅助运放的情况，如果不能提供，则考虑用电阻来构建测试电路，如图 2-44 所示。

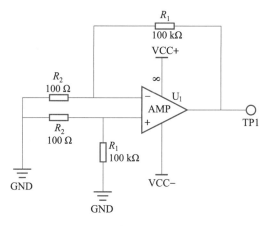

图 2-44　不带辅助运放的测试电路图

图 2-44 所示电路中，如果待测器件的输入失调电压超过 10 mV，则电阻 R_1 和 R_2 的比例就要变大，超过 1 000，不然输出电压就会饱和，导致测试结果不正确。同时，R_1 和 R_2 需精密配对，R_1 和 R_2 的精度决定测试精度。

④ 搭建测试电路。按表 2-26 搭建测试电路，注意不要将线连错。其中，VCC+ 上的 10 V 电压由 Force1 和 Sense1 短接后提供，VCC− 上的 10 V 电压由 Force2 和 Sense2 短接后提供，TP1 上的输出电压由 PIN3 测量，±15 V 由测试机自

带的 ±15 V 电压源提供。

表 2-26 TL072 测试连线

TL072		LK8820	
引脚号	引脚符号	测试机资源	接线
1	1OUT	PIN3	PIN3
2	IN−		
3	IN+		
4	VCC−	PV 板 2 通道	Force2/Sense2
8	VCC+	PV 板 1 通道	Force1/Sense1

⑤ 编写测试程序。代码如下：

```
#define VCC 1                              //VCC即为VCC+
#define VEE 2                              //VEE即为VCC-
#define Vo 3
void VIO(CCyApiDll *cy)
{
    float temp;
    float VIO;
    cy->_reset();                          //初始化测试机
    cy->MSleep_mS(5);                      //延时 5 ms
    cy->_on_vpt(VCC,1,10);                 //VCC+引脚加 10 V
    cy->_on_vpt(VEE,1,-10);                //VCC-引脚加 -10 V
    cy->MSleep_mS(10);                     //延时 10 ms
    temp=cy->_pmu_test_iv(Vo,3,0,2,0);     //测量输出电压
    VIO=temp/1001;                         //计算 VIO
    cy->MyPrintfExcel(_T("VIO"),VIO);      //把 VIO的值赋给参数 VIO
}
```

⑥ 芯片测试。该芯片的数据规范中，V_{IO} 在常温测试条件下是小于 10 mV 的，典型值为 3 mV。具体的测试要求如表 2-27 所示。

表 2-27 V_{IO} 测试要求

参数	测试条件		最小值	典型值	最大值	单位
V_{IO} 输入失调电压	$V_O = 0$	$T_A = 25\,℃$		3	10	mV
	$R_S = 50\ \Omega$	$T_A = $ 全范围			13	

（2）TL072 搭建的反向加法器电路的输出信号幅度

① 反向加法器电路的工作原理。首先了解反向加法器电路的工作原理，并构建其原理图（图 2-45）。

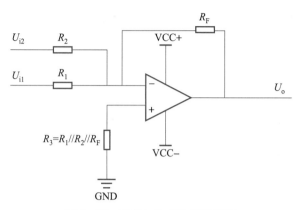

图 2-45　反向加法器电路原理图

根据反馈端和输入端的电流相等，计算可得

$$U_o = -R_F\left(\frac{U_{i1}}{R_1} + \frac{U_{i2}}{R_2}\right)$$

根据题目要求，可知 $R_F/R_1 = 2.2$，$R_F/R_2 = 5$。这里需选择 R_F、R_1、R_2 的阻值，使上述比例关系成立；再通过计算 $R_1//R_2//R_F$，求出 R_3 的阻值。

② 输出信号幅度。因为输入 U_{i2} 是 U_{i1} 的一半，所以

$$U_o = -R_F\left(\frac{U_{i1}}{R_1} + \frac{U_{i2}}{R_2}\right) = -\left(2.2U_{i1} + 2.5U_{i1}\right) = -4.7U_{i1}$$

③ 搭建测试电路（图 2-46）。这里需要考虑的是 LK8820 有 4 路电源通道，而这里需加电压的已有 U_{i1}、U_{i2}、+10 V、−10 V 共 4 路，同时 U_o 用来测试芯片的输出电压，还需占用 1 路电源通道，因此从表面上看，电源通道是不够的。

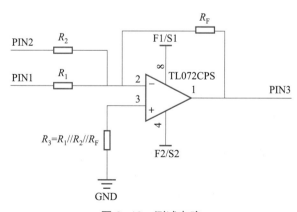

图 2-46　测试电路

但是因为输入 U_{i2} 是 U_{i1} 的一半，因为材料有限，所以可以考虑用高低电平来实现。

④ 编写测试程序。假定比赛时，裁判现场告知 U_{i1} 为 1 V，则代码如下：

笔记栏

```
#define VCC 1                        // VCC即为 VCC+
#define VEE 2                        // VEE即为 VCC-
void vout_test(CCyApiDll *cy)
{
    cy->_reset();                    // 初始化测试机
    cy->MSleep_mS(5);                // 延时 5 ms
    cy->_on_vpt(VCC, 1, 10);         // VCC+引脚加 10 V电压
    cy->_on_vpt(VEE, 1, -10);        // VCC-引脚加 -10 V电压
    cy->MSleep_mS(5);                // 延时 5 ms
    cy->_set_logic_level(1, 0.5, 0, 0);
                                     // 设置输入高电平为 1 V，输入低电平为
                                        0.5V, 输出高电平为 0V, 输出低电平为 0V
    cy->MSleep_mS(5);                // 延时 5 ms
    cy->_sel_drv_pin(1, 2, 0);       // 设定 PIN1和 PIN2为输入引脚
    cy->_set_drvpin("H", 1, 0);      // 将 PIN1置为高电平
    cy->_set_drvpin("L", 2, 0);      // 将 PIN2置为低电平
    cy->MSleep_mS(5);                // 延时 5 ms
    cy->_pmu_test_iv(_T("VOUT"), 3, 4, 0, 2, 1, 0);
                                     // 测试输出引脚的电压，并把输出电压赋
                                        给参数 VOUT
}
```

⑤ 芯片测试。测试该输出电压值，并与理论计算值 $-4.7U_{i1} = -4.7 \times 1 \text{ V} = -4.7 \text{ V}$ 相比较，是 -4.7 V 就填写该数据；不是就调试，找出问题，并修改，直至该参数为 -4.7 V。

任务实施

根据前面的测试方案设计，进行测试 PCB 的设计和制作、测试程序编写，而后在测试机上进行测试调试。

1. 测试 PCB 设计和制作

测试 PCB 的设计是根据测试电路图进行的。因为 LK8820 有测试实验箱，所以不需要绘制测试 PCB，只需要在实验箱上按照测试电路图（图 2-42）的连线要求进行连线即可。测试连线如表 2-28 所示。

表 2-28　LM1117-3.3 测试连线

测试板	测试机资源
芯片 V_{IN} 引脚	Force1/Sense1
芯片 V_{OUT} 引脚	Force2/Sense2
芯片 GND 引脚	测试机地
继电器	Force3/Sense3

2. 测试程序编写

编写测试程序时，需要注意测试完 LDO 之后一般需要先断开负载，再让输入引脚的电压为零。

（1）开 / 短路测试

微课
测试程序
编写（1）

```
#define Vin 1
#define Vout 2
#define CBIT 3
void VOS_TEST(CCyApiDll *cy)
{
    float Vin_OS, Vout_OS,Vinout_OS;
    cy->_reset();                    // 初始化测试机
    cy->MSleep_mS(5);                // 延时 5 ms
    // 测试 VIN引脚和 GND引脚之间的开 / 短路
    cy->_on_ip(Vin, -100);           // VIN引脚拉 100 μA电流
    cy->MSleep_mS(5);                // 延时 5 ms
    Vin_OS = cy->_measure_v(Vin, 1);
    // 测量 VIN引脚上的电压，并把值赋给 Vin_OS
    cy->MyPrintfExcel(_T("Vin_OS "), Vin_OS);
    // 将 Vin_OS的值赋给参数 Vin_OS
    cy->_on_vpt(Vin, 5, 0);          // VIN引脚加 0 V电压
    cy->MSleep_mS(5);                // 延时 5 ms
    _off_ vpt(Vin);;                 // 断开 VIN引脚和测试机 1通道的连接
    cy->MSleep_mS(5);                // 延时 5 ms
    // 测试 VOUT引脚和 GND引脚之间的开 / 短路
    cy->_on_ip(Vout, -100);          // VOUT引脚拉 100 μA电流
    cy->MSleep_mS(5);                // 延时 5 ms
    Vout_OS = cy->_measure_v(Vout, 1);
    // 测量 VOUT引脚上的电压，并把值赋给 Vout_OS
    cy->MyPrintfExcel(_T("Vout_OS "), Vout_OS);
    // 将 Vout_OS的值赋给参数 Vout_OS
    cy->_on_vpt(Vout, 5, 0);         // VOUT引脚加 0 V电压
    cy->MSleep_mS(5);                // 延时 5 ms
```

```
    _off_ vpt(Vout);              // 断开 V_OUT 引脚和测试机 2 通道的连接
    cy->MSleep_mS(5);             // 延时 5 ms
}
```

（2）输出电压测试

微课
测试程序
编写（2）

```
void Vout_TEST(CCyApiDll *cy)
{
    float V_OUT;
    cy->_on_vpt(CBIT, 1, 5);      // 连接电容
    cy->MSleep_mS(5);             // 延时 5 ms
    cy->_on_vpt(Vin, 1, 5);       // V_IN 引脚加 5 V 电压
    cy->MSleep_mS(5);             // 延时 5 ms
    cy->_on_ip(Vout, -10000);     // V_OUT 引脚拉 10 mA 电流
    cy->MSleep_mS(20);            // 延时 20 ms
    V_OUT = cy->_measure_v(Vout, 2);
    // 测量 V_OUT 引脚的电压，并把值赋给 V_OUT
    cy->MyPrintfExcel(_T("Vout"), V_OUT);
    // 将 V_OUT 的值赋给参数 Vout
    off_ vpt(Vout);               // 断开 V_OUT 引脚和测试机 2 通道的连接
    cy->MSleep_mS(5);             // 延时 5 ms
    cy->_on_vpt(Vin, 1, 0);       // V_IN 引脚加 0 V 电压
    cy->MSleep_mS(5);             // 延时 5 ms
    off_ vpt(Vin);                // 断开 V_IN 引脚和测试机 1 通道的连接
    off_ vpt(CBIT);               // 断开电容
    cy->MSleep_mS(5);             // 延时 5 ms
}
```

（3）静态电流测试

微课
测试程序
编写（3）

```
void Iq_TEST(CCyApiDll *cy)
{
    float Iq;
    cy->_on_vpt(CBIT, 1, 5);      // 连接电容
    cy->MSleep_mS(5);             // 延时 5 ms
    off_ vpt(Vout);               // 断开 V_OUT 引脚和测试机 2 通道的连接，不
                                  //   加负载
    cy->MSleep_mS(5);             // 延时 5 ms
    cy->_on_vpt(Vin, 1, 15);      // V_IN 引脚加 15 V 电压
```

```
    cy->MSleep_mS(20);              // 延时 20 ms
    Iq = cy->_measure_i(Vin,2,2);   // 测量 V_IN 引脚上的电流，并把值赋给 Iq
    cy->MyPrintfExcel(_T("Iq"), Iq);
                                    // 将 Iq 的值赋给参数 Iq
    cy->_on_vpt(Vin, 1, 0);         // V_IN 引脚加 0 V 电压
    cy->MSleep_mS(5);               // 延时 5 ms
    off_ vpt(Vin);                  // 断开 V_IN 引脚和测试机 1 通道的连接
    off_ vpt(CBIT);                 // 断开电容
    cy->MSleep_mS(5);               // 延时 5 ms
}
```

（4）线性调整率测试

微课
测试程序
编写（4）

```
void Vlnr_TEST(CCyApiDll *cy)
{
    float V1 = 0, V2 = 0, V_lnr = 0;
    cy->_on_vpt(CBIT, 1, 5);        // 连接电容
    cy->MSleep_mS(5);               // 延时 5 ms
    cy->_on_vpt(Vin, 1, 4.75);      // V_IN 引脚加 4.75 V 电压
    cy->MSleep_mS(20);              // 延时 20 ms
    cy->_on_ip(Vout, 0);            // V_OUT 引脚加 0 mA 电流，即不加负载
    cy->MSleep_mS(5);               // 延时 5 ms
    V1 = cy->_measure_v(Vout, 2);   // 测量 V_OUT 引脚的电压，并把值赋给 V1
    cy->MSleep_mS(5);               // 延时 5 ms
    cy->_on_vpt(Vin, 1, 15);        // V_IN 引脚加 15 V 电压
    cy->MSleep_mS(20);              // 延时 20 ms
    V2 = cy->_measure_v(Vout, 2);   // 测量 V_OUT 引脚的电压，并把值赋给 V2
    cy->MSleep_mS(5);               // 延时 5 ms
    V_lnr = fabs(V1 - V2) * 1000;   // 计算 V_lnr 的值
    cy->MyPrintfExcel(_T("V_LNR"), V_lnr);
                                    // 将 V_lnr 的值赋给参数 V_LNR
    off_ vpt(Vout);                 // 断开 V_OUT 引脚和测试机 2 通道的连接
    cy->MSleep_mS(5);               // 延时 5 ms
    cy->_on_vpt(Vin, 1, 0);         // V_IN 引脚加 0 V 电压
    cy->MSleep_mS(5);               // 延时 5 ms
    off_ vpt(Vin);                  // 断开 V_IN 引脚和测试机 1 通道的连接
    off_ vpt(CBIT);                 // 断开电容
    cy->MSleep_mS(5);               // 延时 5 ms
}
```

（5）负载调整率测试

```
void Vldr_TEST(CCyApiDll *cy)
{
    float V1 = 0, V2 = 0, V_ldr=0;
    cy->_on_vpt(CBIT, 1, 5);          // 连接电容
    cy->MSleep_mS(5);                 // 延时 5 ms
    cy->_on_vpt(Vin, 1, 4.75);        // V_IN 引脚加 4.75 V 电压
    cy->MSleep_mS(20);                // 延时 20 ms
    cy->_on_ip(Vout, 0);              // V_OUT 引脚加 0 mA 电流, 即不加负载
    cy->MSleep_mS(5);                 // 延时 5 ms
    V1 = cy->_measure_v(Vout, 2);     // 测量 V_OUT 引脚的电压, 并把值赋给 V1
    cy->_on_ip(Vout, -500000);        // V_OUT 引脚拉 500 mA 电流
    cy->MSleep_mS(20);                // 延时 20 ms
    V2 = cy->_measure_v(Vout, 2);     // 测量 V_OUT 引脚的电压, 并把值赋给 V2
    V_ldr = fabs(v1 - v2) * 1000;     // 计算 V_ldr 的值
    cy->MyPrintfExcel(_T("V_LDR"), V_ldr);
                                      // 将 V_ldr 的值赋给参数 V_LDR
    off_ vpt(Vout);                   // 断开 V_OUT 引脚和测试机 2 通道的连接
    cy->MSleep_mS(5);                 // 延时 5 ms
    cy->_on_vpt(Vin, 1, 0);           // V_IN 引脚加 0 V 电压
    cy->MSleep_mS(5);                 // 延时 5 ms
    off_ vpt(Vin);                    // 断开 V_IN 引脚和测试机 1 通道的连接
    off_ vpt(CBIT);                   // 断开电容
    cy->MSleep_mS(5);                 // 延时 5 ms
}
```

（6）输入输出电压差测试

```
void VDO_TEST(CCyApiDll *cy)
{
    float  V_in = 4.8;
    float  V = 0, V1 = 0, V2 = 0;
    float  VDO1 = 0, VDO2 = 0;
    float  Vin_result1 = 0, Vin_result2 = 0;
    int i = 0;
    // 测试负载电流为 100 mA 时的最小电压差
    cy->_on_vpt(CBIT, 1, 5);          // 连接电容
    cy->MSleep_mS(5);                 // 延时 5 ms
    cy->_on_vpt(Vin, 1, 4.8);         // V_IN 引脚加 4.8 V 电压
```

```
cy->MSleep_mS(20);                // 延时 20 ms
cy->_on_ip(Vout, -100000);        // V_OUT 引脚拉 100 mA 电流
cy->MSleep_mS(20);                // 延时 20 ms
V = cy->measure_v(Vout, 2);       // 测量 V_OUT 引脚的电压, 并把值赋给 V
for (V_in = 4.8; V_in>4.3; V_ in -= 0.05)
{
     V1 = cy->_measure_v(Vout, 2);
                                  // 测量 V_OUT 引脚的电压, 并把值赋给 V1
     if (V - V1 >= 0.1)           // 如果标称输出电压降低 0.1 V, 则记录
                                     此时的 V_in
     {
         Vin_result1 = V_in;
         break;
     }
     cy->_on_vpt(Vin, 1, V_in);   // V_IN 引脚加 V_in 电压
     cy->MSleep_mS(20);           // 延时 20 ms
}
VDO1 = Vin_result1 - V1;          // 计算 100 mA 电流时的最小电压差
cy->MyPrintfExcel(_T("VDO1"), VDO1);
                                  // 将 VDO1 的值赋给参数 VDO1
cy->MyPrintfExcel(_T("VDO1_V1"), V1);
// 将输出 V1 的值赋给参数 VDO1_V1, 方便测试数据分析和监控
cy->_on_vpt(Vout, 1, 0);          // V_OUT 引脚加 0 V 电压
cy->MSleep_mS(5);                 // 延时 5 ms
cy->_on_vpt(Vin, 1, 0);           // V_IN 引脚加 0 V 电压
cy->MSleep_mS(5);                 // 延时 5 ms
// 测试负载电流为 500 mA 时的最小电压差
cy->_on_vpt(Vin, 1, 4.8);         // V_IN 引脚加 4.8 V 电压
cy->MSleep_mS(20);                // 延时 20 ms
cy->_on_ip(Vout, -500000);        // V_OUT 引脚拉 500 mA 电流
cy->MSleep_mS(20);                // 延时 20 ms
V = cy->measure_v(Vout, 2);
                                  // 测量 V_OUT 引脚的电压, 并把值赋给 V
for (V_in = 4.8; V_in>4.3; V_in -= 0.05)
{
     cy->_on_vpt(Vin, 1, V_in);   // V_IN 引脚加 V_in 电压
     cy->MSleep_mS(20);           // 延时 20 ms
     V2 = cy->_measure_v(Vout, 2);
                                  // 测量 V_OUT 引脚的电压, 并把值赋给 V2
```

笔记栏

```
                    if (V - V2 >= 0.1)              //如果标称输出电压降低 0.1 V, 则记录
                                                     此时的 V_in
                    {
                        Vin_result2 = V_in;
                        break;
                    }
                }
                VDO2 = Vin_result2 - V2;          //计算最小电压差
                cy->MyPrintfExcel(_T("VDO2"), VDO2);
                                                  //将 VDO2 的值赋给参数 VDO2
                cy->MyPrintfExcel(_T("VDO2_V2"), V2);
                //将 V2 的值赋给参数 VDO2_V2, 方便测试数据分析和监控
                off_ vpt(Vout);                   //断开 Vout 引脚和测试机 2 通道的连接
                cy->MSleep_mS(5);                 //延时 5 ms
                cy->_on_vpt(Vin, 1, 0);           //VIN 引脚加 0 V 电压
                cy->MSleep_mS(5);                 //延时 5 ms
                off_ vpt(Vin);                    //断开 VIN 引脚和测试机 1 通道的连接
                off_ vpt(CBIT);                   //断开电容
                cy->MSleep_mS(5);                 //延时 5 ms
            }
```

3. 调试

调试过程需进行硬件连接、测试机操作、分选机操作（因为条件限制，不考虑使用分选机），并结合测试结果，对测试软硬件进行调试。在调试过程中，还需用万用表、示波器等仪器进行验证。

在生产实际中，除了保证芯片测试结果正确外，还需尽量缩短芯片的测试时间。下面就测试结果进行分析。

（1）开/短路测试

测试结果发现 Vout_OS 的值约为 −0.1 V，意味着输出引脚和地之间有可能不是一个二极管。结合 LM1117 内部结构框图（图 2-47），发现 V_{OUT} 引脚和地之间是串联的两个电阻，不存在二极管。用万用表的电阻挡测量，发现 V_{OUT} 引脚和地之间存在一个约为 1 kΩ 的电阻，所以进行开/短路测试时，可以考虑修改测试规范中的最大值和最小值。

（2）负载调整率测试

负载调整率的测试结果有可能高于测试规范中的最大值，这是地线上流过较大电流引起的误差（测试机不是纯粹的四线开尔文连接测试）。不要在实验箱上测试该项目，因为这样地线比较长。建议可以将被测芯片的地尽可能地靠近测试机本身的地，如直接在测试盒上通过转接板连接测试机地，这样会有所改善。

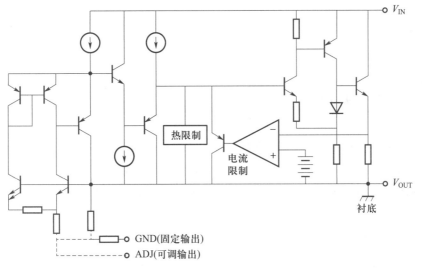

图 2-47　LM1117 内部结构框图

（3）输入输出电压差测试

该参数值的测试结果完全错误。

因为监控电压是负值，所以怀疑输出电压有问题。前面进行输出电压测试时，测试结果没有问题。而输入输出电压差的测试与输出电压的测试有一定区别，因此怀疑是测试机在用 for 循环降低输入电压时，输入电压出了问题。

通过示波器，可以看到图 2-48 所示的波形，证实了问题所在。

图 2-48　示波器上的错误波形

在输入端添加 470 μF 的电容就可以让输入电压波形正常，从而使得输出电压波形也变得正常。但是波形正常后，实测值还是偏大，这是地线上流过较大电流引起的误差（测试机不是纯粹的四线开尔文连接测试），是测试机本身引入的误差。

任务检查与评估

完成测试实操后，进行任务检查，可采用小组互评等方式进行任务评价，实际评价内容如表 2-29 所示。

笔记栏

表 2-29　实际评价内容

检查与评价项目	考量	满足
芯片多次重复的测试数据	程序稳定性、硬件稳定性	是 / 否
精密仪器等的测试验证结果	测试机测试结果的准确性	是 / 否
芯片测试时间	成本	是 / 否
测试数据分析	测试是否有问题，是否需要调整测试规范	是 / 否

完成项目任务后，可以根据表 2-30 对任务进行评价。

表 2-30　任务评价单

LM1117 成品测试任务评价单		
职业素养（20 分，每项 5 分）	□具有良好的团队合作精神 □具有良好的沟通交流能力 □具有严谨的科学态度和工匠精神 □能严格遵守"6S"管理制度	□较好达成（≥ 15 分） □基本达成（10 分） □未能达成（<10 分）
专业知识（20 分，每项 5 分）	□掌握芯片成品测试的开发流程 □掌握测试负载板的设计知识 □掌握测试程序的知识 □掌握解决测试开发以及测试操作过程中常见问题的方法	□较好达成（≥ 15 分） □基本达成（10 分） □未能达成（<10 分）
技术技能（20 分，每项 5 分）	□能读懂模拟芯片数据手册和测试规范 □能选择合适的测试机和分选机 □能设计测试负载板、探针卡 □能开发测试程序	□较好达成（≥ 15 分） □基本达成（10 分） □未能达成（<10 分）
技能等级（40 分，每项 8 分）	"集成电路封装与测试"1+X 职业技能等级证书（中级）： □能进行芯片检测工艺操作 □能根据测试条件要求更换对应的测试夹具 □能根据芯片测试过程中良率偏低故障进行测试夹具微调 □能判别测试机、分选机运行过程发生的故障类型 □能完成测试机、分选机、测试夹具的日常维护	□较好达成（≥ 32 分） □基本达成（24 分） □未能达成（<24 分）

在生产实际中，需要对测试数据进行收集，并对其进行统计和分析，最后还需进行测试报告撰写，这里就不赘述了。

拓展与提升

1. 集成应用

（1）知识图谱

集成电路测试是一个相当复杂的系统工程。一个具体的芯片，并不一定要经历上面提到的全部测试，而经历多道测试工序的芯片，具体在哪个工序测试哪些参数，也是有很多种变化的。本项目讲解了模拟芯片的测试知识，请你根据自己的学习情况绘制知识图谱。

笔记栏

（2）技能图谱

测试可以分为晶圆测试和成品测试两种。请你根据项目完成情况总结两种测试中涉及的技能，绘制技能图谱，可参考图 2-49。

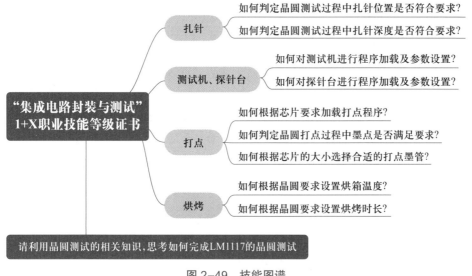

图 2-49　技能图谱

2. 创新应用设计

在实际生产中，为提高测试效率，一般会采用多芯片并行测试的方法，即多 Site 并行测试。如果要采用两个 Site 并行测试的方法，则相应的测试资源需求、测试电路原理图、测试负载板布线图应该怎么变化？

3. 证书评测［"集成电路开发与测试" 1+X 职业技能等级证书（中级）试题］

（1）一般情况下，30 mil 的墨管适用于直径为（　　　）的晶圆。

A. 125 mm　　　　　B. 150 mm　　　　　C. 200 mm　　　　　D. 300 mm

（2）相较于高温铜质花篮，高温实心花篮有（　　　）等特点。

A. 重量轻　　　　　　　　　　　　B. 制造成本高

C. 花篮本身较重　　　　　　　　　D. 制造成本低

（3）晶圆检测工艺中，晶圆在烘烤过程中所采用的设备称为（   ）。

A. 高温烘箱   B. 高温干燥箱

C. 加热平板   D. 红外线加热器

（4）晶圆检测工艺中，晶圆完成打点以后需要进行墨点烘烤，以下属于晶圆烘烤环节步骤的是（   ）。

A. 用晶圆镊子从常温花篮中夹取晶圆，核对晶圆印章批号

B. 根据晶圆片号和花篮刻度放到对应的高温花篮中

C. 用工具将高温花篮放在高温烘箱中

D. 将烘烤完的晶圆从烘箱中取出

（5）管装外观检查时，需要检查的内容有（   ）。

A. 芯片引脚是否弯曲   B. 芯片数量是否与随件单一致

C. 料管内的芯片方向是否正确   D. 印章是否错误或损坏

（6）下列对芯片检测描述正确的是（   ）。

A. 集成电路测试是确保产品良率和成本控制的重要环节

B. 所有芯片的测试、分选和包装的类型相同

C. 测试完成后直接进入市场

D. 测试机分为数字测试机和模拟测试机

（7）最大不失真输出电压测试，输入信号步进值（   ），但测试时间会随输入电压步进值（   ）。

A. 越小越好；增加而增加   B. 越大越好；增加而减小

C. 越小越好；减小而增加   D. 越大越好；减小而减小

（8）模拟芯片常见测试参数输入失调电压，是指在差分放大器或差分输入的运算放大器中，为了在输出端获得恒定的零电压输出，而需（   ）。

A. 在两个输入端所加的直流电压之差

B. 在两个输入端所加的交流电压之差

C. 在两个输入端所加的直流电压之和

D. 在两个输入端所加的直流电压之积

（9）下面关于开/短路测试论述不正确的是（   ）。

A. 引脚正常连接时，以测试引脚和 GND 引脚之间的 ESD 二极管导通电压为例，开/短路测试的实测电压一般为 0.6 ~ 0.7 V

B. 开路是指芯片引脚和测试系统之间存在开路情况，此时实测电压为钳位电压或电压量程挡位电压

C. 短路是指芯片不同引脚之间存在短路情况，此时实测电压接近 0 V

D. 开/短路测试是否按照测试二极管的方法进行，要根据芯片的实际硬件电路来定

项目三

数字芯片 74LS138 金属封装

74LS138 为 3 线-8 线译码器，是一款常见的数字芯片，共有 54LS138 和 74LS138 两种线路结构形式，54LS138 一般为军用产品，74LS138 通常为民用产品。74LS138 可以组成三变量输入、四变量输入的任意组合逻辑电路，以及数据分配器，其在家用电器、自动化控制等方面都有重要的应用。74LS138 通常有 3 种封装，即 DIP-16 封装、SO-16 封装、SOIC-16 封装，如图 3-1 所示。

(a) DIP-16   (b) SO-16/SOIC-16

图 3-1　DIP-16 封装和 SO-16/SOIC-16 封装

本项目要求生产一批满足特殊用途的金属封装的 74LS138。根据工艺流程，将本项目划分为两个任务，如图 3-2 所示。

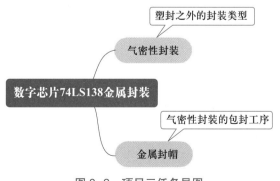

图 3-2　项目三任务导图

完成本项目的学习后，应实现以下目标：

知识目标 》》》

① 了解气密性封装和非气密性封装的基本概念。
② 掌握常见气密性封装的类型，以及适用范围。
③ 了解金属封装的材料、金属与玻璃封接的技术难点。
④ 了解金属封帽的基本概念。
⑤ 了解常见的封帽类型及各自的原理和适用范围。
⑥ 掌握平行缝焊工艺的原理、设备、操作及技术难点。

能力目标 》》》

① 能识别芯片封装的类型和气密程度，能描述不同封装类型的应用领域。
② 能合理选择气密性封装类型并设计合适的工艺流程。
③ 能分析金属封装的材料功能及封接技术难点，提出解决方案。
④ 能区分不同类型的金属封帽工艺，并根据实际需求进行选择。
⑤ 能正确完成平行缝焊工艺的操作流程。
⑥ 能分析平行缝焊工艺中的技术难点，提出解决方案。

素养目标 》》》

① 培养独立检索、自主学习的能力。
② 培养学以致用、举一反三的创新意识。
③ 培养坚定奉献的道德素养，厚植爱国情怀。

笔记栏

任务 3.1　气密性封装

✎ 开启新挑战——任务描述

温馨提示：现有一批数字芯片 74LS138，因用途特殊所以对可靠性和气密性有较高要求，需进行气密性封装，要求你完成调研，根据器件结构与材料选择合适的封装工艺，并提交调研报告。请仔细阅读任务描述，根据图3-3 所示的任务导图完成任务。

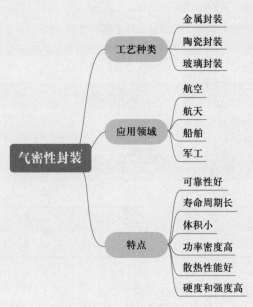

图 3-3　任务导图

你的角色：某集成电路封装企业员工，拥有自己的封装团队和设备。

你的职责：负责某数字芯片 74LS138 的气密性封装。

突发事件：74LS138 一般为塑料封装，由于产品品质要求较高，需要进行气密性封装。

▤ 团队新挑战

要求在掌握塑料封装工艺流程的前提下，遵守工艺操作规范，根据气密性封装技术规范等资料选择 74LS138 的气密性封装类型，提交封装产品方案调研报告。

任务单

根据任务描述，本次任务需要完成特殊用途数字芯片 74LS138 的气密性封装工艺选择，提交调研报告，具体任务要求参照表 3-1 所示的任务单。

表 3-1　任　务　单

笔记栏

项目名称	数字芯片 74LS138 金属封装
任务名称	气密性封装
任务要求	
（1）任务开展方式为分组讨论 + 工艺操作，每组 3 ~ 5 人。 （2）完成气密性封装相关资料的调研与整理。 （3）进行数字芯片气密性封装的工艺选择，评估器件性能。 （4）提交阶段性调研报告，对比气密性封装和非气密性封装的差异，以及不同气密性封装工艺之间的差异	
任务准备	
（1）了解气密性封装的相关理论知识。 （2）了解金属封装的基础知识	
工作步骤	
参考表 1-1	
总结与提高	
参考表 1-1	

在明确本学习任务后，需要先熟悉数字芯片气密性封装的基本概念和类型，并通过查询资料，进一步了解实际工艺中数字芯片气密性封装种类的选择，根据自主学习导图（图 3-4）进行相应的学习。

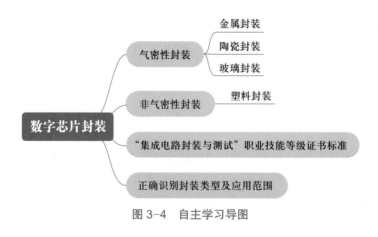

图 3-4　自主学习导图

任务资讯

小阅读

封装材料渗透率

水汽会损伤芯片中的电路，引起金属间电解反应，导致金属腐蚀，造成芯片短路、断路或其他形式的破坏。没有任何一种材料对水汽是真正隔绝的。图 3-5 所示为主要封装材料的渗透率。金属、陶瓷和玻璃对水汽的渗透率比任何塑料材料都低几个数量级。

笔记栏

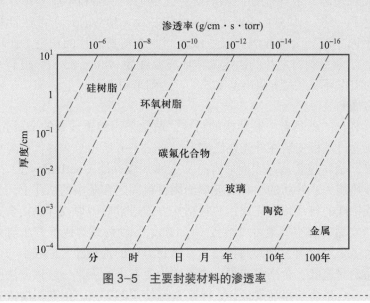

图 3-5　主要封装材料的渗透率

基础知识

1. 气密性封装概述

集成电路封装主要是为芯片提供保护，避免其遭受不适当的电、热、化学及机械等因素的破坏。在外来环境的侵害中，水汽是引起芯片损坏最主要的因素，由于芯片中导线的间距极小，如果有水汽侵入，在电场和电解反应等效应作用下，极易造成芯片的短路、断路与破坏。因此，根据封装工艺对水汽等污染物的防护程度，集成电路封装通常可分为气密性封装和非气密性封装两大类。

非气密性封装主要是用高分子树脂材料密封的塑料封装。这种使用有机物材料进行的封装通常用低温聚合物来实现，水分子通常在数小时内即能侵入。常见的塑封材料可分为 4 种类型：环氧树脂类、氰酸酯类、聚硅酮类和氨基甲酸乙酯类。目前集成电路封装使用环氧树脂类较多，该类材料具有耐湿、耐燃、易保存、流动填充性好、电绝缘性高、应力低、强度大和可靠性好等特点。

微课
气密性封装

随着焊接技术、密封工艺的发展，气密性封装芯片因其具有良好的可靠性、长寿命周期、小体积、高功率密度等优点，而被广泛应用于严酷工作条件下的航天、航空、船舶、装甲车等领域。平行缝焊是实现气密性封装的方式之一，具有可靠性高、密封性能优良、生产率高等特点。

气密性封装主要指具有空腔结构的金属、陶瓷、玻璃外壳的封装。金属、陶瓷、玻璃外壳具有较高的抵抗外部环境气氛的渗透能力和热学性能，可以实现对空腔中的芯片、组件更好的保护。这类封装气密性好，可靠性高，不易受外界环境因素影响，硬度和强度高，不易产生形变，但工艺复杂，加工难度高，成本较高，且外形灵活性小，不能满足民用半导体器件快速发展的需要，因此多用在对可靠性要求苛刻的航天、航空、军事、船舶等领域。

气密性封装芯片散热性好，环境适应性更强，军品和宇航级芯片额定工作环境温度能达到 −55 ～ 125 ℃。非气密性封装芯片（塑封芯片）散热性较差，根据应用领域不同一般分为商业级和工业级，商业级塑封芯片的额定工作环境温度为 0 ～ 70 ℃，工业级塑封芯片的额定工作环境温度为 −40 ～ 85 ℃，也有一些工业级塑封芯片的工作环境温度上限可至 125 ℃，达到军用水平。

（1）金属封装

金属封装是一种具有空腔结构的封装，通常采用镀镍或金的金属壳体或底座，芯片直接或通过基板安装在外壳或底座上，如图 3-6 所示。为降低硅与金属热膨胀系数的差异，金属封装基座表面通常有一金属片缓冲层（buffer layer）以缓和热应力并增加散热能力；针状的引脚以玻璃绝缘材料固定在基座的钻孔上，与芯片的连线以金属或铝线的打线接合完成；芯片粘接方式通常以硬焊或焊锡接合完成。完成以上的步骤之后，基座周围再以熔接（welding）、硬焊或焊锡等方法与另一金属封盖接合，大多采用玻璃－金属封接技术。密封方法的选择除考虑成本与设备的因素之外，产品密封速度、合格率与可靠度等均为要考虑的因素。熔接方法所获得产品的密封速度、合格率与可靠度最佳，是最普遍使用的方法，但利用熔接方法获得的

笔记栏

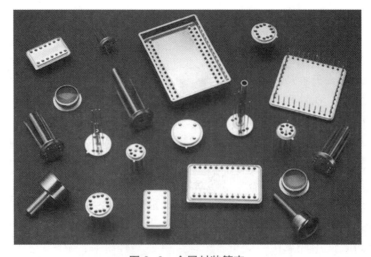

图 3-6　金属封装管壳

产品不能移去封盖做再修复的工作，此为该方法的不足之处。硬焊或焊锡的方法则能移去封盖进行再修复。

金属材料具有优良的水分子渗透阻绝能力，并且具有良好的散热能力和电磁屏蔽能力，故金属封装具有良好的可靠性，常被作为高可靠性要求和定制的专用气密性封装。在分立式元器件封装、专用集成电路封装、光电器件封装等领域，金属封装仍然占有相当大的市场，在高可靠度需求的军用电子封装方面应用尤其广泛。

金属封装精度高，适合批量生产，且其价格较低，性能优良，应用面广，可靠性高，可以得到大体积的空腔。金属封装形式多样，加工灵活，可以和某些部件融为一体，适合低 I/O 数的单芯片和多芯片的封装，也适合于微机电系统（MEMS）、射频、微波、光电、声表面波和大功率器件，可以满足小批量、高可靠性的要求。此外，金属封装材料可作为热沉或散热片，以提供封装的散热。

图 3-7 所示为金属封装结构示意图，图中金属封装管壳包括用金属材料加工而成的管帽和管座，在管座上用玻璃管和可伐合金（Kovar 合金，是一种镍基合金）丝烧结出电极引线。芯片被固定在基板上，通过键合丝与外引线连接。管座与管帽间通过一个槽口内置低温焊料熔封而成。

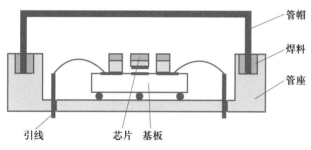

图 3-7　金属封装结构示意图

（2）陶瓷封装

陶瓷封装也是一种气密性封装，与金属封装相比，其价格较低。陶瓷被用作集成电路封装材料主要是因其在热、电、机械特性等方面极为稳定，并且陶瓷材料的特性可以通过改变其化学成分和工艺的控制调整实现。陶瓷不仅可以作为封盖材料，还可以作为各种微电子产品重要的基板，如图 3-8 所示。

图 3-8　陶瓷封装管壳

陶瓷封装中最常见的材料是氧化铝，其他比较重要的陶瓷封装材料有氮化铝、碳化铝、玻璃与玻璃陶瓷以及蓝宝石等。

陶瓷封装性能卓越，在航空航天、军事等方面被广泛应用，其主要优点如图 3-9 所示。但陶瓷封装并非完美无缺，其主要缺点如图 3-10 所示。

笔记栏

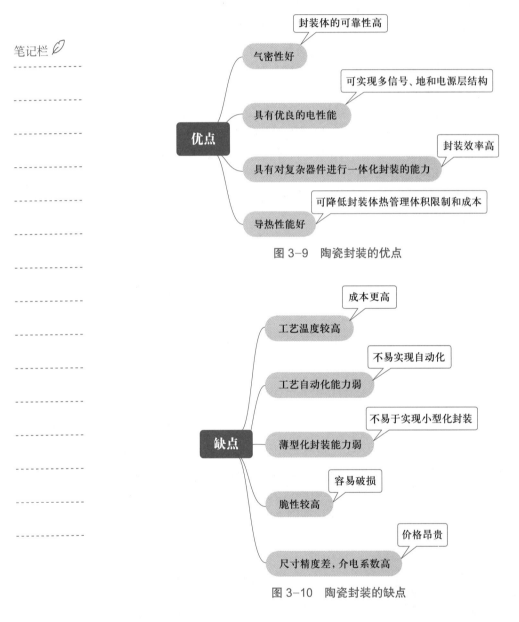

图 3-9　陶瓷封装的优点

图 3-10　陶瓷封装的缺点

陶瓷封装能提供高可靠度与密封性是利用了玻璃与陶瓷及可伐合金或 Alloy 42 合金引线框架材料间能形成紧密接合的特性。

以陶瓷双列直插封装（CDIP）为例，将芯片粘接在陶瓷基座上，芯片通过引线键合的方式与引线框架连接。引线框架被夹持在陶瓷基座和陶瓷盖之间，最后用低温玻璃材料将陶瓷基座和陶瓷盖进行密封，如图 3-11（a）所示。

在陶瓷针栅阵列封装（CPGA）与陶瓷有引线芯片载体（CLCC）封装的密封中，则是在基板及封盖的周围以厚膜技术镀上钌或金的密封环，再以焊锡或硬焊的方法将金属或陶瓷的封盖与基板接合，如图 3-11（b）所示。此外，熔接、玻璃及金属密封垫圈等也可被用于将封盖与基板接合。

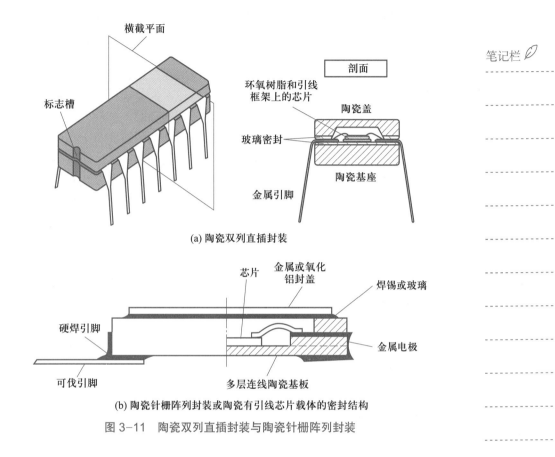

(a) 陶瓷双列直插封装

(b) 陶瓷针栅阵列封装或陶瓷有引线芯片载体的密封结构

图 3-11　陶瓷双列直插封装与陶瓷针栅阵列封装

（3）玻璃封装

从 20 世纪 50 年代晶体管出现开始，玻璃即为电子元器件重要的密封材料，它除了具有良好的化学稳定性、抗氧化性、电绝缘性与致密性外，也可利用其成分的调整而获得各种不同的热性质以配合工艺需求，图 3-12 给出了一个玻璃封装的齐纳二极管。

玻璃封装应用在各种封装类型中，从最早封装的第一个晶体管的 TO 帽，到金属封装、陶瓷封装。前者中，玻璃被用来形成玻璃与金属直接

图 3-12　玻璃封装的齐纳二极管

的封装，同时通过金属板或帽的小孔完成封装引线的输入 / 输出连接。玻璃用于在盖板和芯片安装的陶瓷基板之间形成密封的夹心层。

在金属封装中，玻璃用来固定自金属圆罐或基台的钻孔伸出的引脚，它除提供

电绝缘的功能之外，还能形成金属与玻璃间的密封。在陶瓷双列直插封装的开发过程中，密封材料的选择为工艺瓶颈，一直到一种特殊玻璃的开发，足以提供氧化铝陶瓷、金属引脚间的密封粘接，这一瓶颈问题才获得解决。随后各种性质不同的玻璃先后被开发出来，成为电子封装中主要的密封材料。

玻璃和陶瓷材料间通常具有相当良好的黏着性，利用玻璃与陶瓷及可伐合金或Alloy 42 合金引线框架材料间可形成紧密接合的特性，可获得具有高可靠性的气密性封装。

玻璃与金属之间一般黏着性质不佳。控制玻璃在金属表面的润湿能力是形成稳定粘接最重要的技术，也是集成电路封装中密封技术的关键所在。一种界面氧化物饱和理论说明当玻璃中溶解的低价金属氧化物达到饱和时，其润湿能力最佳。实验数据也说明最佳的润湿发生在含有饱和金属氧化物浓度的玻璃与干净的金属表面接触时，金属与玻璃的粘接即利用这一结果。许多工业应用证实金属氧化物的熔融为形成金属与玻璃间密封接合的关键步骤，玻璃在没有任何表层氧化物的金属上无法形成粘接。玻璃与金属间的压缩密封则无须金属氧化物的辅助，这种方法要选择热膨胀系数低于金属的玻璃材料进行粘接。在密封完成冷却时，金属将有较大的收缩而压迫玻璃造成密封。压缩密封所得的强度及密封性均高于匹配密封，但其接面的热稳定性则逊于匹配密封。玻璃密封的主要缺点为材料本身的强度低、脆性高，密封的过程中，除了前述金属氧化层的特性影响外，也应避免在玻璃中产生过高的残留应力而引致破裂，在运输取放过程中也应小心注意以免造成损坏。

2. 气密性封装工艺流程

常见的气密性封装形式主要有金属封装和陶瓷封装。金属封装和陶瓷封装均是具有空腔结构的一类封装，这类封装通常将芯片粘接固定在管壳或基板上，通过盖板进行密封。气密性封装技术主要有焊料焊、钎焊、熔焊等。

陶瓷封装通常将芯片粘接固定在一个载有引线框架或厚膜金属导线的陶瓷基板孔洞中，完成芯片与引脚或厚膜金属键合点之间的电路互连后，再将另一片陶瓷或金属封盖以玻璃、金锡或铅锡焊料将其与基板密封粘接完成，此过程如图 3-13（a）所示。图 3-13（b）所示为塑料封装工艺流程，可进行对比。

为便于通过焊接来达到与陶瓷基板的封装，金属表面必须覆有金属封接带。在陶瓷封装中，封接带材料的形成方法有厚膜法和共烧结法。厚膜法是使用厚膜技术在陶瓷封装的基板和封盖之间形成封接带材料。共烧结法是将铜或钨合金粉末与陶瓷材料一起进行共烧结，使其在高温下相互融合，形成具有封接性能的材料。

封接带材料形成后对引线框架进行适当的电镀，通过焊料焊或熔焊的方法封接金属盖。焊料焊是指通过加热焊料使其熔化，并将金属盖与引线框架连接在一起。熔焊是指在高温下将金属盖和引线框架材料熔化，使它们相互融合形成封接。综合考虑经济性、可靠性等，目前最常用的封装方法是熔焊。

金属封装工艺流程与陶瓷封装类似，在底座中心安装芯片，在线端头用键合丝进行引线键合。组装完成后，用金属封帽进行封装，构成气密坚固的封装结构。金属封装基本工艺流程可以概括为晶圆减薄与划片、贴片、引线键合、金属封装（封帽）、镀镍、打标。

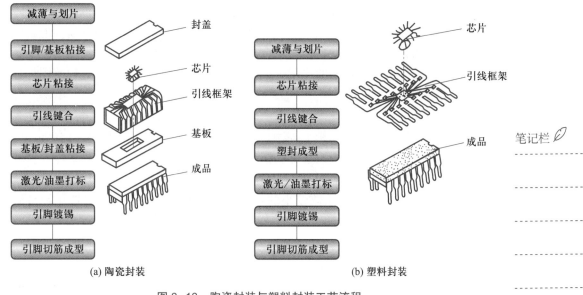

(a) 陶瓷封装   (b) 塑料封装

图 3-13 陶瓷封装与塑料封装工艺流程

典型的金属封装工艺一般分别制备金属盖板与金属封装壳体，并在壳体上制作气密的电极以提供电源及信号 I/O 引脚，然后将芯片减薄、划片，并按照塑封前道工艺类似的方法贴片、键合，最后封帽进行封装，构成气密的、坚固的封装结构。

拓展知识

1. 金属封装材料

金属封装材料主要实现对芯片进行支撑、电连接、热耗散、机械和环境保护等作用，应满足以下要求：

① 具有与芯片或金属基板匹配的低热膨胀系数（CTE），减少或避免热应力的产生。

② 具有非常好的导热性，提供热耗散。

③ 具有非常好的导电性，减少传输延迟。

④ 具有良好的 EMI/RFI（电磁干扰 / 射频干扰）屏蔽能力。

⑤ 具有可镀覆性、可焊性和耐腐蚀性，实现与芯片、盖板、印制板的接合。

传统的材料包括铝、铜、钼、钨、钢、可伐合金等。其中，可伐合金具有与玻璃优良的接合特性，常用作金属封装的罐体和引脚材料；铜主要用于高热传导及高导电需求的金属封装，主要缺点是强度不足，可添加少量的铝和银改善其机械特性；铝主要用于微波混合电路及航空用电子产品的金属封装，缺点是强度不足以及高热膨胀系数，不适用于高功率混合电路的封装。

除了铜 / 钨及铜 / 钼，传统金属封装材料都是单一金属或合金，它们都有某些不足，如浸润性差、致密度不高、气密性得不到保证等，均难以应对现代封装的发展。随着科技的进步，又陆续开发出很多种金属基复合材料（MMC），它们是以金属（如镁、铝、铜、钛）或金属间化合物（如 TiAl、NiAl）为基体，以颗粒、晶须或连续纤维为增强体的复合材料。与传统金属封装材料相比，其有以下优点：可

笔记栏

155

以改变材料的物理性能，很好地满足封装热耗散要求；材料制造灵活，价格不断降低，避免了昂贵的加工费用和加工造成的材料损耗。随着电子封装朝着高性能、低成本、低密度和集成化方向发展，其对金属封装材料提出了越来越高的要求，金属基复合材料将发挥越来越重要的作用。因此，对金属基复合材料的研究和使用将是今后研究的重点和热点之一。

管座、引线框架、管帽或盖板材料一般首选铁镍钴合金、铁镍合金；底板在有特殊要求时可选用铜、钨铜和钼铜等铜合金，以及钢、不锈钢、铝、铝合金等；引线材料一般是铁镍钴合金、铁镍合金、铜及铁镍合金包铜或铜包铁镍合金等；玻璃珠材料一般选择热膨胀系数与其直接烧结的底板、引线框架、引线相匹配的材料，在必要时也可以选用热膨胀系数较小的材料进行压缩封接；焊料一般选用纯金属（如铜、银、锡等）或合金（如银铜、金银铜、银铜锡、钯银铜、锡铅等）。

2. 金属与玻璃封接

常用的金属与玻璃封接是管状式封接，封接件由盖板、玻璃体和芯柱三部分构成。在一定的温度、气氛等条件下，玻璃体作为一种良好的绝缘材料将不同材质的盖板和芯柱封接成密封件，封接玻璃具有透气率低（可达 10 Pa·m/s）、抗热震性能好、耐压（耐压值达 340 MPa）、耐腐蚀等优良性能。

金属与玻璃封接的注意事项如图 3-14 所示。

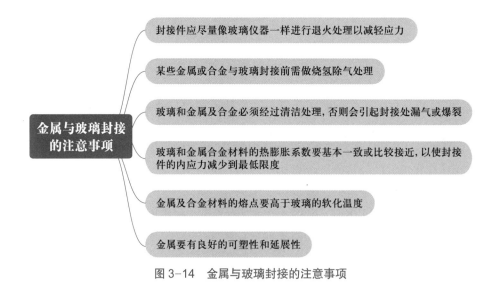

图 3-14 金属与玻璃封接的注意事项

金属与玻璃封接的热力学性能、气密性会对产品质量产生很大的影响。

① 热稳定性。封接玻璃在经历大幅度变温过程后各项物理性质、化学性质均保持稳定称为玻璃的热稳定性。在封接元器件应用过程中常常要考虑加热冷却循环过程中的稳定性，在这一系列的过程中玻璃自身组分要处于稳定状态，各项性能如特征温度、热膨胀系数等要与实际要求相符。

② 抗热震性。抗热震性又称耐热冲击性，是材料一系列物理性质的综合表现，主要表征材料承受非常剧烈的温度变化后其结构仍未被破坏的性能，如热膨胀系

数、弹性模量、致密度、导热系数等，除此之外材料的几何形状也会影响抗热震性。抗热震性主要通过测试封接整体的热循环次数来评估。

③ 电绝缘性能。决定封接玻璃电绝缘性能的因素有玻璃的成分、玻璃的特征温度、玻璃的化学稳定性。在表征玻璃材料的方面可以使用电阻测试仪进行测量。通过在一定温度下对玻璃电阻进行测量，再使用相应的转化公式计算电阻率，可以提供关于玻璃材料电性能的信息。

在封接电子元器件方面，玻璃的电绝缘性能非常重要，对于玻璃的介质损耗、介电常数及击穿电压等特性有一定要求。

④ 气密性。气密性是封装壳，也是芯片的重要指标之一。封装壳不仅是封装芯片的外衣，同时对元器件起支撑（电连接、热传导、机械保护等）作用，是元器件的重要组成部分，气密性不好会使外界水汽、杂质离子或气体进入元器件的腔体内而产生表面漏电或污染。

综上所述，金属与玻璃封接加工工艺过程对材料的要求比较苛刻，需要有完善的工艺条件和成熟的材料方案，才能够做好实际应用中金属与玻璃材料的封接。

任务实施

为了完成对数字芯片特殊封装需求的工艺选择，根据任务资讯及收集整理的资料，制订任务计划，可以参考图 3-15。

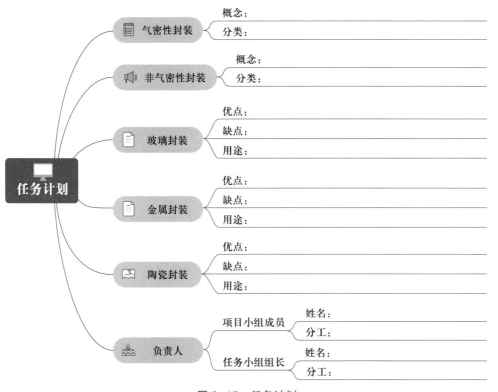

图 3-15　任务计划

笔记栏

分组完成气密性封装相关资料收集任务，形成调研报告，填写《气密性封装工艺调研汇报表》。汇报表可以根据实际需要自行设计，下面给出示例仅供参考，如表 3-2 所示。

表 3-2 《气密性封装工艺调研汇报表》示例

项目名称	数字芯片 74LS138 金属封装		
任务名称	气密性封装		
气密性封装与非气密性封装的概念			
基本概念	适用范围		技术难点
金属封装			
基本概念	适用范围		技术难点
陶瓷封装			
基本概念	适用范围		技术难点
玻璃封装			
基本概念	适用范围		技术难点
......			

任务检查与评估

完成调研工作后，进行任务检查，可采用小组互评等方式进行任务评价，任务评价单如表 3-3 所示。

表 3-3　任务评价单

气密性封装任务评价单		
职业素养（40 分，每项 8 分）	□能使用工具检索论文，科学规范撰写报告 □具有良好的沟通交流能力 □能热心帮助小组其他成员 □具有严谨的科学态度和工匠精神 □能严格遵守"6S"管理制度	□较好达成（≥ 32 分） □基本达成（24 分） □未能达成（<24 分）
专业知识（20 分，每项 5 分）	□能概述气密性封装与非气密性封装的概念 □能描述金属封装的特征 □能描述陶瓷封装的特征 □能描述玻璃封装的特征	□较好达成（≥ 15 分） □基本达成（10 分） □未能达成（<10 分）
技术技能（40 分，每项 10 分）	□能识别芯片封装的类型和气密程度 □能描述不同封装类型的应用领域 □能合理选择气密性封装类型并设计合适的工艺流程 □能分析金属封装的材料功能及封接技术难点，提出解决方案	□较好达成（≥ 30 分） □基本达成（20 分） □未能达成（<20 分）

笔记栏

任务 3.2　金属封帽

✎ 开启新挑战——任务描述

　　温馨提示：经过调研，现决定对一批数字芯片 74LS138 进行金属封装，要求你根据性能需要选择合适的封帽工艺，并在规定时间内完成封装。请仔细阅读任务描述，根据图 3-16 所示的任务导图完成任务。

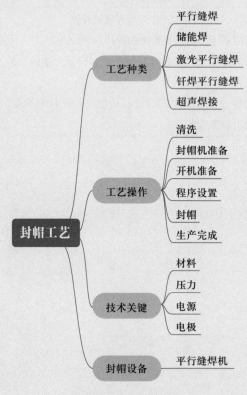

图 3-16　任务导图

　　你的角色：某集成电路封装企业员工，拥有自己的封装团队和设备。
　　你的职责：负责数字芯片 74LS138 的金属封帽工艺线维护。
　　突发事件：在封帽过程中，使用平行缝焊工艺，质检结果显示，合格率仅为 83%，需查找问题原因并改进焊接工艺。

团队新挑战

要求了解封帽工艺相关的基础知识，掌握平行缝焊封帽工艺流程，遵守操作规范，与团队成员协同合作，完成数字芯片 74LS138 的金属封帽工艺，撰写工艺报告。

任务单

根据任务描述，本次任务需要完成数字芯片 74LS138 的金属封帽工艺，解决工艺过程中常见的问题，并提交工艺报告，具体任务要求参照如表 3-4 所示的任务单。

表 3-4　任　务　单

项目名称	数字芯片 74LS138 金属封装
任务名称	金属封帽
任务要求	
（1）任务开展方式为分组讨论＋工艺操作，每组 3～5 人。	
（2）完成数字芯片金属封帽工艺的资料收集与整理。	
（3）进行数字芯片金属封帽工艺的工艺设计，完成封帽操作并进行工艺质量评估。	
（4）提交数字芯片金属封帽工艺报告，包括但不限于封帽工艺操作方案	
任务准备	
1. 知识准备：	
（1）封帽工艺的概念。	
（2）不同封帽工艺的原理。	
（3）平行缝焊工艺流程。	
2. 设备支持：	
（1）仪器和材料：平行缝焊机、干燥箱、管壳或盖板、镊子、钢丝钳、洗耳球等。	
（2）工具：计算机、书籍资料、网络	
工作步骤	
参考表 1-1	
总结与提高	
参考表 1-1	

在明确本学习任务后，需要先熟悉封帽工艺的流程，并通过查询资料，进一步完善实际工艺中的封帽知识储备，根据自主学习导图（图 3-17）进行相应的学习。

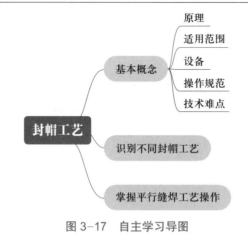

图 3-17　自主学习导图

任务资讯

小阅读

金属化强度

对于高可靠性要求的陶瓷金属外壳，要求陶瓷与金属器件之间具有较高的结合强度，通过提高其密封强度、气密性强度的方式来提高元器件的封装可靠性。而金属化强度将直接影响电子元器件的封装与气密性。因此，作为影响电子元器件封装失效性的主要因素，根据封装强度的大小来确定金属化强度是否达到要求显得尤为必要。

部分学者在研究的过程中，认为影响金属化强度的重要因素——金属化粘接激励存在于玻璃相的迁移过程中，而不是一种化学反应。所谓的玻璃相迁移，其本质是一种毛细流动，在迁移过程中以液态玻璃相的表面张力作为动力。为了使氧化铝陶瓷中的毛细管能够通过玻璃相迁移进入金属化层毛细管，并且形成稳固的金属化层，必须确保金属化层的毛细引力大于陶瓷中的毛细引力。与此同时，对金属化浆料中的溶剂成分进行控制，通过添加适当的添加剂可以达到陶瓷与金属良好接合、浸润的目的，从而保证其在烧结之前就可以与生瓷通过相互渗透形成对应稳定的接合面。由于该界面只存在于陶瓷与金属化的接合处，而没有逐步向陶瓷体内部的纵深方向发展，因此对上、下层之间的绝缘电阻没有影响，只是会提高烧结过程中的接合强度，从而提高电子元器件的密封强度。通过以上工艺操作，可使封装之后的元器件金属化强度达到 $1.086\,\text{k}\Omega$，基本能够满足对应的强度要求。

📖 **基础知识**

1. 封帽工艺

在可靠性要求高的场所采用金属气密性封装，其作用为隔绝水汽、空气中的氧气及其他有害介质，防止芯片、键合引线、厚膜导体、陶瓷覆铜区及其他器件暴露在空气中腐蚀失效。

封帽是金属封装和陶瓷封装这类具有腔体的封装与塑料封装工艺不同的一个工艺步骤。与塑料封装的工艺流程相比，其作用相当于塑封成型，是将上一道工序完成的管座与管壳或金属盖板焊接在一起。

熔焊技术是常用的实现金属气密性封帽的一种方法。熔焊是通过加热使盖板（罩壳）与底座熔融形成焊点进而实现连接的工艺技术，依据工艺不同包括平行缝焊、储能焊、激光平行缝焊、钎焊平行缝焊、超声焊接等。

（1）平行缝焊

平行缝焊是一种先进的低温焊接技术，用于替代预置焊料的熔化焊接。平行缝焊的原理是单面双电极接触电阻焊，是滚焊的一种。利用两个圆锥形滚轮电极压住待封装的金属盖板和管壳上的金属框，焊接电流从变压器二次线圈一端经其中一个锥形滚轮电极分为两股电流，一股电流流过盖板，而另一股电流流过管壳，经另一个锥形滚轮电极回到变压器二次线圈的另一端，整个回路的高电阻在电极与盖板的接触处，由于脉冲电流产生大量的热，使接触处呈熔融状态，在滚轮电动机的压力下，凝固后即形成一连串的焊点。这些焊点相互交叠，也就形成了气密填装焊缝，对矩形管座而言，在焊接好盖板的两条对边，再将外壳相对电极旋转90°后，在垂直方向上再焊两条对边，这样就形成了外壳的整个封装；而对圆形（椭圆）管座来说，只需要工作台旋转180°（一般比180°大），就可以完成整个外壳的封装。图3-18所示为平行缝焊工艺示意图。

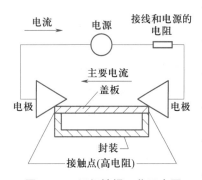

图3-18　平行缝焊工艺示意图

平行缝焊是目前在气密性要求高的封装结构中普遍使用的工艺，具有较高的可靠性和焊接效率，焊接过程对器件的温度冲击较小，焊接接头强度高，不用添加焊料，适用于金属气密式密封固态继电器。

平行缝焊是一种电阻焊，是通过两个平行的圆锥形铜合金滚轮电极与盖板接触，给电流提供一个闭合的回路，当两个电极施加一定的压力时，在电极与盖板及盖板与焊框之间存在接触电阻，因接触电阻为焊接回路的两处高电阻，因此焊接电流将在这两个接触电阻处产生焦耳能量。两电极同时沿着金属盖板边缘滚动，两电极间经过一系列短的高频电流，在电极与盖板接触点处产生极高的局部热量，使盖板熔化、回流，从而形成一个完整、连续的缝焊区域。焊点一个个相继成型，形成一条鱼鳞状搭接的焊缝。

平行缝焊的工艺要求，即回流区域连续、无孔隙、无裂纹，且管壳温度不过高。要达到这样的工艺要求，缝焊管壳时即需控制单脉冲能量，既能够使金属熔化，又不会使管壳过热。焊点电流过大，能量就大，容易将盖板焊穿；电流太小，能量就小，焊接不充分，容易留下虚焊。通过适当的工艺参数优化，并得到前工序的配合，可以将平行缝焊过程中外壳的温度控制在 100 ℃ 以下，因此平行缝焊通常被认为是一种局部高温、整体低温的封装技术。尽管如此，在实际焊接过程中，焊缝位置的实际温度通常都超过 1 000 ℃，甚至高达 1 400 ～ 1 700 ℃，以满足盖板熔融的条件。过热会引起金属颗粒膨胀，导致微裂或缝隙。金属一定要在短时间内熔化、回流，而这个时间一定要小于热量传输到壳体的时间，这样才不会使壳体本身过热。

与熔封炉焊接相比，缝焊工艺热量集中在密封区局部，器件内部芯片未受到高温的作用。平行缝焊的特点是局部产生高温，外壳内部的芯片温度低，对芯片不产生热冲击。

（2）储能焊

储能焊主要是利用电容的充放电原理，先对电容组进行充电，把电荷储存在一定容量的电容里，然后利用金属管壳和基座的上下电极瞬间短路产生的高频率脉冲放电，从而使焊材与工件在瞬间接触点部位达到冶金接合，焊在一起。其放电时间一般为 2 ～ 5 ms。储能焊的特点是接合强度为冶金接合，且焊后工件不变形，不退火，典型应用为 TO 型管壳的封装。储能焊的管壳或管帽上一般要有一层平行缝焊圈，通常为可伐材料。

（3）激光平行缝焊

激光平行缝焊是利用激光束优良的方向性和高功率密度的特点，通过光学系统将激光束聚集在很小的区域和很短的时间内，使被焊处形成一个能量高度集中的局部热源区，从而使被焊物形成牢固的焊点和焊缝。陶瓷和金属封装可与几乎所有透明材料制成的盖板密封。不同的材料具有不同的密封机理，金属可以被钎焊甚至焊接。激光平行缝焊能够焊接不规则几何形状的盖板和外壳，且具有焊缝质量高的特点。激光器能量高度集中且可控，加热过程高度局部化，不产生热应力，使热敏感性强的芯片、MEMS 器件免受热冲击。图 3-19 所示为激光平行缝焊工艺示意图。

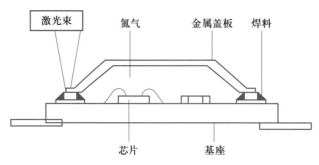

图 3-19　激光平行缝焊工艺示意图

（4）钎焊平行缝焊

钎焊平行缝焊可实现气体填充或真空封帽，它是将焊料放在盖板和外壳之间施加一定的力并一同加热，焊料熔融并润湿焊接区表面，在毛细管力作用下扩散填充盖板和外壳焊接区之间的间隙，冷却后形成牢固焊接的过程。盖板焊料有金锡、锡－银－铜等。高可靠器件最常用的盖板钎焊材料是熔点为 280 ℃的金锡共晶焊料。焊料可以涂在盖板上，或者根据盖板周边尺寸制成焊料环。图 3-20 所示为金锡焊料环用于陶瓷封装气密封帽工艺示意图。

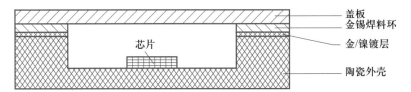

图 3-20　金锡焊料环用于陶瓷封装气密封帽工艺示意图

影响焊接质量的工艺因素有炉温曲线、最高温度、气体成分、工夹具等。在炉内密封时需要采用惰性气体（一般为氮气）保护，以防止氧化；或者真空焊接，焊接温度通常在 280 ℃的共熔温度以上，并在约 350 ℃的峰值温度下进行，保温时间一般为 3 ～ 5 min。选择好焊接参数，封帽成品率可在 98% 以上。

（5）超声焊接

超声焊接就是使用超声能量来软化或熔化焊点处的热塑性塑料或金属。其工作原理为：振动能量通过一个能放大波幅的增幅器传输，然后超声波传输到声极，直接把振动能量传递给要组装的零件，声极也能施加焊接所需的焊接压力，振动能量通过工件传输到焊接区，在焊接区通过摩擦，机械能再转换成热能，使材料软化或熔化到一起。

通过施加一定的压力和超声振动，可以将盖板焊接到封装体上，典型频率为 20 kHz、30 kHz 或 40 kHz。焊接质量取决于设备和零件的设计、焊接材料的性能以及能量过程，常规零件的超声焊接时间小于 1 s。此工艺的特点是能效高、成本低、生产效率高、易实现自动化。

2. 平行缝焊技术

当前平行缝焊技术是电子元器件封装过程中广泛采用的一种焊接技术。焊接的过程实际上就是将电能转化为热能的过程。在焊接过程中通过控制电源的能量释放，将热量均匀地释放于封装盖板、基座的边缘，将两者熔接于一处。当前，平行缝焊技术广泛应用于光电器件、石英晶体及集成电路的焊接中，且封装的大部分器件为方形。良好的平行缝焊工艺技术是微电子器件气密性最佳的保证，也是确保器件长期稳定工作的关键因素。

器件在平行缝焊过程中，实际上是将电能转化为热能，焊接能量计算符合焦耳定律

$$Q = I \times R \times t$$

式中，I 为焊接电流；R 为器件盖板和基座的接触电阻；t 为焊接时间。

（1）材料

为了保持良好的气密性及良好的平行缝焊效果，首先要选择正确的器件基座和盖板材料。一般对于平行缝焊，器件的基座和盖板材料应选择导热系数低的材料，

这是为了在平行缝焊过程中避免熔焊面的热量向四周传递。

因为微电子器件对高温比较敏感，为了避免焊接点的热量向器件内部的电路及敏感元器件传导，一般采用在材料上增加镀层来降低材料熔点的方法。平行缝焊通常采用镀镍、镀金或镀镍合金。采用化学方式镀镍后的熔点降为 880 ℃，而采用电解方式镀镍后的熔点为 995 ℃。

（2）平行缝焊压力

平行缝焊压力对焊接质量的控制有重要影响，当平行缝焊压力过大时，焊接面之间的接触电阻将减小，接触电阻越小，接触面焊接消耗的热量越高；当平行缝焊压力较小时，焊接面之间的接触电阻增大，所消耗的热量自然也降低。因此，为了保证能量稳定地传输，确保最佳的平行缝焊效果，必须保证焊接过程中电极的稳定平行缝焊压力，从而确保接触电阻恒定。通常而言，在平行缝焊过程中压力控制系统一般采用闭环控制系统，系统通过实时监控气缸入口的压力反馈值来调整监控压力，使得输出的压力在一个合理范围内稳定变化。

（3）平行缝焊电源

平行缝焊技术中最核心的部分为平行缝焊电源。传统的平行缝焊电源采用 AC（交流电）模式，由 50 Hz 的市电通过变压器降压，然后通过可控硅（SCR）调整相来输出不同的平行缝焊能量。如图 3-21 所示，AC 模式是一种比较简单的平行缝焊电源模式，但是因为频率低，市电为 50 Hz，动态响应时间长，所以平行缝焊产生的热量较高，能量输出的均匀性、稳定性稍差，焊点粗糙。

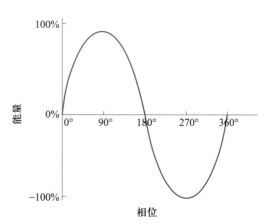

图 3-21　AC 模式平行缝焊电源能量输出

目前最先进的平行缝焊电源一般采用高频逆变电源，实时反馈，动态响应快，可以精密控制能量脉冲的输出。在平行缝焊系统中，世界先进的平行缝焊电源为 Miyachi Unitek 的 HF25 高频电源（图 3-22），采用电流反馈可达到 25 kHz 的反馈率，闭环控制，平行缝焊产生的热量低，焊点致密、精细，平行缝焊效果极佳。

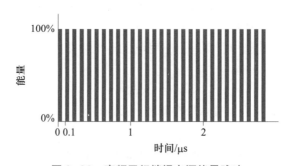

图 3-22　高频平行缝焊电源能量脉冲

在实际应用中，针对不同材料的器件，应充分发挥平行缝焊电源的各个技术特征，以达到最好的平行缝焊效果。

（4）平行缝焊电极

电极是平行缝焊系统的重要组成部分，为了保证良好的平行缝焊效果，平行缝焊电极的选择也是关键因素之一。电极材料决定着电极特性，电极材料的选择主要受以下几点的影响：

① 低电阻率。电极需要良好的导电性，在平行缝焊回路中应尽量降低回路电阻，而使电极与盖板、盖板与壳体的接触电阻发挥主要作用，因此需要电极具有较低的电阻值，才能在千安级的电流流过时产生较小的热量损失。

② 高导热率。电极需要有良好的散热性。缝焊过程中，热量会通过盖板、可伐环传递到陶瓷上或通过可伐壳体传递到玻璃绝缘子上，由于陶瓷的热膨胀系数与可伐环不同，可伐壳体的膨胀系数与玻璃绝缘子不同，散热不好，因此产生了高温下的应力累积，从而使陶瓷与可伐环之间产生裂缝或可伐壳体与玻璃绝缘子之间产生微裂纹，造成封装失效。在金属中，银的散热性和导电性最好，但银的硬度较低且价格过高；而铜的散热性和导电性仅次于银，价格又远低于银，其中紫铜的散热性和导电性优于其他铜合金，但硬度较低。因此，常选用钨铜、镉铜等材料作为电极。

总而言之，平行缝焊电极的材料应选择导电性好的材料，以确保平行缝焊能量集中在盖板和基座的接合处，从而保证良好的平行缝焊结果。同时针对不同的材料，也需要选择不同的电极角度，电极角度的改变也会改变接触电阻。

3. 平行缝焊封帽工艺实操

下面以平行缝焊机为例介绍平行缝焊封帽工艺实操流程（图 3-23），以及平行缝焊机的使用注意事项。

清洗 → 平行缝焊机准备 → 开机准备 → 程序设置 → 封帽 → 生产完成

图 3-23　平行缝焊封帽工艺实操流程

（1）清洗

将准备封帽的产品管壳或金属盖板放入烧杯，烧杯中冲入去离子水，将烧杯放入超声清洗机清洗；再将管壳或盖板取出用去离子水冲洗；反复多次冲洗后，再用脱水酒精脱水；放入 150 ℃烘箱烘烤 4 h；最后将烘干的管壳或盖板放入干燥塔，盖好干燥塔盖子待用。

（2）平行缝焊机准备

为保证金属封装器件在封装过程中不受污染，平行缝焊机需在充满氮气的条件下进行封帽操作，管壳或盖板放到设备右侧烘干箱，从设备内门取出。平行缝焊机的工作原理是将工件置于焊接模架上，同时按下左右启动按钮，机头电磁阀得电，上电极下降，经预压、焊接、保压后，上电极复位，一次焊接结束。然后再次按下启动按钮，进行第二次焊接。将右侧充气室的门关上，调整操作箱左上方的流量仪充气室进行充氮。

（3）开机准备

将平行缝焊机总电源开关置于"关"位置，焊接开关置于"泄放"位置。电压表调节电位器旋至最小（逆时针到头）。将设备接上工作电源，同时接上氮气进气气源，检查氮气压力是否正常，应为 0.1 ～ 0.7 PSI（1 PSI ≈ 6.894 8 kPa）。设置气路流量计：打开气压控制器（GPC），将湿度监测器（MOISTURE MONITOR）的大小调整在 100 以下；打开通风装置（VENT）后，缓慢打开充气孔（OVEN BACKFILL）；将干燥箱（DRY BOX 1）设置为 20 ～ 40，将交换参数（INTERCHANGE）设置为 1 ～ 3。

（4）程序设置

合上总电源开关，打开压缩空气和氮气进气阀门；按下控制面板上的红色电源开关按钮，将操作面板上的调整焊接按钮置于"焊接"位置；设计生产程序。

（5）封帽

首先调整电压表电压（先进行小电流调整，根据产品焊接后的情况再逐步增加电流大小）。然后操作工将进入箱体内，将焊接夹具安装在焊盘上，并将底座及盖板放好。随后按下启动按钮（箱体内左右两侧各有一个绿色按钮），此时电极开始下降。下降过程中会进行预压、焊接、保压操作，完成一次焊接过程。焊接完成后，电极会上抬到位，此时可以手动取出焊接好的工件。

（6）生产完成

封帽完成后，将产品取出送入下一道工序，按照程序关机。如果电极被磨损，应送到工具科进行修整；如果没有磨损，应放回文件柜。做好工艺记录以及零件使用记录。在焊接过程中，如发现异常情况，可按下紧急停止按钮（右手边红色按钮），上电极立即上升，中断以后的工作；紧急停止后，应检查并排除故障，然后按下启动按钮，机器就可正常运转。

拓展知识

1. 金属封装形式

随着科技的发展，微电子产品越来越广泛地应用在航空、航天、光电器件、石英晶体、汽车电子等关键领域。为保证微电子器件的性能可靠性及长期工作状态的稳定性，在上述关键领域，采用了先进的金属气密性封装。

金属封装是采用金属作为管壳和底座，芯片直接或通过基板安装在外壳或底座上，引线穿过金属壳体或底座的一种封装形式。常见的金属封装往往会采用玻璃 - 金属封装技术。金属封装的优点是气密性好，不受外界环境因素的影响；缺点是价格昂贵，外形灵活性小，不能满足半导体器件快速发展的需要。目前金属封装所占的市场份额越来越小，但由于金属封装在严酷的使用条件下具有很好的可靠性，因此广泛用于国防等特殊领域。

由于金属封装元器件具有高气密性以及良好的散热特性，因此元器件在大功率条件下工作时，常常采用金属封装。集成电路的金属封装有多种形式（图 3-24），且每种封装形式中又有多种封装尺寸和引脚形式，下面仅对平台插入式金属封装、腔体插入式金属封装、扁平式金属封装和圆形金属封装进行说明。

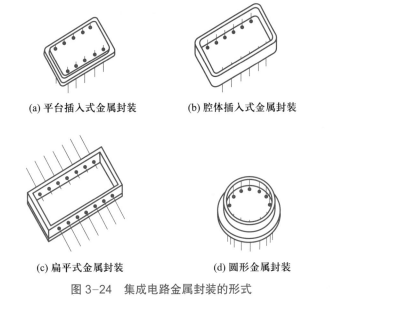

(a) 平台插入式金属封装　　　(b) 腔体插入式金属封装

(c) 扁平式金属封装　　　(d) 圆形金属封装

图 3-24　集成电路金属封装的形式

（1）平台插入式金属封装

平台插入式金属封装由平台式管座和拱形管帽组成，一般用储能焊的方法对管座和管帽进行封装，也可采用锡焊或激光平行缝焊封装。管座一般由底板、引脚和玻璃绝缘子烧结而成。图 3-25 所示为双列平台插入式金属封装。

（2）腔体插入式金属封装

腔体插入式金属封装由腔体式的管座和盖板组成，一般用平行缝焊的方法对管座和盖板进行封装，也可采用激光平行缝焊封装。盖板有平盖板和台阶盖板两种类型，一般采用台阶盖板，因为台阶盖板有一定的定位作用和较好的强度。管座一般由浴缸形状的腔体式壳体、引脚和玻璃绝缘子烧结而成。图 3-26 所示为双列腔体插入式金属封装。

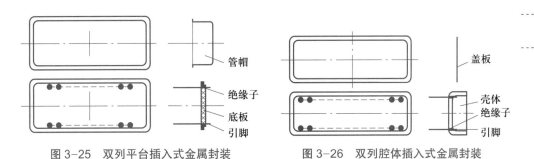

图 3-25　双列平台插入式金属封装　　　图 3-26　双列腔体插入式金属封装

（3）扁平式金属封装

扁平式金属封装由蝶形管座和盖板组成，一般用平行缝焊的方法对管座和盖板进行封装，也可采用激光平行缝焊封装。盖板与腔体插入式金属封装一样，有平盖板和台阶盖板两种类型，一般也采用台阶盖板。管座一般由侧面打孔的金属框、引脚和玻璃绝缘子先烧结，再用焊料焊上底板而成。图 3-27 所示为双列扁平式金属封装。

（4）圆形金属封装

圆形金属封装由圆形的管座和拱形管帽组成，其结构实际与平台插入式金属封装相近，因此它们所适用的管帽封装方法也几乎相同，其结构如图 3-28 所示。

笔记栏

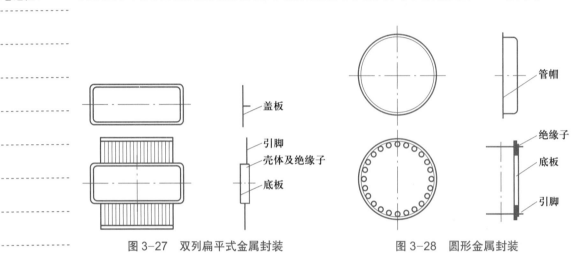

图 3-27 双列扁平式金属封装   图 3-28 圆形金属封装

2. 金属封装尺寸

国产半导体晶体管按国标规定，有数十种外形及规格，分别用不同的字母和数字表示。采用金属外壳封装的晶体管主要分为 B ～ G 共 6 种外形结构，各种外形结构又分为多种规格。下面介绍常见的晶体管金属封装尺寸。

（1）B 型金属外形封装

B 型金属外形封装主要用于 1 W 及以下小功率三极管的封装，有的引脚为 4 个，其中一个接外壳，和三极管电路没有关系。B 型金属外形封装管（简称 B 型管）的外形尺寸如图 3-29 所示。

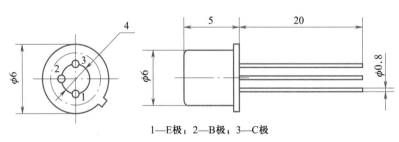

1—E 极；2—B 极；3—C 极

图 3-29 B 型管的外形尺寸（单位：mm）

（2）C 型金属外形封装

C 型金属外形封装主要用于小功率锗三极管的封装，如 3AX31、3AX33、3AX81、

3AG1 等。C 型金属外形封装管（简称 C 型管）的外形尺寸如图 3-30 所示。

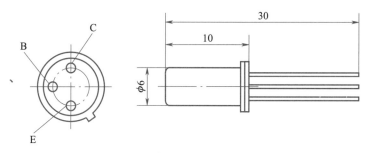

图 3-30　C 型管的外形尺寸（单位：mm）

（3）D 型金属外形封装

D 型金属外形封装管（简称 D 型管）的外形和 B 型管相似，只不过外形尺寸较大，如图 3-31 所示。

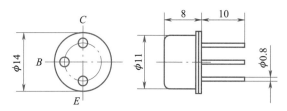

图 3-31　D 型管的外形尺寸（单位：mm）

（4）E 型金属外形封装

E 型金属外形封装管（简称 E 型管）的外形尺寸如图 3-32 所示。

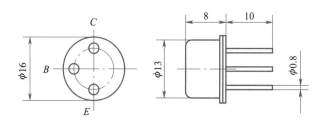

图 3-32　E 型管的外形尺寸（单位：mm）

（5）F 型金属外形封装

F 型金属外形封装主要用于低频大功率三极管的封装，以 F-2 型封装多见。F 型金属外形封装管（简称 F 型管）的外形尺寸可参看相关手册。

（6）G 型金属外形封装

G 型金属外形封装主要用于低频大功率三极管的封装，共有 5 种规格，其外形尺寸可参看相关手册。

国外晶体管普遍采用 TO 系列的封装形式，如日本、美国及欧洲等。TO 系列封装形式的编号较多，TO 系列金属封装的编号有 TO-1、TO-3、TO-39、TO-66、

TO-105、TO-107 等。其中，TO-3 型封装的外形与国产晶体管的 F-2 型封装的外形基本相同。

任务实施

笔记栏

根据数字芯片金属封帽工艺的任务资讯及收集整理的资料，制订任务计划，可以参考表 3-5。

表 3-5　任务计划单

项目名称	数字芯片 74LS138 金属封装		
任务名称	金属封帽		
计划方式	分组讨论		
序号	任务	任务描述	负责人
1	封帽工艺种类		
2	平行缝焊原理		
3	平行缝焊设备		
4	平行缝焊操作规范		
5	平行缝焊技术难点		
小组分工	按知识点分配调研任务，充分细化，并落实到具体的同学		

分组完成数字芯片金属封帽工艺的资料收集任务，完成金属封帽工艺实操，填写《金属封帽工艺操作流程单》。流程单内容可以根据实际需要自行设计，下面给出示例仅供参考，如表 3-6 所示。

表 3-6　《金属封帽工艺操作流程单》示例

项目名称	数字芯片 74LS138 金属封装			
任务名称	金属封帽			
封帽				
生产过程	设备	步骤		要求
清洗				
封帽机准备				
……				

任务检查与评估

完成金属封帽工艺实操后，进行任务检查，可采用小组互评等方式进行任务评价，任务评价单如表 3-7 所示。

表 3-7　任务评价单

金属封帽任务评价单		
职业素养（40分，每项8分）	□具有良好的团队合作精神 □具有良好的沟通交流能力 □能热心帮助小组其他成员 □具有严谨的科学态度和工匠精神 □能严格遵守"6S"管理制度	□较好达成（≥32分） □基本达成（24分） □未能达成（<24分）
专业知识（30分，每项10分）	□掌握封帽工艺的目的 □掌握平行缝焊封帽工艺的操作过程 □掌握解决芯片金属封帽工艺过程中常见问题的方法	□较好达成（≥20分） □基本达成（10分） □未能达成（<10分）
技术技能（30分，每项10分）	□具备准确识别不同封帽工艺的能力 □具备熟练使用平行缝焊封帽相关设备的能力 □具备快速解决芯片金属封帽工艺过程中常见问题的能力	□较好达成（≥20分） □基本达成（10分） □未能达成（<10分）

笔记栏

拓展与提升

1. 集成应用

（1）知识图谱

气密性封装是不同于塑料封装的另外一种封装形式，通常包括金属封装、陶瓷封装和玻璃封装。对于品质要求较高的芯片，一般采用气密性封装。本项目讲解了气密性封装的知识，请你根据自己的学习情况绘制知识图谱。

（2）技能图谱

气密性封装的前道工序和塑料封装相同，不同的是后道工序中的封壳工艺。对于金属封装，涉及封帽焊接工艺。请你根据项目完成情况总结气密性封装所涉及的技能，绘制技能图谱。

2. 创新应用设计

金属封装主要由金属材料制成，具有良好的导热性能和抗电磁干扰能力。金属封装的主要特点如下：

① 高导热性。金属封装的导热性能优越，能够有效地将内部元器件产生的热量快速传递至外部散热系统，保证元器件在高温环境下的稳定性和可靠性。

② 抗电磁干扰。金属材料具有良好的屏蔽效果，金属封装能有效地抵抗外部电磁干扰，确保元器件的正常工作。

③ 耐压能力强。金属封装具有较强的耐压能力，能够承受较高的外部压力，适用于高压环境下的应用。

然而，金属封装也存在一定的缺点，具体如下：

① 重量较大。金属封装的密度较高，重量较大，可能会对产品的重量和体积产生不利影响。

② 成本较高。金属材料的成本相对较高，导致金属封装的整体成本也较高。

请你查阅资料，研究采用怎样的方式可以降低金属封装成本、减轻重量，并完成封装工艺的设计。

3. 课后思考

（1）哪些封装常用于军工航天领域？

（2）气密性封装与非气密性封装的关键区别是什么？

（3）哪些封装属于气密性封装？

（4）哪些领域需要用到气密性封装？为什么？

（5）塑料不能作为气密性封装材料的原因是什么？

（6）封帽工艺对盖板有哪些要求？

（7）金属封装工艺中的封帽具体指的是什么？

（8）简述平行缝焊的原理。

（9）常见的金属封装形式有哪些？

（10）在进行封帽工艺操作的过程中，需要注意哪些技术参数？

项目四

数字芯片 74LS138 测试

本项目需要完成数字芯片 74LS138 的测试。根据测试类型，将本项目划分为两个任务，如图 4-1 所示。

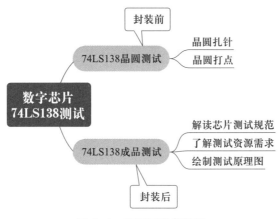

图 4-1　项目四任务导图

完成本项目的学习后，应实现以下目标：

知识目标 》》》

① 能说出晶圆扎针的目的。
② 能总结晶圆扎针和晶圆打点的工艺步骤。
③ 能识读晶圆测试设备的常见故障。
④ 能识读芯片测试规范。

能力目标 》》》

① 能完成晶圆扎针及晶圆打点。
② 能解决晶圆扎针和晶圆打点过程中出现的问题。
③ 能进行测试原理图绘制。

素养目标 ≫≫≫

① 养成新技术和新知识的自主学习习惯。

② 通过合作与交流，养成互帮互助、团结友善的良好品质。

③ 树立正确的劳动观，崇尚劳动、尊重劳动、热爱劳动。

笔记栏

任务 4.1　74LS138 晶圆测试

✎ 开启新挑战——任务描述

温馨提示：现有一批数字芯片 74LS138 的晶圆需进行加急测试，进而进行金属封装用于特殊用途。请根据图 4-2 所示的任务导图完成任务。

图 4-2　任务导图

你的角色：某集成电路测试企业员工，拥有自己的测试团队和设备。

你的职责：负责维护某芯片晶圆的测试系统。

突发事件：晶圆测试的探针卡出现故障，无法与晶圆建立电气连接，需要更换探针卡。

冒 团队新挑战

需要将原来测试某模拟芯片晶圆的测试系统尽快转换为数字芯片晶圆的测试系统。要求遵守工艺流程和操作规范，与其他员工团结协作，完成晶圆测试，提交晶圆测试报告，可参考如下步骤：

①完成数字芯片晶圆测试。

②对探针卡进行更换和维修。

③完成测试机、探针台等设备的维护，并处理测试过程中的故障。

④根据任务单要求进行任务计划及实施。

⚙ 任务单

根据任务描述，本次任务需要完成数字芯片晶圆测试，完成探针卡更换、焊接和维护保养，完成设备保养，解决工艺过程中常见的问题，并提交晶圆测试报告，具体任务要求参照表 4-1 所示的任务单。

表 4-1 任 务 单

项目名称	数字芯片 74LS138 测试
任务名称	74LS138 晶圆测试
任务要求	
（1）任务开展方式为分组讨论 + 工艺操作，每组 3～5 人。 （2）完成晶圆测试设备保养及常见故障的资料收集与整理。 （3）提交晶圆测试报告，包括但不限于探针卡更换、设备保养的方案	
任务准备	
1. 知识准备： （1）晶圆测试工艺流程。 （2）探针卡的制作与焊接方法。 （3）测试机、探针台的日常维护和保养方法。 （4）墨管的日常维护和保养方法。 （5）晶圆测试工艺过程中常见的故障类型。 2. 设备支持： （1）仪器：探针台、测试机或集成电路虚拟仿真平台。 （2）工具：计算机、书籍资料、网络	
工作步骤	
参考表 1-1	
总结与提高	
参考表 1-1	

笔记栏

　　在明确本学习任务后，需要先熟悉数字芯片晶圆测试的工艺流程，并通过查询资料，进一步完善实际工艺中的晶圆测试知识储备，结合 1+X 职业技能等级证书标准及技能大赛要求，根据自主学习导图（图 4-3）进行相应的学习。

图 4-3 自主学习导图

任务资讯

小阅读

上海华岭——张志勇的"芯片云测试"创业故事

集成电路作为国家战略性产业，在信息安全、云计算、物联网、移动智能终端、汽车电子、卫星导航等领域有着广泛的应用。相对于芯片设计、制造、封装等其他环节，集成电路测试贯穿于集成电路设计、制造、封装以及应用的全过程，是产业链不可或缺的重要环节。

2001 年，上海复旦微电子集团股份有限公司和张志勇等 7 名自然人合资成立了上海华岭集成电路技术股份有限公司（以下简称上海华岭），进军中国集成电路测试领域，成为"技术创业的先行者"。经过多年的技术积累与创新，上海华岭已经成为国内集成电路测试的领军企业。回忆当年创业的经历，张志勇说："当年之所以有破釜沉舟的创业勇气，是因为我们深信，随着中国集成电路行业的发展，集成电路测试行业的前景无比开阔。"

在以前，芯片测试往往被合并在设计业或封装业中，但随着人们对集成电路品质的重视，再加上技术、成本和知识产权保护等因素，测试业目前正成为集成电路产业中不可或缺的独立行业。张志勇说："芯片测试的技术含金量与芯片设计同步，在集成电路产业链中占据着核心地位。研发人员能针对某款芯片产品设计出配套的芯片测试方案、测试程序才是我们的核心资产，才是芯片检测中的重中之重。"

在张志勇的带领下，上海华岭创新"芯片云"技术，把芯片检测搬到了互联网平台。"芯片云测试"依托大数据和云计算，以网络化技术服务平台为客户实现 24 h×7 远程实时服务，实时监控产品在研发、生产过程中的问题，实时改进生产流程，解决芯片的技术问题，快速、安全、优质高效的服务体系可以为客户大大降低检测成本。

上海华岭在芯片测试领域也练就了一系列"独家绝技"，如超薄芯片测试，这项技术可以实现 70 nm 厚度的芯片测试；除此之外，高低温芯片测试技术可满足 −55 ～ 150 ℃的芯片测试，能满足军工、宇航芯片的测试需求。

张志勇说："让中国芯片厂家不必走出国门，就能得到世界一流的优质、高效、快捷的测试技术服务，为企业提供从芯片验证分析到整体测试的解决方案，帮助中国企业实现强大中国'芯'的梦想是我们不懈的追求。"

笔记栏

基础知识

1. 晶圆检测设备

晶圆检测设备是为测试晶圆结构而设计的一套自动化测试仪器，具有执行电学测试需要的复杂软硬件设施。晶圆检测设备主要包括测试机、探针台和探针卡。图 4-4 所示为测试系统组成。

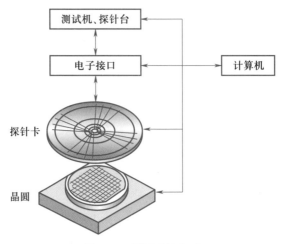

图 4-4 测试系统组成

微课
测试机简介

（1）测试机

从本质上来讲，测试机就是测试仪的集合体，包括 V/I 源、信号发生器、计量仪器等。不同厂家的测试程序和测试硬件一般不通用，但其总体架构相同，一般可分为计算机、测试主机、测试头三部分，如图 4-5 所示。

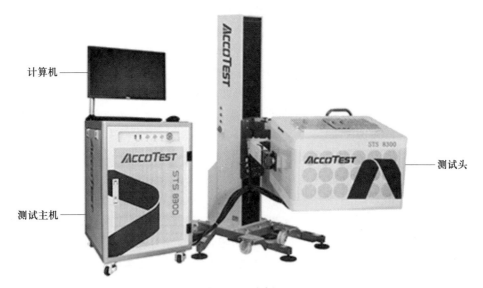

图 4-5 测试机

测试机用于在测试时提供测试项目中需要的信号，如电压、电流等给被测芯片，测量被测芯片的响应，依据其测试结果是否在规格范围内对被测芯片进行分类，并把分类信号传输给探针台或测试员（handler）。

（2）探针台

探针台又称为中测台（prober），是由上下料、工作台和辅助设施构成的机械电子装置，如图 4-6 所示。

通过机械装置操控，探针台将晶圆上的芯片引脚（PAD）与固定在探针台上的探针卡接在一起。通过探针、探针卡、测试负载板（load board），将晶圆与测试机信号连接起来，对晶圆上的芯片进行测试。同时探针台还需接收测试机发出的分类信号，制成 MAP 图（图 4-7），以及将不合格的芯片打点。目前很多封装厂支持电子 MAP 图，即不需要通过打点对不合格的芯片做出标记，通过软件标记即可。MAP 图可以通过符号、颜色概括地反映晶圆上每颗芯片的状态及其位置分布。

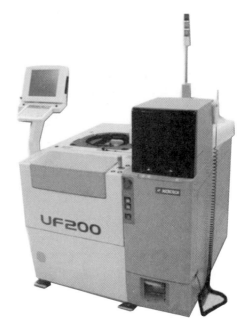

图 4-6　探针台

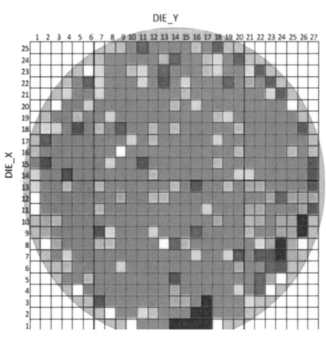

图 4-7　MAP 图

关于符号、颜色和注记的具体含义参见图 4-8 所示的 MAP 图标记说明。在测试过程中，探针台的 MAP 图上会出现不同的标记。其中非绿色区域会在下一环节进行打点标记剔除。

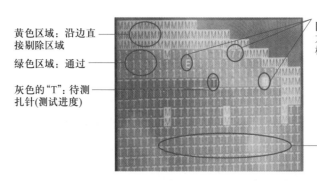

黄色区域：沿边直接剔除区域

绿色区域：通过

灰色的"T"：待测扎针(测试进度)

"7/E/9"等属于故障区域：不同的标记代表不同类型的故障，方便参数异常分析，后期会打点标记剔除

蓝色区域：待测区域

图 4-8　MAP 图标记说明

微课
探针卡

（3）探针卡

探针卡是连接测试系统和晶圆之间的接口。典型的探针卡是一个带有很多细针（称为探针）的印制电路板（图 4-9），每个探针都是为特殊测试结构的压焊点而定制的，这意味着根据所测晶圆的类别，探针卡的结构多种多样，探针卡上探针的数量和布局也各不相同。这些探针和晶圆进行物理和电学接触。探针通常由钨制成，在电学测试中，它传递进出硅片测试结构压焊点的电流。

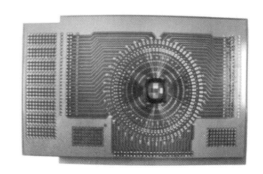

图 4-9　探针卡

（4）测试负载板

测试负载板是将测试信号从测试头上引出来的印制电路板，其上一般还有其他的辅助测试器件或电路，如图 4-10 所示。

图 4-10　测试负载板

探针卡和测试负载板为被测芯片与测试机的测试仪器之间提供了一个临时的电性连接通道。在晶圆测试中，测试负载板（探针接口板，PIB）跟探针卡相连，测

试信号从测试机头出发，经过 PIB 传递到探针卡的探针上，探针扎在芯片的 PAD 上，从而与被测芯片相连。

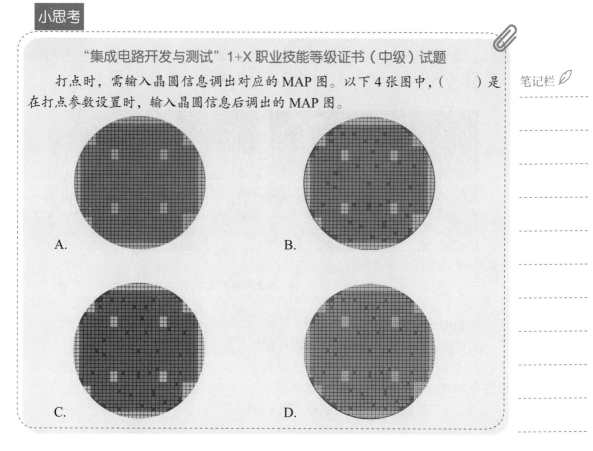

小思考

"集成电路开发与测试" 1+X 职业技能等级证书（中级）试题

打点时，需输入晶圆信息调出对应的 MAP 图。以下 4 张图中，(　　) 是在打点参数设置时，输入晶圆信息后调出的 MAP 图。

A.　　　B.

C.　　　D.

2. 探针卡的更换与焊接

探针卡是连接测试台和测试机的主要设备。根据所测芯片的类别，探针卡的结构多种多样，探针的数量和布局也各不相同。所以在测试新的产品前，应选择与之对应的探针卡。如果探针卡出现了损坏，必须及时进行维修，或者更换新的探针卡，否则将影响晶圆测试的效率和良率。

3. 晶圆检测设备的日常维护与常见故障

（1）测试机日常维护项目（图 4-11）

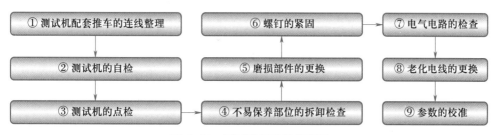

图 4-11　测试机日常维护项目

（2）探针卡日常维护

探针卡长时间未使用时会在探针表面附着很多聚集物，从而使探针卡的电阻增大，同时可能发生短路现象，所以要定期对探针卡进行清洁。

清洁的步骤如下：

① 准备工具：毛刷、无水酒精或热水。

② 用毛刷从探针卡引脚（pin）的根部往上刷到针尖部位时毛刷抬起；每刷一次都要把毛刷放到无水酒精或热水中清洗一次，如图 4-12 所示。

笔记栏

(a) 清洗前　　　　　　　　　　(b) 清洗中

图 4-12　清洗前和清洗中

③ 把探针卡翻过来，清洗反面。

④ 清洗结束后在显微镜下确认探针部位有无杂质。

⑤ 清洁工序完成后，因为探针卡存在水分，所以要放在烘箱里进行烘干，温度设定为 80 ℃，时间为 15 min。

（3）晶圆检测设备的常见故障（图 4-13）

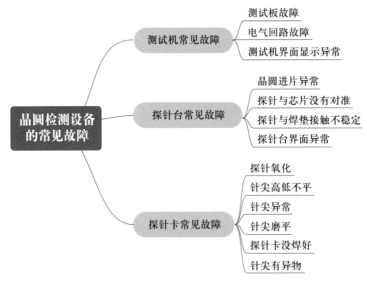

图 4-13　晶圆检测设备的常见故障

下面主要介绍探针卡常见故障。

① 探针氧化。通常探针是由钨制成的，如果长期不用，针尖会被氧化，导致接触电阻变大，测试时参数测不准。

② 针尖高低不平。探针卡使用一段时间后，探针加工及使用过程中的微小差异会导致所有探针不在同一平面上，针尖高度差在 30 μm 以上，可能会出现以下问题：

笔记栏

a. 某些针尖位置高，扎不到铝层，使测试时这些探针上的电路不通。

b. 某些针尖位置低，会扎伤铝层，对后续封装压焊有影响，使芯片与封装后成品的引脚焊接质量差，容易引起短路。

c. 某些针尖压痕太长，超出 PAD 范围，会使 PAD 周围的铝线短路。

③ 针尖异常。针尖异常是指针尖开裂、折断、弯曲、破损等，通常是由于操作过程中操作工操作不当造成的。例如，针尖没有装好保护盖而针尖朝下直接放到设备上，取卡时针尖不小心受到碰撞；用细砂子打磨针尖时用力太猛使针尖弯曲；承片台上升过快而撞到针尖；装打点器时不小心碰伤针尖；调针时镊子碰伤针尖等，都会造成针尖异常。

④ 针尖磨平。导致针尖磨平的原因有：使用很长时间后针尖的正常损耗；操作工用过粗的砂纸打磨针尖；打磨针尖时用力过猛；打磨时间过长等。

⑤ 探针卡没焊好。

a. 探针卡上的探针焊得不到位。

b. 基板上铜箔剥落，探针焊接不牢固，或者焊锡没有焊好而造成探针虚焊。

c. 探针卡布线断线或短路。

d. 背面有凸起物，如焊锡线头。

⑥ 针尖有异物。针尖的异物指铝粉、墨迹、尘埃等。测大电流时，针尖上会粘上很多铝粉；若测试时打点器没有调整好，会使针尖沾上墨迹。

小思考

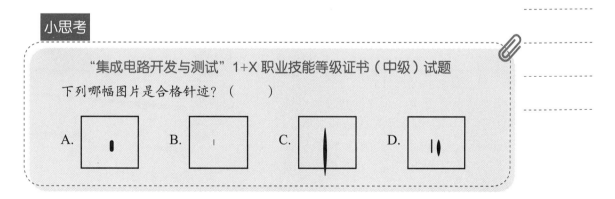

"集成电路开发与测试"1+X 职业技能等级证书（中级）试题

下列哪幅图片是合格针迹？（　　　）

A.　　　B.　　　C.　　　D.

4. 晶圆打点设备的常见故障

在打点过程中，晶圆打点设备可能会出现诸多异常情况，从而影响打点质量，如图 4-14 所示。

```
                              ┌─── 打点导墨丝损坏，无法打点
              ┌─ 打点器常见故障 ┤
              │               └─── 打点器不能连续打点
              │
              │               ┌─── 墨水外溢，沾污晶圆
晶圆打点设备    ├─ 打点运行故障 ┤─── 墨点出现异常(大小点、点过大过小、连续打点、点渐小等)
的常见故障     │               └─── 出现未打点的情况
              │
              │               ┌─── 墨管应冷藏放置
              └─ 墨管日常维护与保养 ┤─── 注意区分烘烤型墨水与免烘烤型墨水
                                └─── 打点完成后要及时清洗，避免外壁以及工作台上存在墨渍
```

图 4-14　晶圆打点设备的常见故障

拓展知识

　　由于探针台技术门槛高，研发周期长且投入成本大，目前全球高端探针台市场仍主要被日本、韩国等国所占据。近年来在国家对半导体产业的大力扶持下，国产化技术的发展进程不断加快，我国半导体设备企业将加速迎来国产替代的机会。在国内半导体设备市场中，探针台是目前最有希望实现高国产化率的设备。

　　我国半导体测试探针市场约占到全球五分之一。2021 年我国半导体测试探针市场规模达到 18.75 亿元。随着我国集成电路产业的不断发展，半导体测试探针市场规模不断扩大。未来，随着 5G、物联网、人工智能、新能源汽车等产业的不断发展，预计 2025 年全球半导体测试探针市场规模将达到 27.41 亿美元（约为 200 亿元人民币），2021—2025 年期间的复合年增长率将达到 14.51%。

　　半导体测试探针市场呈寡头垄断格局，国内企业市场占有率较低。探针台的主要供应商为东京电子（TEL）、东京精密（TSK），二者的市场占有率合计超过 80%；而我国大陆晶圆产能占到全球 20% ~ 30%，探针台国产化空间十分广阔。国内探针厂商深圳森美协尔科技（SEMISHARE）于 2016 年启动了对全自动晶圆探针台项目的研发，并逐步开始布局工业级晶圆探针台领域市场，于 2021 年 3 月推出国内首款晶圆级 A12 全自动探针台，如图 4-15 所示。总的来看，国内厂商近几年奋起直追，正在缩小与国外先进厂商的技术差距。

图 4-15　全自动探针台

任务实施

1. 填写《晶圆测试工艺操作流程单》
分组完成晶圆测试资料收集任务，然后在集成电路虚拟仿真平台上完成晶圆测

试实操，填写《晶圆测试工艺操作流程单》。工艺操作流程单可以根据实际需要自行设计，下面给出示例仅供参考，如表 4-2 所示。

表 4-2　《晶圆测试工艺操作流程单》示例

项目名称	数字芯片 74LS138 测试			
任务名称	74LS138 晶圆测试			
更换探针卡				
生产过程	设备 / 工具	步骤		要求
……				
探针台日常维护和保养				
生产过程	设备 / 工具	步骤		要求
……				
……				

2. 探针卡更换与焊接

（1）更换探针卡

图 4-16 所示为探针卡位置。图 4-17 所示为更换探针卡的流程。注意：取下的探针卡要放回指定位置，不得损坏部件，并保证与测试机上的晶圆连接到位。

微课
探针卡更换
操作和日常
维护

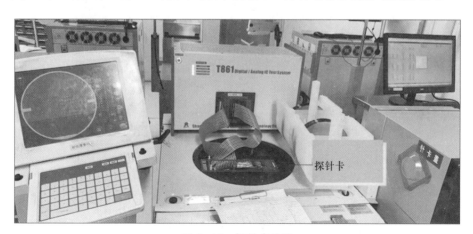

探针卡

图 4-16　探针卡位置

（2）焊接探针卡

制作新的探针卡时，需要依据出针图进行钻孔、装针、上胶、烘烤、焊接及微调等步骤，这里仅对探针卡的焊接进行讲解。以环氧探针卡为例，图 4-18 所示为探针卡的焊接步骤。

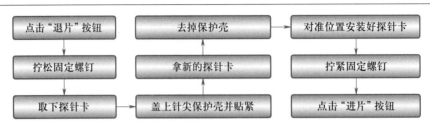

图 4-17　更换探针卡的流程

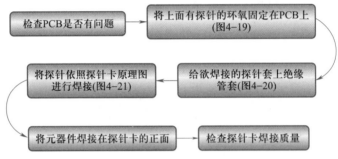

图 4-18　探针卡的焊接步骤

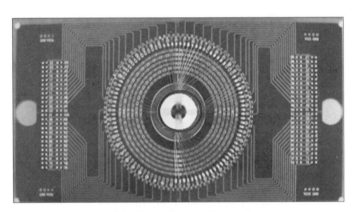

图 4-19　上面有探针的环氧

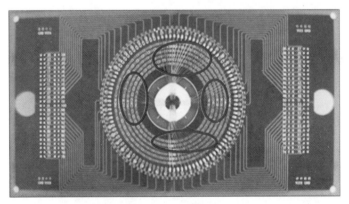

图 4-20　绝缘套管

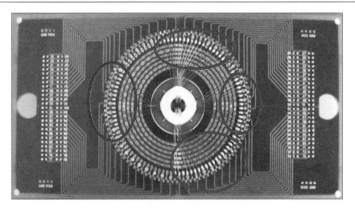

图 4-21　将探针焊接在 PCB 焊盘上

任务检查与评估

完成探针卡更换与焊接后，进行任务检查，可采用小组互评等方式进行任务评价，任务评价单如表 4-3 所示。

表 4-3　任务评价单

74LS138 晶圆测试任务评价单		
职业素养（20 分，每项 5 分）	□具有良好的团队合作精神 □具有良好的沟通交流能力 □具有较强的职场安全和环保意识 □能严格遵守"6S"管理制度	□较好达成（≥15 分） □基本达成（10 分） □未能达成（<10 分）
专业知识（25 分，每项 5 分）	□掌握晶圆测试的工艺流程 □掌握探针卡的制作与焊接方法 □掌握测试机、探针台日常维护和保养的方法 □掌握墨管日常维护和保养的方法 □能判断晶圆测试工艺过程中常见故障类型	□较好达成（≥20 分） □基本达成（15 分） □未能达成（<15 分）
技术技能（30 分，每项 5 分）	□能根据测试条件要求更换探针卡 □能完成探针卡的焊接和维护保养 □能判别测试机、探针台运行过程中发生的故障类型 □能判别晶圆打点运行过程中发生的故障类型 □能完成墨管的日常维护和保养 □能判别墨点烘烤过程中发生的故障类型	□较好达成（≥25 分） □基本达成（20 分） □未能达成（<20 分）
技能等级（25 分，每项 5 分）	"集成电路封装与测试"1+X 职业技能等级证书（中级）： □能正确连接测试机、测试卡和探针台 □能识读测试机的运行参数 □能根据版图设计选择对应的墨管规格 □能识读探针台的运行参数 □能完成装取片操作	□较好达成（≥20 分） □基本达成（15 分） □未能达成（<15 分）

任务 4.2　74LS138 成品测试

📝 开启新挑战——任务描述

温馨提示：某芯片设计公司设计了一款芯片 74LS138，现已使用金属封装，待测成品芯片（图 4-22）和测试规范（表 4-4）等资料已发送给你所在的公司。请仔细阅读任务描述，根据图 4-23 所示的任务导图完成任务。

图 4-22　74LS138 成品芯片

表 4-4　74LS138 测试规范

序号	参数	符号	测试条件	最小值	典型值	最大值	单位	软件分类	硬件分类
1	连续性	V_{CON}	$I_{CON} = -100\ \mu A$	-0.9	-0.6	-0.2	V	1	2
2	电源电流	I_{CC}	$V_{CC} = 5.25\ V$ 输出使能且开路		6.3	10	mA	2	3
3	输出高电平电压	V_{OH}	$V_{CC} = 4.75\ V$, $I_{OH} = -0.4\ mA$ $V_{IL} = 0.8\ V$, $V_{IH} = 2\ V$	2.7	3.4		V	3	3
4	输出低电平电压	V_{OL}	$V_{CC} = 4.75\ V$, $I_{OL} = 4\ mA$ $V_{IL} = 0.8\ V$, $V_{IH} = 2\ V$		0.25	0.4	V	4	3
5	输入高电平电流	I_{IH}	$V_{CC} = 5.25\ V$, $V_I = 2.7\ V$			20	μA	5	3
6	输入低电平电流	I_{IL}	$V_{CC} = 5.25\ V$, $V_I = 0.4\ V$ （使能端）			-0.4	mA	6	3
			$V_{CC} = 5.25\ V$, $V_I = 0.4\ V$ （A、B、C）			-0.2	mA	6	3

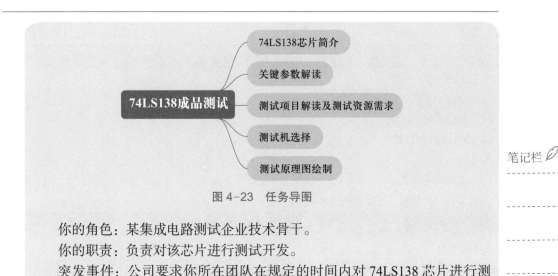

图 4-23　任务导图

你的角色：某集成电路测试企业技术骨干。

你的职责：负责对该芯片进行测试开发。

突发事件：公司要求你所在团队在规定的时间内对 74LS138 芯片进行测试开发，并将测试数据提交给芯片设计公司。

团队新挑战

芯片测试时间紧迫，请你的团队完成对芯片的成品测试，并提交测试报告。

任务单

根据任务描述，本次任务需要理解 74LS138 芯片的工作原理，读懂 74LS138 芯片的测试规范，提出测试资源需求，并选择测试机、分选机、测试座等（因为篇幅限制，本书仅在任务 5.3 中讲解分选机操作，本任务不再考虑芯片分选），设计测试原理图，制订测试开发计划，撰写测试方案，制作测试 PCB 和编写测试程序，进行测试调试、工程批试测，撰写测试报告，具体任务要求参照表 4-5 所示的任务单。

表 4-5　任　务　单

项目名称	数字芯片 74LS138 测试
任务名称	74LS138 成品测试
任务要求	
（1）任务开展方式为分组讨论，每组 3 ～ 5 人。	
（2）完成 74LS138 成品测试开发方案设计的资料收集与整理。	
（3）理解芯片工作原理，分析测试规范，确定测试方法，提出测试资源需求，选择测试机，设计测试原理图。	
（4）制订测试开发计划，撰写测试方案。	
（5）制作测试 PCB，编写测试程序。	
（6）测试调试。	
（7）工程批试测。	
（8）撰写测试报告	

续表

任务准备
1. 知识准备：
（1）74LS138 工作原理。
（2）74LS138 测试规范。
（3）LK8820 测试机。
2. 设备支持：
（1）仪器：测试机。
（2）工具：计算机、书籍资料、网络

工作步骤
参考表 1-1

总结与提高
参考表 1-1

笔记栏

在明确本学习任务后，需要先熟悉 74LS138 芯片的工作原理，理解 74LS138 芯片的测试规范，了解 LK8820 测试机的测试能力，根据自主学习导图（图 4-24）进行相应的学习。

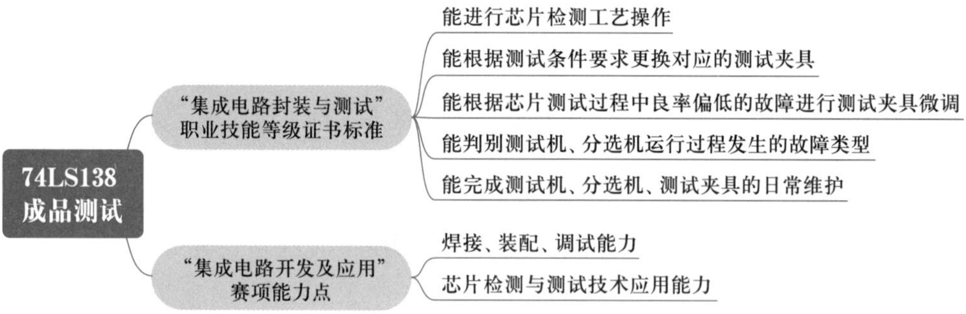

能进行芯片检测工艺操作

能根据测试条件要求更换对应的测试夹具

"集成电路封装与测试"
职业技能等级证书标准

能根据芯片测试过程中良率偏低的故障进行测试夹具微调

能判别测试机、分选机运行过程发生的故障类型

74LS138
成品测试

能完成测试机、分选机、测试夹具的日常维护

焊接、装配、调试能力

"集成电路开发及应用"
赛项能力点

芯片检测与测试技术应用能力

图 4-24 自主学习导图

任务资讯

基础知识

微课
成品测试
操作

1. 74LS138 芯片简介

74LS138 是 3 线-8 线译码器 / 解复用器，可接受 3 位二进制加权地址输入（A、B 和 C），使能时，可提供 8 个互斥的低有效输出（$\overline{Y_0} \sim \overline{Y_7}$）。

74LS138 有 3 个使能输入端：两个低有效（$\overline{G}_{2A}$ 和 $\overline{G}_{2B}$），一个高有效（G_1）。除非 $\overline{G}_{2A}$ 和 $\overline{G}_{2B}$ 置低且 G_1 置高，否则 74LS138 将保持所有输出为高。

　　3 线-8 线译码器的输入引脚有 3 个，输入是二进制，用高低电平来表示输入，3 位二进制最大是 111，也就是十进制的 7，最小是 000，也就是十进制的 0。

　　3 线-8 线译码器的输出引脚有 8 个，输出是十进制，用低电平来表示输出，哪个脚为低电平就代表哪个脚是输出的数值。

　　图 4-25 所示为 74LS138 芯片的引脚图，表 4-6 所示为 74LS138 芯片的真值表。

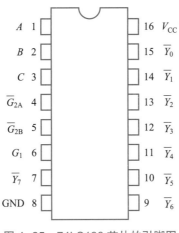

图 4-25　74LS138 芯片的引脚图

表 4-6　74LS138 芯片的真值表

控制		输入			输出							
G_1	$\bar{G}_{2A} + \bar{G}_{2B}$	A	B	C	$\bar{Y}_0$	$\bar{Y}_1$	$\bar{Y}_2$	$\bar{Y}_3$	$\bar{Y}_4$	$\bar{Y}_5$	$\bar{Y}_6$	$\bar{Y}_7$
×	1	×	×	×	1	1	1	1	1	1	1	1
0	×	×	×	×	1	1	1	1	1	1	1	1
1	0	0	0	0	0	1	1	1	1	1	1	1
1	0	0	0	1	1	0	1	1	1	1	1	1
1	0	0	1	0	1	1	0	1	1	1	1	1
1	0	0	1	1	1	1	1	0	1	1	1	1
1	0	1	0	0	1	1	1	1	0	1	1	1
1	0	1	0	1	1	1	1	1	1	0	1	1
1	0	1	1	0	1	1	1	1	1	1	0	1
1	0	1	1	1	1	1	1	1	1	1	1	0

2. 74LS138 测试规范关键参数解读

（1）连续性测试

　　连续性测试的主要目的是验证测试系统和被测芯片各个引脚之间的电气连接是否正确无误，常见的测试方法是测试引脚的 ESD 保护二极管的导通电压是否正常。电气连接无误时，测试系统和 ESD 保护二极管之间在特定条件下会形成闭合回路。

而开/短路测试则是一个更为全面的测试项目，它不仅包括了对芯片引脚与测试系统之间是否存在开路情况的检测，同时也包含了对芯片内部以及不同引脚之间是否存在短路现象的检测。连接性测试则能够在一定程度上反映开路问题，但并不专门针对短路故障进行排查，其侧重于确认电气连接的存在和完整性，可以间接发现开路问题，这是其与开/短路测试的一个重要区别点。所以，连续性测试不完全等同于开/短路测试。

（2）电源电流测试

电源电流是芯片电源引脚上的电流，对于 TTL 电路称为 I_{CC}，对于 CMOS 电路称为 I_{DD}。

电源电流的测量可分为 3 种情况：Gross IDD，是在较宽松的操作条件下测得的电源引脚上的电流；Static IDD，是在静态的操作条件下测得的电源引脚上的电流；Dynamic IDD，是在动态的操作条件下测得的电源引脚上的电流。进行电源电流测试时，电源引脚上一般施加最大电源电压，即 V_{DDmax}。

（3）输出高/低电平电压测试

输出高电平电压是指输出引脚在输出高电平时的最低电压，输出低电平电压是指输出引脚在输出低电平时的最高电压。输出高/低电平电压通常被称为 High/Low Level Output Voltage，一般用缩写 V_{OH}/V_{OL} 来表示。测试时通过输入端施加的电平实现芯片的逻辑功能，测量输出引脚电压值是否符合逻辑电平范围值。

（4）输入漏电流测试

输入引脚在逻辑 1 时的漏电流称为 Input Leakage in High，简称 I_{IH}。

输入引脚在逻辑 0 时的漏电流称为 Input Leakage in Low，简称 I_{IL}。

I_{IH} 的量测条件是，芯片电源电压施加最大值 V_{DDmax}，待测引脚施加电压 V_{IH}，让待测引脚处于逻辑 1 的状态，此时测量得到的漏电流即为 I_{IH}。

I_{IL} 的量测条件是，芯片电源电压施加最大值 V_{DDmax}，待测引脚施加电压 V_{IL}，让待测引脚处于逻辑 0 的状态，此时测量得到的漏电流即为 I_{IL}。

3. 74LS138 测试规范测试项目解读及测试资源需求

（1）74LS138 测试规范测试项目解读

① 连续性测试：

a. 测试规范的要求：如表 4-7 所示。

表 4-7　连续性测试规范

序号	参数	符号	测试条件	最小值	典型值	最大值	单位	软件分类	硬件分类
1	连续性	V_{CON}	$I_{CON} = -100\,\mu A$	-0.9	-0.6	-0.2	V	1	2

b. 测试方法：根据测试规范要求，将 GND 引脚连接测试机地，电源引脚 V_{CC} 加 0 V 电压，给各个引脚拉 100 μA 电流，测量各个引脚上的电压，判断引脚电压

是否在 −0.9 ～ −0.2 V 之间，不在此范围内则该项测试不通过。

　　c. 测试资源需求：如表 4-8 所示。

表 4-8　连续性测试资源需求

测试项目	测试资源需求			
	V_{CC} 引脚	输入/输出引脚	GND 引脚	PMU 测量单元
连续性	1 路 V/I 源	14 个 PIN 通道	测试机地	1 路

　　根据项目二测试 LM1117 的经验，应该是通过电源通道对每个引脚加流测压。但是 LK8820 只有 4 个电源通道，而 74LS138 有 16 个引脚，去除了电源和地的引脚，还需要测试 14 个输入/输出引脚。如果每个引脚都用单独的电源通道来测，数量是不够的（电源引脚上还需 1 路电源通道）。当然，解决方案可以是通过开关切换来完成，但是该方案对于后续的电参数测试不合适，所以不采用该方案。

　　这里可以选择 PE 板来进行连续性测试，PE 板通过 16 个 PIN 通道上连接的 PMU 也能提供加流测压和加压测流的功能，同时 16 个 PIN 通道也可以满足后续电参数测试的需求。后文中将对 PE 板进行简单介绍。

　　d. 测试说明：前述的测试方法是一次只测试一个引脚（串行测试），测试时间耗费较多。如果 PE 板的每个通道都具备简化版的独立的 PMU，即所谓的 PPPMU（Per-Pin PMU），则可以考虑用 PPPMU 进行并行测试以节约测试时间，但 LK8820 没有 PPPMU。对于其他测试方法，由于篇幅的限制，不在这里具体阐述。

　　同时，74LS138 芯片既有对地的保护二极管，也有对电源的保护二极管，前面只测试了对地的保护二极管，对电源的保护二极管并没有进行测试。在实际生产中，一般择其一进行测试，以节约时间。

　　这里要说明的是，一般情况下施加电压需要钳位电流，施加电流需要钳位电压，后面不再赘述。

　　② 电源电流测试：

　　a. 测试规范的要求：如表 4-9 所示。

表 4-9　电源电流测试规范

序号	参数	符号	测试条件	最小值	典型值	最大值	单位	软件分类	硬件分类
2	电源电流	I_{CC}	$V_{CC} = 5.25$ V 输出使能且开路		6.3	10	mA	2	3

　　b. 测试方法：根据测试规范要求，将 GND 引脚连接测试机地，V_{CC} 引脚加最大电压，G_1 引脚加高电平，$\bar{G}_{2A}$、$\bar{G}_{2B}$ 引脚加低电平，使输入使能，则输出使能，A、B、C 引脚可以任意加一电平，输出引脚开路，测量 V_{CC} 引脚上的电流 I_{CC}，判断 I_{CC} 是否小于或等于 10 mA，不满足则该项测试不通过。

　　c. 测试资源需求：如表 4-10 所示。

表 4-10　电源电流测试资源需求

测试项目	测试资源需求			
	V_{CC} 引脚	输入/输出引脚	GND 引脚	V/I 测量单元
电源电流	1 路 V/I 源	14 个 PIN 通道	测试机地	1 路

③ 功能测试：

a. 测试规范的要求：参见表 4-6 74LS138 芯片的真值表。

b. 测试方法：根据真值表，将 GND 引脚连接测试机地，V_{CC} 引脚加 5 V 电压，输入引脚施加真值表中不同组合的电平，对输出引脚进行电平比较，判断实际输出电平是否与期望电平一致，不一致则该项测试不通过。

c. 测试资源需求：如表 4-11 所示。

表 4-11　功能测试资源需求

测试项目	测试资源需求		
	V_{CC} 引脚	输入/输出引脚	GND 引脚
功能	1 路 V/I 源	14 个 PIN 通道	测试机地

④ 输出高电平电压测试：

a. 测试规范的要求：如表 4-12 所示。

表 4-12　输出高电平电压测试规范

序号	参数	符号	测试条件	最小值	典型值	最大值	单位	软件分类	硬件分类
3	输出高电平电压	V_{OH}	$V_{CC} = 4.75$ V, $I_{OH} = -0.4$ mA $V_{IL} = 0.8$ V, $V_{IH} = 2$ V	2.7	3.4		V	3	3

b. 测试方法：根据测试规范要求，将 GND 引脚连接测试机地，V_{CC} 引脚加 4.75 V 电压，V_{IL} 设定为 0.8 V，V_{IH} 设定为 2 V。根据真值表给合适的输入条件，使得输出引脚全部为高。输出引脚拉 0.4 mA 电流，测量各输出引脚上的电压 V_O，判断 V_O 是否大于或等于 2.7 V，不满足则该项测试不通过。

c. 测试资源需求：如表 4-13 所示。

表 4-13　输出高电平电压测试资源需求

测试项目	测试资源需求			
	V_{CC} 引脚	输入/输出引脚	GND 引脚	PMU 测量单元
输出高电平电压	1 路 V/I 源	14 个 PIN 通道	测试机地	1 路

d. 测试说明：输出高电平电压测试和功能测试的区别是两者的电源电压不一样。功能测试时电源电压施加的是典型值，如 5 V；而输出高电平电压测试时电源

电压施加的是最小值，如 4.75 V，目的是测试在最差的供电电压情况下，芯片的工作是否正常。

同时可以考虑用 PE 板的动态负载来拉电流，用 PE 板中的电压与测试电路的输出电平比较，判断输出电平是否符合要求。但此时因为不是用 PMU 进行测量，因此无法知道输出引脚的具体电压值，不过这种测试方法的测试速度比较快。

⑤ 输出低电平电压测试：

a. 测试规范的要求：如表 4-14 所示。

笔记栏

表 4-14　输出低电平电压测试规范

序号	参数	符号	测试条件	最小值	典型值	最大值	单位	软件分类	硬件分类
4	输出低电平电压	V_{OL}	$V_{CC} = 4.75\ V$，$I_{OL} = 4\ mA$ $V_{IL} = 0.8\ V$，$V_{IH} = 2\ V$		0.25	0.4	V	4	3

b. 测试方法：根据测试规范要求，将 GND 引脚连接测试机地，V_{CC} 引脚加 4.75 V 电压，V_{IL} 设定为 0.8 V，V_{IH} 设定为 2 V。通过输入引脚电平的组合，使得输出引脚电压为低。输出引脚灌 4 mA 电流，测量各输出引脚上的电压 V_O，判断 V_O 是否小于或等于 0.4 V，不满足则该项测试不通过。

c. 测试资源需求：如表 4-15 所示。

表 4-15　输出低电平电压测试资源需求

测试项目	测试资源需求			
	V_{CC} 引脚	输入/输出引脚	GND 引脚	PMU 测量单元
输出低电平电压	1 路 V/I 源	14 个 PIN 通道	测试机地	1 路

d. 测试说明：该测试项目的说明与输出高电平电压测试相同。

⑥ 输入高电平电流测试：

a. 测试规范的要求：如表 4-16 所示。

表 4-16　输入高电平电流测试规范

序号	参数	符号	测试条件	最小值	典型值	最大值	单位	软件分类	硬件分类
5	输入高电平电流	I_{IH}	$V_{CC} = 5.25\ V$，$V_I = 2.7\ V$			20	μA	5	3

b. 测试方法：根据测试规范要求，将 GND 引脚连接测试机地，V_{CC} 引脚加 5.25 V 电压，所有输出引脚开路，所有输入引脚加低电平 0.4 V，某个待测输入引脚加 2.7 V 电压，测量该输入引脚上的电流 I_{IH}，判断该电流是否小于或等于 20 μA，不满足则该项测试不通过。再将该已测引脚加 0.4 V 电压，对其他待测输入引脚分别再进行上述的测试，直至所有输入引脚（G_1、$\overline{G}_{2A}$、$\overline{G}_{2B}$、A、B、C）都测试完毕。

c. 测试资源需求：如表 4-17 所示。

表 4-17 输入高电平电流测试资源需求

测试项目	测试资源需求			
	V_{CC} 引脚	输入/输出引脚	GND 引脚	PMU 测量单元
输入高电平电流测试	1 路 V/I 源	14 个 PIN 通道	测试机地	1 路

d. 测试说明：如果测试机有 PPPMU，对于 74LS138，在测试该项目时可以全部输入引脚同时加高电平进行电流测试，这样比较节约测试时间。但是这样将导致无法测试各输入引脚之间的漏电流，同时 LK8820 没有 PPPMU，所以这里不采用这种方法。某些芯片不能给全部输入引脚同时加高电平，此时可以考虑前面介绍的顺序测试方法。

⑦ 输入低电平电流测试：

a. 测试规范的要求：如表 4-18 所示。

表 4-18 输入低电平电流测试规范

序号	参数	符号	测试条件	最小值	典型值	最大值	单位	软件分类	硬件分类
6	输入低电平电流	I_{IL}	$V_{CC} = 5.25$ V，$V_I = 0.4$ V（使能端）			−0.4	mA	6	3
			$V_{CC} = 5.25$ V，$V_I = 0.4$ V（A、B、C）			−0.2	mA	6	3

b. 测试方法：根据测试规范要求，将 GND 引脚连接测试机地，V_{CC} 引脚加 5.25 V 电压，所有输出引脚开路，所有输入引脚加高电平 2.7 V，某个待测输入引脚加 0.4 V 电压，测量该输入引脚上的电流 I_{IL}，判断该电流是否小于或等于 −0.4 mA 或 −0.2 mA，不满足则该项测试不通过。再将该已测引脚加 2.7 V 电压，对其他待测输入引脚分别再进行上述的测试，直至所有输入引脚都测试完毕。

c. 测试资源需求：如表 4-19 所示。

表 4-19 输入低电平电流测试资源需求

测试项目	测试资源需求			
	V_{CC} 引脚	输入/输出引脚	GND 引脚	PMU 测量单元
输入低电平电流测试	1 路 V/I 源	14 个 PIN 通道	测试机地	1 路

d. 测试说明：对于 74LS138，在测试该项目时可以全部输入引脚同时加低电平进行电流测试，但是也有前面输入高电平电流测试同样的问题，不在这里赘述。

（2）74LS138 所用测试资源

总的测试资源需求如表 4-20 所示。

表 4-20　总的测试资源需求

测试项目	测试资源需求				
	V/I 源	PIN 通道	测试机地	PMU 测量单元	V/I 测量单元
所有被测项目	1 路	14 个	1 个	1 路	1 路

芯片电源电压最高为 5.25 V，电源电流最高为 10 mA。

4. 测试机选择

（1）LK8820 测试机硬件资源板的技术指标

LK8820 测试机 V/I 源的技术指标已经在项目二中讲述，不再赘述。

数字功能引脚模块（PE 板）是实现数字功能测试的核心，能给被测电路提供输入信号（常用于提供高低电平），测试被测电路的输出状态，提供 16 个引脚通道。PE 板主要技术指标如表 4-21 所示。

表 4-21　PE 板主要技术指标

配置及性能	技术指标
模块通道数	16
最大配置模块数	4
驱动电平	V_{IH}、V_{IL}
比较电平	V_{OH}、V_{OL}
驱动电压范围	$-10 \sim +10$ V
比较电压范围	$-10 \sim +10$ V
PMU 通道	8

（2）LK8820 测试资源与芯片测试资源需求匹配

LK8820 测试资源与芯片测试资源需求匹配如表 4-22 所示。由表可知，LK8820 满足测试需求。

表 4-22　LK8820 测试资源与芯片测试资源需求匹配

芯片测试要求	测试机能力	满足
电源电压：$0 \sim 5.25$ V	$-30 \sim 30$ V	是
电源电流：$+10$ mA	$-500 \sim 500$ mA	是
V/I 源：1 路	4 路	是
PIN 通道：14 个	16 个	是
V_{IH}：$2 \sim 5.25$ V	$-10 \sim 10$ V	是
V_{IL}：$0 \sim 0.8$ V	$-10 \sim 10$ V	是
V_{OH}：$2.7 \sim 5.25$ V	$-10 \sim 10$ V	是
V_{OL}：$0 \sim 0.5$ V	$-10 \sim 10$ V	是
PMU 测量通道：1 路	8 路	是

笔记栏

5. 74LS138 测试原理图绘制

根据测试要求绘制 74LS138 芯片的测试原理图，如图 4-26 所示。

根据前述内容，制订测试开发方案并进行方案评审。

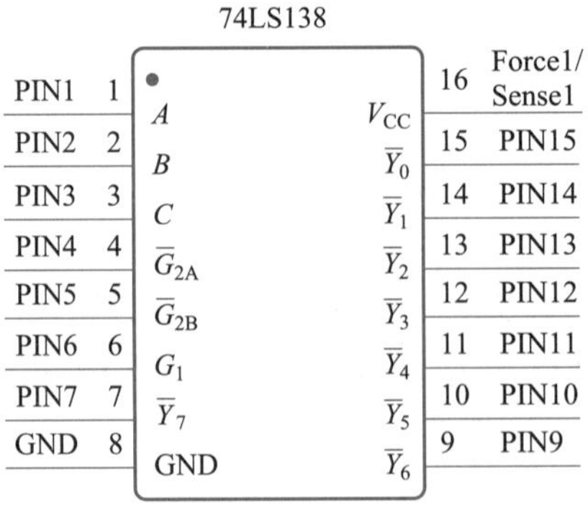

图 4-26　测试原理图

以赛促练

以"集成电路开发及应用"赛项 2021 年 ×× 省的比赛为例。集成电路测试任务共分为数字集成电路测试、数字电路设计与测试、模拟集成电路测试、综合应用电路功能测试 4 项子任务。这里分析数字集成电路测试部分的样题。

1. 技能大赛样题

需要选手测试的数字集成电路型号为 74HC283，芯片参考资料参见下发资料中相应文档。

任务描述：设计测试工装电路，在下发的 MiniDUT 板中完成焊接装配，装入 DUT 转换板中，完成测试平台信号接入，根据测试任务要求，编写测试程序完成测试，并将测试结果显示在屏幕上，显示要求见相应任务说明。

（1）输出高电平电压测试

要求：测试电流设置为 $-4\,\mathrm{mA}$，V_{CC} 设置为 4.5 V，测试任务表如表 4-23 所示。

表 4-23　输出高电平电压测试任务表

引脚编号	引脚电压
PIN4	
PIN10	
PIN13	

屏幕显示测试结果示例格式（** 为实际测试获得的数值，要求一屏显示全部结果，以四舍五入方式保留 2 位小数，显示相应单位）：

```
PIN4电压：**
PIN10电压：**
PIN13电压：**
```

以上仅为示例格式，具体结果以实际测试为准。

评测时，裁判确认上述输出后，将现场指定另一组测试参数，选手现场重新设定后，再次编译、运行程序，按相同格式在屏幕上显示。

（2）芯片应用功能测试

芯片供电电压为 +5 V，充分利用测试平台资源和功能，利用 74HC283 芯片设计一个代码转换电路，将十进制代码的 8421 码转为余 3 码，余 3 码是在 8421 码基础上每位十进制数 BCD 码再加上二进制数 0011 转换后得到的编码。

选手编写测试程序能够实现上述代码转换功能，测试时，裁判现场要求选手输入指定的 2 个编码，要求选手对芯片输入引脚 A_4A_1 输入后，在屏幕呈现出转换后的余 3 码及其输出引脚 $S_4 \sim S_1$ 的电压值。本测试任务测试结果的屏幕显示格式（** 为实际测试结果）如表 4-24 所示。

表 4-24   测试结果的屏幕显示格式

测试结果	显示格式
8421 码	****
余 3 码	****
S_1 电压	**
S_2 电压	**
S_3 电压	**
S_4 电压	**

2. 样题分析

样题中已经清楚说明，需要测试的参数是 74HC283 的输出高电平电压（4、10、13 脚），还要用 74HC283 构建代码转换电路，将十进制代码的 8421 码转为余 3 码，并测试其输出引脚电压。下面分析怎么实现这两方面的测试。

（1）74HC283 的输出高电平电压测试

① 输出高电平电压测试方法。因为只需要测试 4、10、13 脚的输出高电平，所以只要让 4、10、13 脚为高即可。根据引脚图（图 4-27）可知，4 脚为全加器输出的最低位，13 脚为全加器输出的倒数第三位，10 脚为全加器输出的最高位，意味着需输出 1111（其实 1101 也可以），测试 4、10、13 脚上的电压值。让加法器的输出为 1111，输入设置为 $A_4A_3A_2A_1 = 1111$，$B_4B_3B_2B_1 = 0000$，低位进位 $C_{IN} = 0$ 即可。

② 搭建测试电路。按照测试原理图（图 4-28）把测试机的相应信号连到芯片引脚上即可，没有其他辅助测试电路。

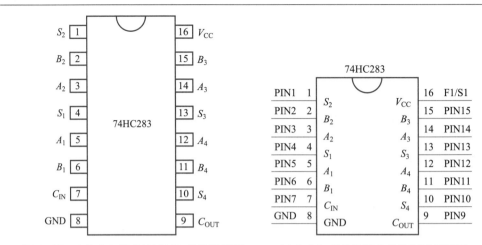

图 4-27　4 位全加器 74HC283 芯片引脚图　　　图 4-28　74HC283 芯片测试原理图

③ 编写测试程序。根据图 4-29 所示的 74HC283 数据手册部分进行测试条件设置：测试电流设置为 $-4\ \mathrm{mA}$，V_{CC} 设置为 4.5 V。在编写测试程序时，需注意的是在测试 V_{OH} 时，一般 V_{IH} 设为最小值，V_{IL} 设为最大值。

Symbol	Parameter	Conditions		Min	Typ	Max	Unit
T_{amb} = 25 °C							
V_{IH}	HIGH-level input voltage	V_{CC} = 2.0 V		1.5	1.2	-	V
		V_{CC} = 4.5 V		3.15	2.4	-	V
		V_{CC} = 6.0 V		4.2	3.2	-	V
V_{IL}	LOW-level input voltage	V_{CC} = 2.0 V		-	0.8	0.5	V
		V_{CC} = 4.5 V		-	2.1	1.35	V
		V_{CC} = 6.0 V		-	2.8	1.8	V
V_{OH}	HIGH-level output voltage	$V_I = V_{IH}$ or V_{IL}					
		I_O = -20 αA; V_{CC} = 2.0 V		1.9	2.0	-	V
		I_O = -20 αA; V_{CC} = 4.5 V		4.4	4.5	-	V
		I_O = -20 αA; V_{CC} = 6.0 V		5.9	6.0	-	V
		I_O = -4 mA; V_{CC} = 4.5 V		3.98	4.32	-	V
		I_O = -5.2 mA; V_{CC} = 6.0 V		5.48	5.81	-	V
V_{OL}	LOW-level output voltage	$V_I = V_{IH}$ or V_{IL}					
		I_O = 20 αA; V_{CC} = 2.0 V		-	0	0.1	V
		I_O = 20 αA; V_{CC} = 4.5 V		-	0	0.1	V
		I_O = 20 αA; V_{CC} = 6.0 V		-	0	0.1	V
		I_O = 4 mA; V_{CC} = 4.5 V		-	0.15	0.26	V
		I_O = 5.2 mA; V_{CC} = 6.0 V		-	0.16	0.26	V
I_{LI}	input leakage current	$V_I = V_{CC}$ or GND; V_{CC} = 6.0 V		-	-	±0.1	αA
I_{CC}	quiescent supply current	$V_I = V_{CC}$ or GND; I_O = 0 A; V_{CC} = 6.0 V		-	-	8.0	αA

图 4-29　74HC283 数据手册

具体代码如下：

```
voh_pin[3] = {4,10,13};
    cy->_reset();                          // 初始化测试机
    cy->MSleep_mS(5);                      // 延时 5 ms
    cy->_on_vpt(1, 1, 4.5);                // 电源引脚加 4.5 V
    cy->_set_logic_level(3.15, 1.35, 3.98, 0.26);
```

```
// 设定输入高电平为 3.15 V, 输入低电平为 1.35 V, 输出高电平为 3.98 V, 输
   出低电平为 0.26 V
cy->_sel_drv_pin(2,3,5,6,7,11,12,14,15 ,0 );
                                // 设定输入引脚
cy->_sel_comp_pin(1,4,10,13,0 );
                                // 设定输出引脚
cy->MSleep_mS(5);               // 延时 5 ms
cy->_set_drvpin("H",3,5,12,14, 0);
                                // 设置 A₄A₃A₂A₁=1111
cy->_set_drvpin("L", 2,6,7,11,15,0);
                                // 设置 B₄B₃B₂B₁=0000, 低位进位 CIN=0
cy->MSleep_mS(5);               // 延时 5 ms
for (int i = 0; i < 3; i++)
{
     para.Format(_T("VOH%d"), voh_pin[i]);
     // 通过 Format 函数将 VOH 和变量 voh_pin[i] 的值结合转换成新的字符串
        VOHx, 此时 para 中存放的字符串是 VOHx
     cy->_pmu_test_iv(para, voh_pin[i], 2, -4000, 2, 1, 0);
     // 通过第 2 路 PMU 通道给 PINvoh_pin[i] 连接的引脚拉 4 mA 的电流, 测
        量其引脚电压, 并将该值赋给参数 VOHx
}
cy->_on_vpt(1, 1, 0);           // 给电源引脚加 0 V 电压
cy->MSleep_mS(5);               // 延时 5 ms
cy->_off_vpt(1);                // 断开电源引脚和测试机 1 通道的连接
cy->MSleep_mS(5);               // 延时 5 ms
```

④ 芯片测试。通过测试机测试该参数, 查看测试结果, 并与芯片数据手册中 V_{OH} 的上下限相比较。若测试结果大于 3.98 V, 就填写该数据, 当然该结果不能大于电源电压 4.5 V。若测试结果不在上下限范围内, 就进行调试, 找出问题, 并修改, 直至测试结果满足要求。

（2）74HC283 的 8421 码转余 3 码测试

① 分析 8421 码转余 3 码测试方法。因为余 3 码是由 8421 码加 0011 后形成的代码, 所以只需要将 $A_4A_3A_2A_1$ 设置为 8421 码的数值, $B_4B_3B_2B_1$ 设置为 0011, 低位进位 C_{IN} 设置为 0, 测量输出引脚的电压即可。

② 搭建测试电路。测试电路与输出高电平电压的测试电路相同。

③ 编写测试程序。测试时, 芯片供电电压为 +5 V。因为 2021 年比赛时使用的测试机是 LK8810S, 该测试机可以通过函数调用很方便地在屏幕上显示诸如 0101 这样的数值, 但是此时编写程序时用的测试机是 LK8820, 该测试机里的函数不支持直接显示, 故编写程序时不涉及 8421 码和余 3 码的显示。这里假定裁判给定的

笔记栏

8421 码是 0101 和 0110。

代码如下：

```
cy->_reset();                               // 初始化测试机
cy->MSleep_mS(5);                           // 延时 5 ms
cy->_on_vpt(1, 1, 5);                       // 给电源引脚加 5 V 电压
cy->MSleep_mS(5);                           // 延时 5 ms
cy->_set_logic_level(5, 0, 5, 0);
// 设置输入高电平为 5 V，输入低电平为 0 V，输出高电平为 5 V，输出低电平为 0 V
cy->_sel_drv_pin(2,3,5,6,7,11,12,14,15 ,0 );
                                            // 设定输入引脚
cy->_sel_comp_pin(1,4,10,13,0 );
                                            // 设定输出引脚
cy->MSleep_mS(5);                           // 延时 5 ms
```

// 8421码为 0101，即 $A_4A_3A_2A_1$=0101，同时 $B_4B_3B_2B_1$需设置为 0011，低位进位 C_{IN}=0

```
cy->_set_drvpin("H",5,14,6,2, 0);
```

// 设置 5、14、6、2 脚即 A_1、A_3、B_1、B_2为高电平

```
cy->_set_drvpin("L",3,12, 15, 11, 7,0);
```

// 设置 3、12、15、11、7 脚即 A_2、A_4、B_3、B_4、C_{IN}为低电平

```
cy->MSleep_mS(5);
cy->_pmu_test_iv(_T("function1_S1"), 4, 2, 0, 2, 1, 0);
```

// 测量 S_1引脚电压，并把测试结果给 Excel表里的 function1_S1

```
cy->_pmu_test_iv(_T("function1_S2"), 1, 2, 0, 2, 1, 0);
```

// 测量 S_2引脚电压，并把测试结果给 Excel表里的 function1_S2

```
cy->_pmu_test_iv(_T("function1_S3"), 13, 2, 0, 2, 1, 0);
```

// 测量 S_3引脚电压，并把测试结果给 Excel表里的 function1_S3

```
cy->_pmu_test_iv(_T("function1_S4"), 10, 2, 0, 2, 1, 0);
```

// 测量 S_4引脚电压，并把测试结果给 Excel表里的 function1_S4

```
cy->MSleep_mS(5);                           // 延时 5 ms
```

// 8421码为 0110，即 $A_4A_3A_2A_1$=0110，同时 $B_4B_3B_2B_1$需设置为 0011，低位进位 C_{IN}=0

```
cy->_set_drvpin("H",3,14,6,2, 0);
```

// 设置 3、14、6、2 脚即 A_2、A_3、B_1、B_2为高电平

```
cy->_set_drvpin("L",5,12,15,11, 7,0);
```

// 设置 5、12、15、11、7 脚即 A_1、A_4、B_3、B_4、C_{IN}为低电平

```
cy->MSleep_mS(5);
cy->_pmu_test_iv(_T("function2_S1"), 4, 2, 0, 2, 1, 0);
```

// 测量 S_1引脚电压，并把测试结果给 Excel表里的 function2_S1

```
cy->_pmu_test_iv(_T("function2_S2"), 1, 2, 0, 2, 1, 0);
```

// 测量 S_2引脚电压，并把测试结果给 Excel表里的 function2_S2

```
cy->_pmu_test_iv(_T("function2_S3"), 13, 2, 0, 2, 1, 0);
// 测量 $S_3$ 引脚电压，并把测试结果给 Excel 表里的 function2_S3
cy->_pmu_test_iv(_T("function2_S4"), 10, 2, 0, 2, 1, 0);
// 测量 $S_4$ 引脚电压，并把测试结果给 Excel 表里的 function2_S4
cy->MSleep_mS(5);
cy->_on_vpt(1, 1, 0);              // 给电源引脚加 0 V 电压
cy->MSleep_mS(5);
cy->_off_vpt(1);                   // 断开电源引脚和测试机 1 通道的连接
cy->MSleep_mS(5);
```

笔记栏

④ 芯片测试。测试该功能，查看测试结果，并与计算结果 1000、1001 分别进行比较。如果不对，就进行调试，找出问题，并修改，直至测试结果满足要求。

任务实施

测试方案评审通过后，即可安排测试 PCB 设计和测试程序编写，收到 PCB 后可以进行元器件焊接，完成 PCB 制作，填写《数字芯片测试软硬件制作流程单》。流程单可以根据实际需要自行设计，下面给出示例仅供参考，如表 4-25 所示。

表 4-25 《数字芯片测试软硬件制作流程单》示例

项目名称	数字芯片 74LS138 测试			
任务名称	74LS138 成品测试			
测试 PCB 制作				
制作过程	设备	步骤		要求
……				
测试程序编写				
编写过程	设备	步骤		要求
……				
调试				
调试过程	设备	步骤		要求
……				
……				

1. 测试 PCB 制作

因为 LK8820 有测试实验箱，可以直接通过杜邦线进行测试机资源和芯片引脚的连接，不用单独制作测试 PCB，当然在实际量产测试过程中，一般还是要制作测试 PCB。表 4-26 所示为 74LS138 硬件连线表。

表 4-26　74LS138 硬件连线表

74LS138	测试机资源
A	PIN1
B	PIN2
C	PIN3
$\overline{G}_{2A}$	PIN4
$\overline{G}_{2B}$	PIN5
G_1	PIN6
$\overline{Y}_7$	PIN7
GND	测试机地
$\overline{Y}_6$	PIN9
$\overline{Y}_5$	PIN10
$\overline{Y}_4$	PIN11
$\overline{Y}_3$	PIN12
$\overline{Y}_2$	PIN13
$\overline{Y}_1$	PIN14
$\overline{Y}_0$	PIN15
V_{CC}	Force1/Sense1

2. 测试程序编写

```
CString para;
int vcon_pin[14] = { 1, 2, 3, 4, 5, 6, 7, 9, 10, 11, 12, 13, 14, 15 };
int voh_pin[8] = { 7, 9, 10, 11, 12, 13, 14, 15 };
int iih_pin[6] = { 1, 2, 3, 4, 5, 6 };
```

（1）连续性测试

```
void Vcon_test(CCyApiDll *cy)
{
    cy->_reset();                    //初始化测试机
    cy->MSleep_mS(5);                // 延时 5 ms
```

```
    cy->_on_vpt(1, 1, 0);              // 给 Vcc引脚加 0 V电压
    cy->MSleep_mS(5);                  // 延时 5 ms
    for (int i = 0; i < 14; i++)
    {
        para.Format(_T("VCON%d"), vcon_pin[i]);
        // 通过 Format 函数将 VCON和变量 vcon_pin[i]里的值结合转换成新的
           字符串 VCONx,此时 para中存放的字符串是 VCONx
        cy->pmu_test_iv(para, vcon_pin[i], 2 ,-100, 2, 1, 0);
        // 第 2 路 PMU通道给 PINvcon_pin[i]连接的引脚拉 100 μA的电流,测量
           待测引脚上的电压,并将该值赋给参数 VCONx
    }
}
```

（2）电源电流测试

```
void Icc_test(CCyApiDll *cy)
{
    cy->_reset();                      // 初始化测试机
    cy->MSleep_mS(5);                  // 延时 5 ms
    cy->_on_vpt(1, 1, 5.25);           // 给电源引脚加 5.25 V电压
    cy->MSleep_mS(5);                  // 延时 5 ms
    cy->_set_logic_level(2, 0.8, 2.7, 0.4);
    // 设置输入高电平为 2 V,输入低电平为 0.8 V,输出高电平为 2.7 V,输出低电平
       为 0.4 V
    cy->MSleep_mS(5);                  // 延时 5 ms
    cy->_sel_drv_pin(1, 2, 3, 4, 5, 6, 0);
                                       // 设定输入引脚为 1、2、3、4、5、6
    cy->_off_fun_pin(7, 9, 10, 11, 12, 13, 14, 15, 0);
                                       // 断开输出引脚和测试机的连接
    cy->MSleep_mS(5);                  // 延时 5 ms
    cy->_set_drvpin("L", 1, 2, 3, 4, 5, 0);
                                       // 给 G1以外的输入引脚加低电平
    cy->_set_drvpin("H", 6, 0);        // 给输入引脚 G1加低电平
    cy->MSleep_mS(5);                  // 延时 5 ms
    cy->_measure(_T("ICC"), "A", 1, 2, 2);
    // 测量电源引脚上的电流,并将该值赋给参数 ICC
    cy->MSleep_mS(5);                  // 延时 5 ms
    cy->_on_vpt(1, 3, 0);              // 给电源引脚加 0 V电压
    cy->MSleep_mS(5);                  // 延时 5 ms
```

笔记栏

```
        cy->_off_vpt(1);              // 断开电源引脚和测试机 1 通道的连接
        cy->MSleep_mS(5);             // 延时 5 ms
    }
```

（3）功能测试

```
    void FUN_test(CCyApiDll *cy)
    {
        cy->_reset();                 // 初始化测试机
        cy->MSleep_mS(5);             // 延时 5 ms
        cy->_on_vpt(1, 1, 5);         // 给电源引脚加 5 V 电压
        cy->MSleep_mS(5);             // 延时 5 ms

        cy->_set_logic_level(2, 0.8, 2.7, 0.4);
        // 设置输入高电平为 2 V，输入低电平为 0.8 V，输出高电平为 2.7 V，输出低电平
          为 0.4 V
        cy->MSleep_mS(5);             // 延时 5 ms
        cy->_sel_drv_pin(1, 2, 3, 4, 5, 6, 0);
                                      // 设定输入引脚为 1、2、3、4、5、6
        cy->_sel_comp_pin(7, 9, 10, 11, 12, 13, 14, 15, 0);
        // 设定输出引脚为 7、9、10、11、12、13、14、15
        cy->MSleep_mS(5);             // 延时 5 ms
        // 第 1 行真值表功能测试
        cy->_set_drvpin("H", 4,5, 0);
        // 给 4、5 脚加高电平，真值表第 1 行的输入组合
        cy->_set_drvpin("H", 1, 2, 3, 6,0);
        // 给其他输入引脚加高电平，真值表第 1 行的输入组合，也可以加其他电平
        cy->MSleep_mS(5);             // 延时 5 ms
        cy->_read_comppin(_T("FUN1"), 1, "XHHHHHHHXHXXXXXX");
        // XHHHHHHHXHXXXXXX：X 代表忽略此引脚状态，H 代表高电平，L 代表低电平，
          从右到左依次是 1 脚到 16 脚的逻辑电平，7 脚到 15 脚（扣除 8 脚）对应的输出引
          脚逻辑电平为 HHHHHHHH，其对应的是真值表第 1 行的输出，_read_comppin
          函数将读到的输出引脚的状态与 HHHHHHHH 进行比较，并将比较结果赋给参数
          FUN1
        cy->MSleep_mS(5);             // 延时 5 ms
        // 第 2 行真值表功能测试
        cy->_set_drvpin("L", 6, 0);
                                      // 给 6 脚加低电平，真值表第 2 行的输入组合
        cy->_set_drvpin("H", 1, 2, 3,4,5,0);
```

// 给其他输入引脚加高电平，真值表第 2 行的输入组合，也可以加其他电平

```
cy->MSleep_mS(5);              // 延时 5 ms
cy->_read_comppin(_T("FUN2"), 1, "XHHHHHHHXHXXXXXX");
```

// 将输出引脚的状态与 HHHHHHHH 进行比较，并将比较结果赋给参数 FUN2

```
cy->MSleep_mS(5);              // 延时 5 ms
```

// 第 3 行真值表功能测试

```
cy->_set_drvpin("L", 4,5,1,2,3, 0);
```

// 给 4、5、1、2、3 脚加低电平，真值表第 3 行的输入组合

```
cy->_set_drvpin("H", 6, 0);
```

// 给 6 脚加高电平，真值表第 3 行的输入组合

```
cy->MSleep_mS(5);              // 延时 5 ms
cy->_read_comppin(_T("FUN3"), 1, "XLHHHHHHXHXXXXXX");
```

// 将输出引脚的状态与 LHHHHHHH 进行比较，并将比较结果赋给参数 FUN3

```
cy->MSleep_mS(5);              // 延时 5 ms
```

// 第 4 行真值表功能测试

```
cy->_set_drvpin("H", 6, 1, 0);
```

// 给 6、1 脚加高电平，真值表第 4 行的输入组合

```
cy->_set_drvpin("L", 4, 5, 2, 3, 0);
```

// 给 4、5、2、3 引脚加低电平，真值表第 4 行的输入组合

```
cy->MSleep_mS(5);              // 延时 5 ms
cy->_read_comppin(_T("FUN4"), 1, "XHLHHHHHXHXXXXXX");
```

// 将输出引脚的状态与 HLHHHHHH 进行比较，并将比较结果赋给参数 FUN4

```
cy->MSleep_mS(5);              // 延时 5 ms
```

// 第 5 行真值表功能测试

```
cy->_set_drvpin("H", 6, 2, 0);
```

// 给 6、2 脚加高电平，真值表第 5 行的输入组合

```
cy->_set_drvpin("L", 4, 5, 1 , 3, 0);
```

// 给 4、5、1、3 脚加低电平，真值表第 5 行的输入组合

```
cy->MSleep_mS(5);              // 延时 5 ms
cy->_read_comppin(_T("FUN5"), 1, "XHHLHHHHXHXXXXXX");
```

// 将输出引脚的状态与 HHLHHHHH 进行比较，并将比较结果赋给参数 FUN5

```
cy->MSleep_mS(5);              // 延时 5 ms
```

// 第 6 行真值表功能测试

```
cy->_set_drvpin("H",6, 1, 2,  0);
```

// 给 6、1、2 脚加高电平，真值表第 6 行的输入组合

```
cy->_set_drvpin("L", 4, 5, 3, 0);
```

// 给 4、5、3 脚加低电平，真值表第 6 行的输入组合

```
cy->MSleep_mS(5);              // 延时 5 ms
cy->_read_comppin(_T("FUN6"), 1, "XHHHLHHHXHXXXXXX");
```

笔记栏

// 将输出引脚的状态与 HHHLHHHH 进行比较，并将比较结果赋给参数 FUN6

cy->MSleep_mS(5);　　　　　　// 延时 5 ms

// 第 7 行真值表功能测试

cy->_set_drvpin("H", 6, 3 , 0);

// 给 6、3 脚加高电平，真值表第 7 行的输入组合

cy->_set_drvpin("L", 4, 5, 1, 2, 0);

// 给 4、5、1、2 脚加低电平，真值表第 7 行的输入组合

cy->MSleep_mS(5);　　　　　　// 延时 5 ms

cy->_read_comppin(_T("FUN7"), 1, "XHHHHLHHXHXXXXXX");

// 将输出引脚的状态与 HHHHLHHH 进行比较，并将比较结果赋给参数 FUN7

cy->MSleep_mS(5);　　　　　　// 延时 5 ms

// 第 8 行真值表功能测试

cy->_set_drvpin("H", 6, 1, 3, 0);

// 给 6、1、3 脚加高电平，真值表第 8 行的输入组合

cy->_set_drvpin("L", 4, 5, 2, 0);

// 给 4、5、2 脚加低电平，真值表第 8 行的输入组合

cy->MSleep_mS(5);　　　　　　// 延时 5 ms

cy->_read_comppin(_T("FUN8"), 1, "XHHHHHLHXHXXXXXX");

// 将输出引脚的状态与 HHHHHLHH 进行比较，并将比较结果赋给参数 FUN8

cy->MSleep_mS(5);　　　　　　// 延时 5ms

// 第 9 行真值表功能测试

cy->_set_drvpin("H", 6, 3, 2, 0);

// 给 6、3、2 脚加高电平，真值表第 9 行的输入组合

cy->_set_drvpin("L", 4, 5, 1, 0);

// 给 4、5、1 脚加低电平，真值表第 9 行的输入组合

cy->MSleep_mS(5);　　　　　　// 延时 5 ms

cy->_read_comppin(_T("FUN9"), 1, "XHHHHHHLXHXXXXXX");

// 将输出引脚的状态与 HHHHHHLH 进行比较，并将比较结果赋给参数 FUN9

cy->MSleep_mS(5);　　　　　　// 延时 5 ms

// 第 10 行真值表功能测试

cy->_set_drvpin("H", 6, 1, 2, 3, 0);

// 给 6、1、2、3 脚加高电平，真值表第 10 行的输入组合

cy->_set_drvpin("L", 4, 5, 0);

// 给 4、5 脚加低电平，真值表第 10 行的输入组合

cy->MSleep_mS(5);　　　　　　// 延时 5 ms

cy->_read_comppin(_T("FUN10"), 1, "XHHHHHHHXLXXXXXX");

// 将输出引脚的状态与 HHHHHHHL 进行比较，并将比较结果赋给参数 FUN10

cy->MSleep_mS(5);　　　　　　// 延时 5 ms

cy->_on_vpt(1, 3, 0);　　　　　// 给电源引脚加 0 V 电压

笔记栏

```
        cy->MSleep_mS(5);                    // 延时 5 ms
        cy->_off_vpt(1);                     // 断开电源引脚和测试机 1 通道的连接
        cy->MSleep_mS(5);                    // 延时 5 ms
}
```

（4）输出高电平电压测试

笔记栏

```
{
        cy->_reset();                        // 初始化测试机
        cy->MSleep_mS(5);                    // 延时 5 ms
        cy->_on_vpt(1, 1, 4.75);             // 给电源引脚加 4.75 V 电压
        cy->MSleep_mS(5);                    // 延时 5 ms


        cy->_set_logic_level(2, 0.8, 2.7, 0.4);
        // 设置输入高电平为 2 V，输入低电平为 0.8 V，输出高电平为 2.7 V，输出低电
           平为 0.4 V
        cy->MSleep_mS(5);                    // 延时 5 ms
        cy->_sel_drv_pin(1, 2, 3, 4, 5, 6, 0);
                                             // 设定输入引脚为 1、2、3、4、5、6
        cy->MSleep_mS(5);                    // 延时 5 ms
        // 第 1 行真值表功能，使输出引脚全部为高电平
        cy->_set_drvpin("H", 4,5, 0);
        // 给 4、5 脚加高电平，真值表第 1 行的输入组合
        cy->MSleep_mS(5);                    // 延时 5 ms
        for (int i = 0; i < 8; i++)
        {
                para.Format(_T("VOH%d"), voh_pin[i]);
                // 通过 Format 函数将 VOH 和变量 voh_pin[i] 的值结合转换成新的字符串
                   VOHx，此时 para 中存放的字符串是 VOHx
                cy->_pmu_test_iv(para, voh_pin[i], 2, -400, 2, 1, 0);
                // 第 2 路 PMU 通道给 PINvoh_pin[i] 连接的引脚拉 0.4 mA 的电流，测量
                   其引脚上的电压，并将该值赋给参数 VOHx
        }
        cy->_on_vpt(1, 1, 0);                // 给电源引脚加 0 V 电压
        cy->MSleep_mS(5);                    // 延时 5 ms
        cy->_off_vpt(1);                     // 断开电源引脚和测试机 1 通道的连接
        cy->MSleep_mS(5);                    // 延时 5 ms
}
```

（5）输出低电平电压测试

```
{
    cy->_reset();                    // 初始化测试机
    cy->MSleep_mS(5);                // 延时 5 ms
    cy->_on_vpt(1, 1, 4.75);         // 给电源引脚加 4.75 V 电压
    cy->MSleep_mS(5);                // 延时 5 ms
    cy->_set_logic_level(2, 0.8, 2.7, 0.4);
    // 设置输入高电平为 2 V，输入低电平为 0.8 V，输出高电平为 2.7 V，输出低电平
       为 0.4 V
    cy->MSleep_mS(5);                // 延时 5 ms
    cy->_sel_drv_pin(1, 2, 3, 4, 5, 6, 0);
                                     // 设定输入引脚为 1、2、3、4、5、6
    cy->_sel_comp_pin(7, 9, 10, 11, 12, 13, 14, 15, 0);
    // 设定输出引脚为 7、9、10、11、12、13、14、15
    cy->MSleep_mS(5);                // 延时 5 ms
    // 第 3 行真值表功能，15 脚输出低电平测试
    cy->_set_drvpin("L", 4,5,1,2,3, 0);
    // 给 4、5、1、2、3 脚加低电平，真值表第 3 行的输入组合
    cy->_set_drvpin("H", 6, 0);
                                     // 给 6 脚加高电平，真值表第 3 行的输入组合
    cy->MSleep_mS(5);                // 延时 5 ms
    cy->_pmu_test_iv(_T("VOL15"),15, 2, 4000, 2, 1, 0);
    // 第 2 路 PMU 通道给 PIN15 连接的引脚灌 4 mA 的电流，测量其引脚上的电压，并
       将该值赋给参数 VOL15
    // 第 4 行真值表功能，14 脚输出低电平测试
    cy->_set_drvpin("H", 6, 1, 0);
    // 给 6、1 脚加高电平，真值表第 4 行的输入组合
    cy->_set_drvpin("L", 4, 5, 2, 3, 0);
    // 给 4、5、2、3 脚加低电平，真值表第 4 行的输入组合
    cy->MSleep_mS(5);                // 延时 5 ms
    cy->_pmu_test_iv(_T("VOL14"),14, 2, 4000, 2, 1, 0);
    // 第 2 路 PMU 通道给 PIN14 连接的引脚灌 4 mA 的电流，测量其引脚上的电压，并
       将该值赋给参数 VOL14
    // 第 5 行真值表功能，13 脚输出低电平测试
    cy->_set_drvpin("H", 6, 2, 0);
    // 给 6、2 脚加高电平，真值表第 5 行的输入组合
    cy->_set_drvpin("L", 4, 5, 1, 3, 0);
    // 给 4、5、1、3 脚加低电平，真值表第 5 行的输入组合
    cy->MSleep_mS(5);                // 延时 5 ms
```

```
cy->_pmu_test_iv(_T("VOL13"),13, 2, 4000, 2, 1, 0);
```
// 第 2 路 PMU 通道给 PIN13 连接的引脚灌 4 mA 的电流，测量其引脚上的电压，并将该值赋给参数 VOL13

// 第 6 行真值表功能，12 脚输出低电平测试
```
cy->_set_drvpin("H",6, 1, 2, 0);
```
// 给 6、1、2 脚加高电平，真值表第 6 行的输入组合
```
cy->_set_drvpin("L", 4, 5, 3, 0);
```
// 给 4、5、3 脚加低电平，真值表第 6 行的输入组合
```
cy->MSleep_mS(5);              // 延时 5 ms
```
```
cy->_pmu_test_iv(_T("VOL12"),12, 2, 4000, 2, 1, 0);
```
// 第 2 路 PMU 通道给 PIN12 连接的引脚灌 4 mA 的电流，测量其引脚上的电压，并将该值赋给参数 VOL12

// 第 7 行真值表功能，11 脚输出低电平测试
```
cy->_set_drvpin("H", 6, 3 , 0);
```
// 给 6、3 脚加高电平，真值表第 7 行的输入组合
```
cy->_set_drvpin("L", 4, 5, 1, 2, 0);
```
// 给 4、5、1、2 脚加低电平，真值表第 7 行的输入组合
```
cy->MSleep_mS(5);              // 延时 5 ms
```
```
cy->_pmu_test_iv(_T("VOL11"),11, 2, 4000, 2, 1, 0);
```
// 第 2 路 PMU 通道给 PIN11 连接的引脚灌 4 mA 的电流，测量其引脚上的电压，并将该值赋给参数 VOL11

// 第 8 行真值表功能，10 脚输出低电平测试
```
cy->_set_drvpin("H", 6, 1, 3, 0);
```
// 给 6、1、3 脚加高电平，真值表第 8 行的输入组合
```
cy->_set_drvpin("L", 4, 5, 2, 0);
```
// 给 4、5、2 脚加低电平，真值表第 8 行的输入组合
```
cy->MSleep_mS(5);              // 延时 5 ms
```
```
cy->_pmu_test_iv(_T("VOL10"),10, 2, 4000, 2, 1, 0);
```
// 第 2 路 PMU 通道给 PIN10 连接的引脚灌 4 mA 的电流，测量其引脚上的电压，并将该值赋给参数 VOL10

// 第 9 行真值表功能，9 脚输出低电平测试
```
cy->_set_drvpin("H", 6, 3, 2, 0);
```
// 给 6、3、2 脚加高电平，真值表第 9 行的输入组合
```
cy->_set_drvpin("L", 4, 5, 1, 0);
```
// 给 4、5、1 脚加低电平，真值表第 9 行的输入组合
```
cy->MSleep_mS(5);              // 延时 5 ms
```
```
cy->_pmu_test_iv(_T("VOL9"),9, 2, 4000, 2, 1, 0);
```
// 第 2 路 PMU 通道给 PIN9 连接的引脚灌 4 mA 的电流，测量其引脚上的电压，并将该值赋给参数 VOL9

笔记栏

// 第10行真值表功能，7脚输出低电平测试

```
cy->_set_drvpin("H", 6, 1, 2, 3, 0);
```

// 给6、1、2、3脚加高电平，真值表第10行的输入组合

```
cy->_set_drvpin("L", 4, 5, 0);
```

// 给4、5脚加低电平，真值表第10行的输入组合

笔记栏

```
cy->MSleep_mS(5);                   // 延时 5 ms
cy->_pmu_test_iv(_T("VOL7"),7, 2, 4000, 2, 1, 0);
```

// 第2路 PMU 通道给 PIN7 连接的引脚灌 4 mA 的电流，测量其引脚上的电压，并将
该值赋给参数 VOL7

```
cy->_on_vpt(1, 3, 0);               // 给电源引脚加 0 V电压
cy->MSleep_mS(5);                   // 延时 5 ms
cy->_off_vpt(1);                    // 断开电源引脚和测试机 1通道的连接
cy->MSleep_mS(5);                   // 延时 5 ms
}
```

（6）输入高电平电流测试

```
void Iih_test(CCyApiDll *cy)
{
    cy->_reset();                   // 初始化测试机
    cy->MSleep_mS(5);               // 延时 5 ms
    cy->_on_vpt(1, 1, 5.25);        // 给电源引脚加 5.25 V电压
    cy->MSleep_mS(5);               // 延时 5 ms
    cy->_set_logic_level(2.7, 0.4, 0, 0);
    // 设置输入高电平为 2.7 V，输入低电平为 0.4 V，输出高电平为 0 V，输出低电平
      为 0 V
    cy->MSleep_mS(5);               // 延时 5 ms
    cy->_sel_drv_pin(1, 2, 3, 4, 5, 6, 0);
    // 设定输入引脚为 1、2、3、4、5、6
    cy->_sel_comp_pin(7, 9, 10, 11, 12, 13, 14, 15, 0);
    // 设定输出引脚为 7、9、10、11、12、13、14、15
    cy->MSleep_mS(5);               // 延时 5 ms
    cy->_set_drvpin("L", 1, 2, 3, 4, 5, 6,0);
                                    // 给所有输入引脚加低电平
    cy->MSleep_mS(5);               // 延时 5ms
    cy-> _off_fun_pin(7, 9, 10, 11, 12, 13, 14, 15, 0);
                                    // 断开输出引脚和测试机的连接
    cy->MSleep_mS(5);               // 延时 5 ms
    for (int i = 0; i < 6; i++)
```

```
    {
        para.Format(_T("IIH%d"), iih_pin[i]);
        // 通过 Format 函数将 IIH 和变量 iih_pin[i] 的值结合转换成新的字符串
           IIHx，此时 para 中存放的字符串是 IIHx
        cy->_pmu_test_vi(para, iih_pin[i], 2, 5, 2.7, 1, 0);
        // 通过第 2 路 PMU 通道给 PINiih_pin[i] 连接的引脚加 2.7 V 的电压，测
           量引脚上流过的电流，并将该值赋给参数 IIHx
        cy->_set_drvpin("L", iih_pin[i],0);
                                        // 给已测输入引脚加低电平
    }
    cy->_on_vpt(1, 3, 0);               // 给电源引脚加 0 V 电压
    cy->MSleep_mS(5);                   // 延时 5 ms
    cy->_off_vpt(1);                    // 断开电源引脚和测试机 1 通道的连接
    cy->MSleep_mS(5);                   // 延时 5 ms
}
```

（7）输入低电平电流测试

```
void Iil_test(CCyApiDll *cy)
{
    cy->_reset();                       // 初始化测试机
    cy->MSleep_mS(5);                   // 延时 5 ms
    cy->_on_vpt(1, 1, 5.25);            // 给电源引脚加 5.25 V 电压
    cy->MSleep_mS(5);                   // 延时 5 ms
    cy->_set_logic_level(2.7, 0.4, 0, 0);
    // 设置输入高电平为 2.7 V，输入低电平为 0.4 V，输出高电平为 0 V，输出低电平
       为 0 V
    cy->MSleep_mS(5);                   // 延时 5 ms
    cy->_sel_drv_pin(1, 2, 3, 4, 5, 6, 0);
    // 设定输入引脚为 1、2、3、4、5、6
    cy->_sel_comp_pin(7, 9, 10, 11, 12, 13, 14, 15, 0);
    // 设定输出引脚为 7、9、10、11、12、13、14、15
    cy->MSleep_mS(5);                   // 延时 5 ms
    cy->_set_drvpin("H", 1, 2, 3, 4, 5, 6,0);
                                        // 给所有输入引脚加高电平
    cy->MSleep_mS(5);                   // 延时 5 ms
    cy-> _off_fun_pin(7, 9, 10, 11, 12, 13, 14, 15, 0);
                                        // 断开输出引脚和测试机的连接
    cy->MSleep_mS(5);                   // 延时 5 ms
```

笔记栏

```
for (int i = 0; i < 6; i++)
{
        para.Format(_T("IIL%d"), iih_pin[i]);
        // 通过 Format 函数将 IIL 和变量 iih_pin[i] 的值结合转换成新的字符串
          IILx，此时 para 中存放的字符串是 IILx
        cy->_pmu_test_vi(para, iih_pin[i], 2, 4, 0.4, 2, 0);
        // 通过第 2 路 PMU 通道给 PINiih_pin[i] 连接的引脚加 0.4 V 的电压，测
          量引脚上流过的电流，并将该值赋给参数 IILx
        cy->_set_drvpin("H", iih_pin[i],0);
                                     // 给已测输入引脚加高电平
}
cy->_on_vpt(1, 3, 0);         // 给电源引脚加 0 V 电压
cy->MSleep_mS(5);             // 延时 5 ms
cy->_off_vpt(1);             // 断开电源引脚和测试机 1 通道的连接
cy->MSleep_mS(5);            // 延时 5 ms
}
```

3. 程序调试

测试结果如表 4-27 所示。

表 4-27 测 试 结 果

参数名称	单位	最小值	最大值	异常值数量	Site1
VCON1	V	−1.2	−0.2	0	−0.58
VCON2	V	−1.2	−0.2	0	−0.578
VCON3	V	−1.2	−0.2	0	−0.584
VCON4	V	−1.2	−0.2	0	−0.583
VCON5	V	−1.2	−0.2	0	−0.582
VCON6	V	−1.2	−0.2	0	−0.587
VCON7	V	−1.2	−0.2	0	−0.608
VCON9	V	−1.2	−0.2	0	−0.606
VCON10	V	−1.2	−0.2	0	−0.606
VCON11	V	−1.2	−0.2	0	−0.606
VCON12	V	−1.2	−0.2	0	−0.606
VCON13	V	−1.2	−0.2	0	−0.606
VCON14	V	−1.2	−0.2	0	−0.607
VCON15	V	−1.2	−0.2	0	−0.608
ICC	mA	—	10	1	2.228
FUN1	0	0	0	0	0

续表

参数名称	单位	最小值	最大值	异常值数量	Site1
FUN2	0	0	0	0	0
FUN3	0	0	0	0	0
FUN6	0	0	0	0	0
FUN7	0	0	0	0	0
FUN8	0	0	0	0	0
FUN9	0	0	0	0	0
FUN10	0	0	0	0	0
VOH7	V	2.7	—	1	3.272
VOH9	V	2.7	—	1	3.272
VOH10	V	2.7	—	1	3.273
VOH11	V	2.7	—	1	3.274
VOH12	V	2.7	—	1	3.273
VOH13	V	2.7	—	1	3.275
VOH14	V	2.7	—	1	3.276
VOH15	V	2.7	—	1	3.276
VOL7	V	—	0.4	1	0.098
VOL9	V	—	0.4	1	0.096
VOL10	V	—	0.4	1	0.097
VOL11	V	—	0.4	1	0.092
VOL12	V	—	0.4	1	0.094
VOL13	V	—	0.4	1	0.098
VOL14	V	—	0.4	1	0.103
VOL15	V	—	0.4	1	0.103
IIH1	mA	—	0.1	1	−0.003
IIH2	mA	—	0.1	1	−0.003
IIH3	mA	—	0.1	1	−0.003
IIH4	mA	—	0.1	1	−0.003
IIH5	mA	—	0.1	1	−0.003
IIH6	mA	—	0.1	1	−0.003
IIL1	mA	—	−0.4	0	−0.262
IIL2	mA	—	−0.4	0	−0.26
IIL3	mA	—	−0.4	0	−0.263
IIL4	mA	—	−0.4	0	−0.26
IIL5	mA	—	−0.4	0	−0.26
IIL6	mA	—	−0.4	0	−0.245

笔记栏

任务检查与评估

完成芯片测试后，进行任务检查，可采用小组互评等方式进行任务评价，任务评价单如表 4-28 所示。

笔记栏

表 4-28　任务评价单

74LS138 成品测试任务评价单		
职业素养（20 分，每项 5 分）	□具有良好的团队合作精神 □能热心帮助小组其他成员 □能准确判别设备的安全风险 □能遵守设备安全工作守则	□较好达成（≥ 15 分） □基本达成（10 分） □未能达成（<10 分）
专业知识（20 分，每项 5 分）	□掌握芯片成品测试的开发流程 □掌握测试负载板的设计知识 □掌握测试程序的知识 □掌握解决测试开发以及测试操作过程中常见问题的方法	□较好达成（≥ 15 分） □基本达成（10 分） □未能达成（<10 分）
技术技能（30 分，每项 5 分）	□能读懂数字芯片数据手册和测试规范 □能选择合适的测试机 □能设计测试负载板 □能开发测试程序 □能操作测试机 □能调试新产品，协助产线解决常见异常	□较好达成（≥ 25 分） □基本达成（20 分） □未能达成（<20 分）
技能等级（30 分，每项 5 分）	"集成电路封装与测试" 1+X 职业技能等级证书（中级）： □能进行芯片检测工艺操作 □能根据测试条件要求更换对应的测试夹具 □能根据芯片测试过程中良率偏低故障进行测试夹具微调 □能判别测试机、分选机运行过程发生的故障类型 □能完成测试机、分选机、测试夹具的日常维护 □能正确进行测试机操作界面的参数设置	□较好达成（≥ 25 分） □基本达成（20 分） □未能达成（<20 分）

拓展与提升

1. 集成应用

（1）知识图谱

本项目讲解了数字芯片的测试知识，请你根据自己的学习情况绘制知识图谱。

（2）技能图谱

数字芯片成品测试会使用到自动测试机、自动化分选等工具。请你根据数字芯片测试机分选完成情况，总结所涉及的技能，绘制技能图谱。

2. 创新应用设计

进行数字芯片测试时，如果芯片的真值表超过 10 000 种情况，请思考如何设计测试流程。

3. 证书评测［"集成电路开发与测试"1+X 职业技能等级证书（中级）试题］

（1）利用全自动探针台进行扎针测试时，关于上片的步骤，下列所述正确的是（   ）。

A. 打开盖子→花篮放置→花篮下降→花篮到位→花篮固定→合上盖子

B. 打开盖子→花篮放置→花篮到位→花篮下降→花篮固定→合上盖子

C. 打开盖子→花篮放置→花篮下降→花篮固定→花篮到位→合上盖子

D. 打开盖子→花篮放置→花篮固定→花篮下降→花篮到位→合上盖子

（2）探针台上的（   ）处于（   ）状态时不能进行其他操作，容易引起探针台死机，导致晶圆撞击探针卡。

A. 红色指示灯；亮灯   B. 指示灯；亮灯

C. 绿色指示灯；亮灯   D. 红色指示灯；灭灯

（3）避光测试是通过显微镜观察到待测点位置、完成扎针位置的调试后，用（   ）遮挡住晶圆四周，完全避光后再进行测试。

A. 气泡膜   B. 不透明袋

C. 黑布   D. 白布

（4）在扎针测试时，如果遇到需要加温的晶圆，对晶圆的加温是（   ）。

A. 在扎针调试之前   B. 在扎针调试之后

C. 在扎针调试过程中   D. 在扎针调试前后都可以

（5）关于全自动探针台扎针调试的步骤，下列说法正确的是（   ）。

A. 输入晶圆信息→调出检测 MAP 图→自动对焦→扎针调试

B. 输入晶圆信息→自动对焦→调出检测 MAP 图→扎针调试

C. 输入晶圆信息→自动对焦→扎针调试→调出检测 MAP 图

D. 输入晶圆信息→调出检测 MAP 图→扎针调试→自动对焦

（6）晶圆进行扎针测试时，完成晶圆信息的输入后，需要核对（   ）上的信息，确保三者的信息一致。

笔记栏

A. MAP 图、测试机操作界面、晶圆测试随件单

B. MAP 图、探针台界面、晶圆测试随件单

C. MAP 图、软件检测程序、晶圆测试随件单

D. MAP 图、软件版本、晶圆测试随件单

（7）采用全自动探针台对晶圆进行扎针调试时，若发现单根探针发生偏移，则对应的处理方式是（　　　）。

A. 利用微调挡位进行调整

B. 相关技术人员手动拨针，使探针移动至相应位置

C. 更换探针卡

D. 调节扎针深度

（8）晶圆扎针测试在测到一定数量时，需要检查扎针情况。若发现针痕有异常，需（　　　）。

A. 重新输入晶圆信息　　　　　　　　B. 重新设置扎针深度或扎针位置

C. 继续扎针测试　　　　　　　　　　D. 记录测试结果

（9）晶圆进行扎针测试时，测试机将测试结果通过（　　　）传输给探针台。

A. USD　　　　　　　　　　　　　　B. GPIB

C. HDMI　　　　　　　　　　　　　D. VGA

（10）若采用全自动探针台对晶圆进行扎针测试，需把承载的晶圆花篮放到探针台相应位置等待检测，假如位置放置不正确，会造成（　　　）后果。

A. 探针台死机　　　　　　　　　　　B. 晶圆撞击探针卡

C. 晶圆探针错位、破片　　　　　　　D. 位置指示灯异常

（11）晶圆进行扎针测试时，其操作步骤正确的是（　　　）。

A. 输入晶圆信息→测试→清零→检查扎针情况（有异常）→异常情况处理→继续测试→记录测试结果

B. 输入晶圆信息→测试→检查扎针情况（有异常）→异常情况处理→清零→继续测试→记录测试结果

C. 输入晶圆信息→检查扎针情况（无异常）→测试→清零→继续测试→记录测试结果

D. 输入晶圆信息→清零→测试→检查扎针情况（无异常）→继续测试→记录测试结果

（12）晶圆检测工艺中，在进行打点工序以后，需要进行的工序是（　　　）。

A. 扎针调试　　　　　　　　　　　　B. 扎针测试

C. 烘烤　　　　　　　　　　　　　　D. 外观检查

（13）若进行打点的晶圆规格为 5 in，应选择的墨管规格为（　　　）。

A. 5 mil　　　　　　　　　　　　　B. 8 mil

C. 10 mil　　　　　　　　　　　　　D. 30 mil

（14）晶圆检测工艺中，完成晶圆打点后需要检查墨点的质量，图 4-30 中所示的现象为（　　　）。

图 4-30 检查墨点质量

A. 墨点开裂   B. 墨点大小点

C. 双墨点   D. 长形点

（15）晶圆检测工艺中，进行晶圆烘烤时，温度一般设置为（   ）℃。

A. 110   B. 120   C. 130   D. 150

（16）晶圆检测工艺中，6 in 的晶圆进行晶圆墨点烘烤时，烘烤时长一般为（   ）min。

A. 1   B. 5   C. 10   D. 20

项目五

存储器芯片封装与测试

存储器芯片也称为半导体存储器，是电子数字设备中用于存储信息的主要部件。它是电子系统的"粮仓"，在整个集成电路市场中有着非常重要的地位，市场规模巨大，约占半导体总体市场的1/3。存储器能够存储程序代码来处理各类数据，也能够在数据处理过程中存储产生的中间数据和最终结果，是当前应用范围最广的基础性通用集成电路产品。以行军打仗做比喻，发展存储器芯片可谓"兵马未动，粮草先行"。

由于存储器是典型的大规模集成电路，多采用先进封装形式，因此本项目主要介绍存储器芯片的封装与测试。项目一和项目三中已经介绍了封装工序，本项目中将补充先进封装的特征、功用等内容，然后介绍适合大规模、超大规模集成电路的测试技术。本项目任务导图如图5-1所示。

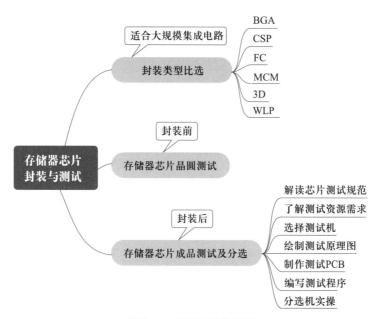

图 5-1　项目五任务导图

完成本项目的学习后，应实现以下目标：

知识目标 ≫≫≫

① 掌握 BGA、CSP、FC、MCM、3D、WLP 的概念、结构、特点及应用。
② 了解晶圆扎针测试的基础知识。
③ 掌握晶圆质量检测的方法。
④ 掌握存储器各项测试电参数的知识。

能力目标 ≫≫≫

① 能阐述 BGA、CSP、FC、MCM、3D、WLP 的结构、特点及应用场所。
② 能阐述 BGA 的封装结构、工艺流程、基本特点及返修工艺流程。
③ 能对扎针、打点不良的晶圆进行判定。
④ 能对扎针、打点不良的晶圆进行剔除操作。
⑤ 能设计测试负载板。
⑥ 能开发测试程序。

素养目标 ≫≫≫

① 能以严谨的科学态度和精益求精的工匠精神撰写相关报告。
② 能自觉查询先进封装工艺规范，具有法律意识。

任务 5.1　封装类型比选

✎ 开启新挑战——任务描述

微课
先进封装技
术简介

温馨提示：企业现在接收到了一批不同类型的存储器芯片，需要在规定的时间内完成封装，并进行测试。需要根据存储器芯片封装的引脚数目、封装体积、功耗来选择封装类型。请仔细阅读任务描述，根据图 5-2 所示的任务导图完成任务。

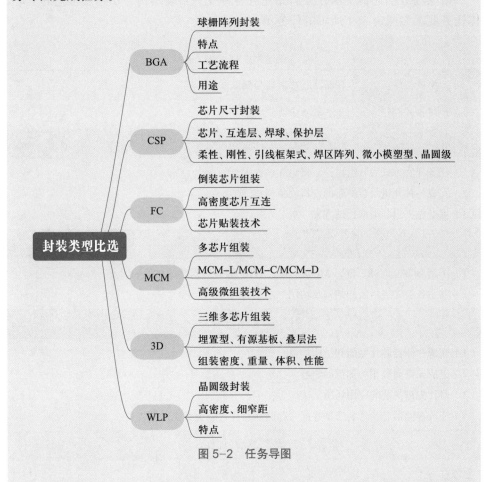

图 5-2　任务导图

你的角色：某集成电路封装企业技术骨干，拥有自己的工艺研发团队及封装设备。

你的职责：根据芯片的性能和结构特点，判断芯片封装类型。

突发事件：存储器芯片中以静态存储器芯片 CY62187EV30LL-55BAXI 居多。需要根据芯片数据手册，确定封装类型。

团队新挑战

> 要求在熟悉存储器芯片性能和结构要求的前提下，依据先进封装的特点及应用场所，与团队成员共同协作，完成存储器芯片封装选型，撰写存储器芯片封装类型比选报告，达到文案撰写标准。

笔记栏

任务单

根据任务描述，本次任务需要完成各种先进封装结构、功用及工艺的学习，具体任务要求参照表 5-1 所示的任务单。

表 5-1　任　务　单

项目名称	存储器芯片封装与测试
任务名称	封装类型比选
任务要求	
（1）任务开展方式为分组讨论，每组 3 ～ 5 人。 （2）完成各种先进封装类型的资料收集与整理。 （3）提交先进封装类型比选方案	
任务准备	
（1）了解 BGA、CSP、FC、MCM、3D、WLP 等先进封装的相关知识。 （2）熟悉各类先进封装的结构及功用	
工作步骤	
（1）完成存储器芯片性能和结构学习。 （2）完成先进封装相关知识的学习。 （3）对比先进封装的应用场所。 （4）完成存储器芯片封装选型并撰写存储器芯片封装类型比选报告	
总结与提高	
参考表 1-1	

在明确本学习任务后，需要先熟悉先进封装种类的相关知识，并通过查询资料，进一步了解先进封装的结构及功用，自主学习导图如图 5-3 所示。

封装类型比选
- 球栅阵列封装
- 芯片尺寸封装
- 倒装芯片组装
- 多芯片组装
- 三维封装
- 晶圆级封装
- "集成电路封装与测试"职业技能等级证书标准
- 能正确识别QFP、QFN、BGA、PLCC等集成电路封装

图 5-3 自主学习导图

笔记栏

任务资讯

小阅读

国产 CPU 芯片之父——航天 771 所沈绪榜院士的故事

如果要追寻最早的国产 CPU 芯片研制历史，应该从 1977 年航天 771 所沈绪榜院士研制的 16 位超大规模集成电路（VLSI）微型计算机 CPU 芯片算起。相比"龙芯"以及后来的各种国产 CPU 的研制，沈绪榜院士面临和需要解决的困难更多、更大，并且早了二十多年的时间。

要回顾这段历史，就要从"两弹一星"的配套工程说起。我国要发展运载火箭和导弹，重要的是要"导"，"导"就是控制和引导。这就要求在火箭和导弹上必须安装又轻又小的微型计算机，用来制导火箭和导弹的飞行轨迹。1965 年 3 月，国家向中国科学院下达了研制远程火箭控制用微型计算机的任务，该微型计算机被命名为 156 微型机，研制任务被称为 156 工程，而负责完成这一工程的正是航天 771 所。

在进行了大量前期预研论证、方案设计和逻辑设计的基础上，沈绪榜院士和芯片设计团队以及制造工艺技术人员一起攻克技术难关，勇于攀登科研高峰。156 工程开始仅一年，1966 年 9 月，我国第一台自主研制的集成电路计算机样机便在北京完成。在没有高精密设备的情况下，工程师们只能用锯子切割硅片。难以置信，精密的半导体元件竟是在一片片手工打磨的硅片上制作而成的。

笔记栏

📖 基础知识

1. BGA 封装

BGA（Ball Grid Array，球栅阵列）封装是于 1990 年年初由美国摩托罗拉与日本西铁城公司共同开发的先进高性能封装技术。BGA 意为球形触点阵列，也有人称为焊球阵列、网格焊球阵列和球面阵。它是在基板背面按阵列方式制出球形触点作为引脚，在基板正面装配芯片（有的 BGA 的芯片与引脚端位于基板的同一面），是多引脚存储器芯片先进封装与测试用的一种表面贴装型技术。

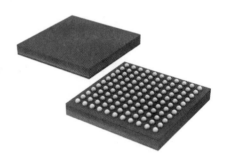

PBGA（塑料球栅阵列）封装（图 5-4）的载体是普通的印制板基材，如 FR-4、BT（双马来酰亚胺三嗪）树脂等。芯片通过引线键合的方式连接到多层载体的上表面，然后用塑料模压成型。在载体的下表面连接有铅锡或无铅的焊球阵列。焊球阵列在器件底面可以呈完全分布或部分区域分布。焊球的尺寸在 0.46 mm 以上。

BGA 是 PCB 上常用的组件，通常 CPU、北桥芯片、南桥芯片、AGP（加速图像处理器）芯片、插件总线芯片等大多以 BGA 的形式包装。

图 5-4 PBGA 封装

（1）BGA 封装的分类

BGA 的主要形式为 PBGA（塑料球栅阵列）、CBGA（陶瓷球栅阵列）、TBGA（载带球栅阵列）、EBGA（热增强型球栅阵列）、FC-BGA（倒装芯片球栅阵列）、Micro BGA（微型球栅阵列）等。

① PBGA 是摩托罗拉公司发明的，现在已经得到了广泛的关注和应用，结构如图 5-5 所示。其使用 BT 树脂作为基板材料，结合 OMPAC（模塑垫阵列载体）或 GTPAC（焊盘阵列载体）的密封剂技术的应用，可靠性已通过 JEDEC Level-3 验证。到目前为止，包含 200 ～ 500 个焊球的 PBGA 封装被广泛应用，最适合双面 PCB。

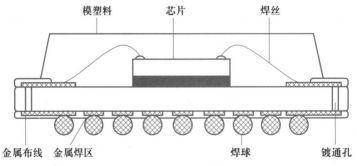

图 5-5 PBGA 结构

② CBGA 封装利用陶瓷作为基板材料和锡球（锡和铅的比例为 10∶90），具有高熔点。内部芯片依赖于 C4（可控塌陷芯片连接），其结构如图 5-6 所示，可实现 BGA 和 PCB 之间的连接，具有出色的导热性和电气性能。此外，CBGA 封装具有

出色的可靠性，但成本较高，因此更适用于汽车或高性能芯片。

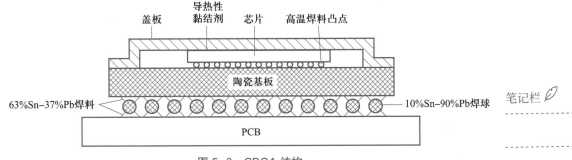

图 5-6　CBGA 结构

③ TBGA 结构如图 5-7 所示，它能够有效缩小封装厚度并提供出色的电气性能。此外，当散热器和芯片面朝下时，可以获得优异的散热效果。因此，TBGA 适用于具有薄封装的高性能产品。芯片面朝下时，应选择倒装芯片技术；芯片面朝上时，应选择引线键合技术。一般来说，TBGA 的成本比 PBGA 高。

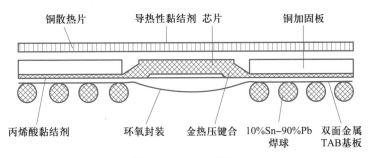

图 5-7　TBGA 结构

④ EBGA 是 PBGA 的另一种形式，在结构方面唯一不同的是热量下沉，芯片直接粘在散热器上，芯片面朝下，芯片和 PCB 之间的电连接通过引线键合实现。

⑤ FC-BGA 在结构方面与 CBGA 类似，但用 BT 树脂代替陶瓷基板，节省了更多成本。此外，倒装芯片能够缩短内部电路路径，有效改善电气性能。倒装芯片的金属凸块使用的材料大多是比例为 63∶37 的锡和铅，使得这种类型的材料在熔化状态下将表现出大的表面张力，可以将芯片拉到校正位置，而无须使用精确的倒装芯片校准机。

⑥ Micro BGA 是一种微型 BGA 封装，是由 Tessera 开发的小尺寸的芯片封装形式。Micro BGA 的芯片面朝下，包装带作为基板。在芯片和胶带之间承载一层弹性体，以释放由热膨胀引起的应力。磁带和芯片之间的连接利用镀金的特殊银针，同时通过 BGA 实现主板和外部环境之间的连接。Micro BGA 的主要优点在于小型化和重量轻，因此在空间受限的产品中得到广泛应用。此外，它适用于具有少量引脚的存储产品。

（2）BGA 封装的工艺流程

BGA 封装的工艺流程如图 5-8 所示。

图 5-8 BGA 封装的工艺流程

2. CSP

CSP（Chip Scale Package，芯片尺寸封装）和 BGA 产生于同一时期，是整机小型化、便携化的结果。通常认为大规模集成电路芯片封装面积小于或等于芯片面积120% 的封装称为 CSP。由于许多 CSP 采用 BGA 的形式，因此有封装界权威人士认为，焊球节距大于或等于 1 mm 的为 BGA，小于 1 mm 的为 CSP。CSP 实际上是在 BGA 封装小型化过程中形成的，所以有人也将 CSP 称为 μBGA（小尺寸球栅阵列），其外形如图 5-9 所示。按照这一定义，CSP 并不是新的封装形式，而是其尺寸小型化的要求更为严格而已。

图 5-9 CSP 封装外形

从结构上来看，CSP 主要包括 4 部分：芯片、互连层、焊球（或凸点、焊柱）、保护层。互连层是通过自动焊接（TAB）、引线键合（WB）、倒装芯片（FC）等方法来实现芯片与焊球（或凸点、焊柱）之间内部连接的，是 CSP 的关键组成部分。CSP 的结构如图 5-10 所示。

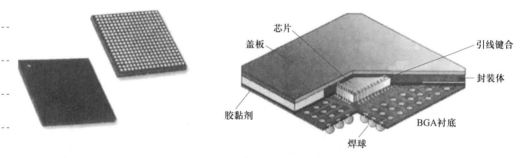

图 5-10 CSP 结构

从工艺上来看，CSP 主要可以归纳为 6 种类型。

① 柔性基板（flexible interposer）CSP。柔性基板 CSP 是由日本 NEC 公司利用 TAB 技术研制开发出来的一种窄间距的 BGA，因此也可以称为 FPBGA。这类 CSP 主要由芯片、载带（柔性体）、粘接层、凸点（铜/镍）等构成。载带由聚酰亚胺和铜箔组成，采用共晶焊料（63%Sn-37%Pb）作为外部互连电极材料。其主要特点是结构简单，可靠性高，安装方便，可利用传统的 TAB 焊接机进行焊接。柔性基板 CSP 中最有名的是 Tessera 公司的 Micro BGA。

② 刚性基板（rigid substrate interposer）CSP。刚性基板 CSP 是由日本东芝公司

开发的一种陶瓷基板超薄型封装，又可称为陶瓷基板薄形封装（Ceramic Substrate Thin Package，CSTP）。它主要由芯片、氧化铝（Al_2O_3）基板、铜（Cu）凸点和树脂构成，通过倒装焊、树脂填充和打印 3 个步骤完成。它的封装效率（芯片与基板面积之比）可达到 75%。无论是柔性基板还是刚性基板，CSP 均将芯片直接放在凸点上，然后由凸点连接引线，完成电路的连接。刚性基板 CSP 代表厂商有摩托罗拉、索尼、东芝、松下等。

③ 引线框架式（custom lead frame）CSP。引线框架式 CSP 是由日本富士公司研制开发的一种芯片上引线的封装形式，也被称为 LOC（Lead On Chip）型 CSP。通常情况下，LOC 型 CSP 可分为 Tape-LOC 型和 MF-LOC（Multi-Frame-LOC）型两种形式。这两种形式的 LOC 型 CSP 都将大规模集成电路芯片安装在引线框架上，芯片面朝下，芯片下面的引线框架仍然作为外引脚暴露在封装结构的外面，因此不需要制作工艺复杂的焊料凸点，可实现芯片与外部的互连，并且其内部布线很短，仅为 0.1 mm 左右。

④ 焊区阵列 CSP。焊区阵列 CSP 是由日本松下公司研制开发的一种新型封装形式，也被称为 LGA（Land Grid Array）型 CSP，主要由超大规模集成电路芯片、陶瓷载体、填充用环氧树脂和导电胶等组成。这种封装的制作工艺是先用金丝打球法在芯片的焊接区上形成金凸点，然后在倒装焊时，在基板的焊区上印制导电胶，之后对事先做好的凸点加压，同时固化导电胶，这就完成了芯片与基板的连接。导电胶由钯-银与特殊的环氧树脂组成，固化后保持一定弹性，因此，即使承受一定的应力，也不易受损。

⑤ 微小模塑型 CSP。微小模塑型 CSP 是由日本三菱电机公司研制开发的一种新型封装形式，主要由芯片、模塑的树脂和凸点等构成。芯片上的焊区通过芯片上的金属布线与凸点实现互连，整个芯片浇铸在树脂上，只留下外部触点。这种结构可实现很高的引脚数，有利于提高芯片的电学性能，减少封装尺寸，提高可靠性，完全可以满足存储器、高频器件和逻辑器件的高 I/O 数需求。同时由于它无引线框架和焊丝等，体积特别小，提高了封装效率。

⑥ 晶圆级封装（Wafer Level Package，WLP）CSP。晶圆级封装 CSP 由 Chipscale 公司开发，是在晶圆阶段利用芯片间较宽的划片槽，在其中构造周边互连，随后用玻璃、树脂、陶瓷等材料封装而完成的。

由于晶圆级封装比较重要，将在后面进行专门论述。

3. FC

倒装芯片组装就是通过芯片上的凸点直接将元器件朝下互连到基板、载体或电路板上。由于芯片倒扣在封装衬底上，与常规封装芯片放置方向相反，故称为倒装芯片（Flip-Chip，FC），其结构如图 5-11 所示。倒装芯片元件主要用于半导体设备；而有些元件，如无源滤波器、探测天线、存储器装备也开始使用倒装芯片技术。由于芯片直接通过凸点连接基板和载体，因此更确切地说，倒装芯片也称为 DCA（直接芯片连接）。

倒装芯片技术的兴起是由于与其他的技术相比，其在尺寸、外观、柔性、可靠性以及成本等方面有很大的优势，目前已广泛应用于各种电子产品。

微课
FC（倒装芯片）

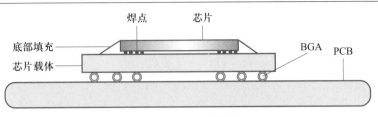

图 5-11　FC 结构

FC 既是一种高密度芯片互连技术，也是一种理想的芯片贴装技术。正因为如此，它在 CSP 及常规封装（BGA、PGA）中都得到了广泛的应用。例如，Intel 公司的 PII 及 PIII 芯片就是采用 FC 互连方式组装到 FC-PBGA、FC-PGA 中的。而 Flip Chip 技术公司的 FC-DCA 则是一种超级 CSP。

倒装芯片主要工艺步骤如下：

① 凸点底部金属化（UBM），如图 5-12 所示。

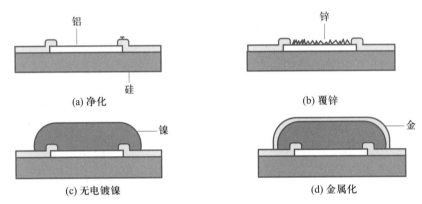

图 5-12　金属化过程

② 形成芯片凸点，如图 5-13 所示。

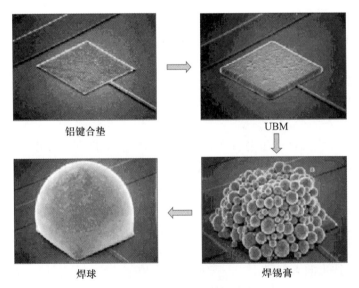

图 5-13　芯片凸点形成过程

③ 将已经凸点的芯片组装到基板 / 板卡上，如图 5-14 所示。

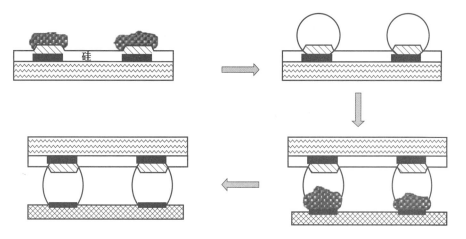

图 5-14 芯片组装过程

④ 使用非导电材料填充芯片底部孔隙，如图 5-15 所示。

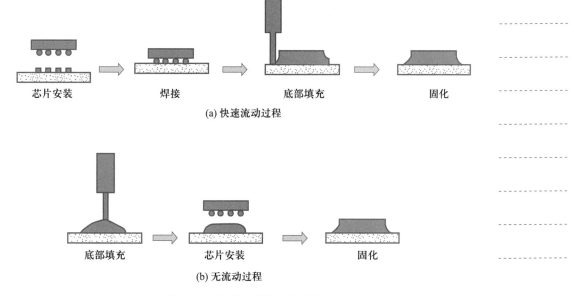

芯片安装　　　　焊接　　　　　底部填充　　　　固化

(a) 快速流动过程

底部填充　　　　芯片安装　　　　　固化

(b) 无流动过程

图 5-15 芯片底部填充与固化

4. MCM

MCM（Multi-Chip Module，多芯片组装）是微组装技术的代表产品，指的是多个芯片电连接于共用电路基板上，并利用基板实现芯片间的互连。MCM 是一种典型的高级混合集成组件。元件通常通过引线键合、载带键合或倒装芯片的方式未密封地组装在多层互连的基板上，然后经过塑料模塑，再用与安装 QFP 或 BGA 封装元件同样的方法安装在 PCB 上，其结构如图 5-16 所示。

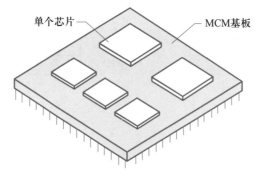

图 5-16　MCM 结构

（1）MCM 的分类

MCM 按照工艺方法及基板使用材料的不同可分为以下 3 种基本类型：

① MCM-L（L 为 Laminate，层压材料）：采用有机层叠布线基板制成的 MCM。MCM-L 利用层压有机基材，制造时采用普通印制电路板的加工方法，即采用印刷和蚀刻法制成铜导线，钻出盲孔、埋孔和通孔并镀铜，内层的互连由 EDA 软件设计来定。由于采用普通印制电路板的加工方法，MCM-L 具有成本低、工期短、投放市场时间短等优势。MCM-L 不适用于有长期可靠性要求和使用环境温差大的场合。

② MCM-C（C 为 Ceramic，陶瓷）：采用厚膜或陶瓷多层基板制成的 MCM。MCM-C 中，导体是由一层层烧制金属制成的，层间通孔互连与导体一块生成，电阻可在外层进行烧制，最后用激光修整到精确值，所有导体和电阻都印刷到基板上，加工方法颇为复杂。从模拟电路、数字电路、混合电路到微波器件，MCM-C 适用于所有的应用。

③ MCM-D（D 为 Deposition，沉积）：采用薄膜导体沉积硅基片制成的 MCM。MCM-D 采用薄膜导体沉积硅基片，制造过程类似于集成电路；基片由硅和宽度在 1 μm ～ 1 mm 之间的导体构成，通孔则由各种金属通过真空沉积而形成。

（2）MCM 基板的电路结构比较

MCM-L 型封装使用印制电路板叠合的方法制成传导基板，所得的结构尺寸规格在 100 nm 以上。MCM-L 型封装的成本低，且电路板制作采用极成熟的技术，但它有低热传导率与低热稳定性的缺点。MCM-D 型封装使用硅或陶瓷等材料为基板，以低介电常数（约为 3.5）的高分子绝缘材料与铝、铜等导体薄膜交替叠成传导基板。MCM-D 型封装能提供最高的连线密度以及优良的信号传输特性，但目前在成本与产品合格率方面仍然有待更进一步的研究改善，有许多开发研究的空间。MCM-L、MCM-D、MCM-C 这 3 种技术的电路结构与优缺点的比较分别如表 5-2 和表 5-3 所示，实际上这 3 种不同的技术常被混合使用以制成高性能、高可靠度，且符合经济效益的 MCM 封装。

表 5-2 MCM-L、MCM-D、MCM-C 型封装基板的电路结构比较

技术类别	互连密度 /（个 /cm）	信号层数（总层数）	总长 / mm	通孔密度 /（个 /cm²）
MCM-L	30	12（12）	360	100
MCM-C	50	20（42）	1 000	2 500
MCM-D	350	4（8）	1 400	33 000

表 5-3 MCM-L、MCM-D、MCM-C 型封装的优缺点比较

技术类别	工艺技术	基板种类	优点	缺点
MCM-L	CoB ToB（TAB on Board）	印制电路板	价位低；设备与技术成熟	热传导性质不佳；热稳定性不佳；组装困难
	金属夹层技术	铝	热稳定性好；价位低；单层基板	难以制成多层结构
MCM-C	薄膜技术	硅芯片陶瓷金属、共烧陶瓷	较高互连密度；较低电路层数；电性能优异；低介电系数材料	制造复杂程度高；工艺烦琐；设备成本高；不易修复和维护
MCM-D	厚膜混合技术	氧化铝	设备与技术成熟；高互连密度	材料成本高；烧结步骤烦琐
	薄膜混合技术	氧化铝	更高互连密度；热膨胀系数低	价位高；难以制成多层结构
	高温共烧技术	氧化铝、陶瓷	高互连密度；热与机械性质好	有基板收缩的困难；需电镀保护；高介电系数材料
	低温共烧技术	玻璃、陶瓷	高互连密度；银金属化工艺；低介电系数材料	有基板收缩的困难；热传导性不佳

目前，实现系统集成的技术途径主要有两个：一是半导体单片集成技术；二是 MCM 技术。前者是通过晶片规模的集成技术，将高性能数字集成电路（含存储器、微处理器、图像和信号处理器等）和模拟集成电路（含各种放大器、变换器等）集成为单片集成系统；后者是通过三维多芯片组装技术实现集成。

MCM 早在 20 世纪 80 年代初期就曾以多种形式存在，但由于成本昂贵，只用于军事、航天及大型计算机上。近年来，随着技术的进步及成本的降低，MCM 在计算机、通信、雷达、数据处理、汽车行业、工业设备、仪器与医疗等电子系统产品上得到越来越广泛的应用，已成为最有发展前途的高级微组装技术。

例如，利用 MCM 制成的微波和毫米波系统级封装（System in a Package，SIP）

为不同材料系统的部件集成提供了一项新技术，使得将数字专用集成电路、射频集成电路和微机电器件封装在一起成为可能。因此，MCM 在组装密度（封装效率）、信号传输速度、电性能以及可靠性等方面独具优势，能最大限度地提高集成度和高速单片芯片性能，从而制作成高速的电子系统，是实现整机小型化、多功能化、高可靠、高性能的最有效途径。

5. 3D 封装

微课
3D 封装

通常所说的多芯片组装都是指二维的多芯片组装（2D-MCM），其所有元器件都布置在一个平面上，不过它的基板内互连线的布置是三维的。随着微电子技术的进一步发展，芯片的集成度大幅提高，对封装的要求也更加严格，2D-MCM 的缺点也逐渐暴露出来。目前，2D-MCM 的组装效率最高可达 85%，已接近二维组装所能达到的最大理论极限，这已成为混合集成电路持续发展的障碍。

为了改变这种状况，三维多芯片组装（3D-MCM）应运而生，其最高组装密度可达 200%。3D-MCM 是指元器件除了在 x–y 平面上展开以外，还在垂直方向（z 方向）上排列，与 2D-MCM 相比，3D-MCM 具有更高的集成度和组装效率、更小的体积及重量、更低的功耗、更快的信号传输速度等优点。其结构如图 5-17 所示。

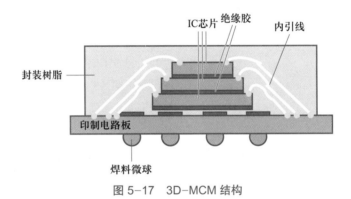

图 5-17 3D-MCM 结构

3D-MCM 技术是现代微组装技术发展的重要方向，是微电子技术领域跨世纪的一项关键技术。由于宇航、卫星、计算机及通信等军事和民用领域对提高组装密度、减轻重量、减小体积、提升性能和提高可靠性等方面的迫切需求，加之3D-MCM 在满足上述要求方面具有的独特优点，因此该项新技术近年来在国外得到迅速发展。

3D 封装主要有以下 3 种：

① 埋置型，即将元器件埋置在基板多层布线内或埋置、制作在基板内部。电阻和电容一般可随多层布线用厚、薄膜法埋置于多层基板中，而芯片一般要紧贴基板；还可以在基板上先开槽，将芯片嵌入，用环氧树脂固定后与基板平面平齐，然后实施多层布线，最上层再安装芯片，从而实现 3D 封装。

② 有源基板型，即首先将 WSL 集成化，采用一般的半导体集成电路制造方法来制作次级器件，这样形成的基板为有源基板，已经集成了一些功能性的器件；然后在有源基板上实施多层布线，将各层的导线与 WSL 上的器件进行连接；最后在

顶层布线的位置安装其他芯片或其他元器件，从而实现 3D 封装。这种方法可以提供更高的集成度和功能密度，使得整个封装模块更加紧凑和高效。有源基板型的 3D 封装技术是人们在封装领域中追求和力求实现的一种技术。通过将功能性器件和布线结合在一起，可以实现更复杂的电路和更高级别的功能。然而，这种技术也面临着一些挑战，如制造工艺的复杂性、热管理和可靠性等方面的考虑。

③ 叠层型，即在 2D 封装的基础上，把多个裸芯片、封装芯片、多芯片组装（MCM）甚至硅晶圆进行叠层互连，构成立体封装。由于 3D 封装的组装密度高，功耗大，因此基板多采用导热性好的高导热基板，如硅、氮化铝和金刚石薄膜等。图 5-18 和图 5-19 所示分别为裸芯片叠层和封装叠层的 3D 封装结构。

笔记栏

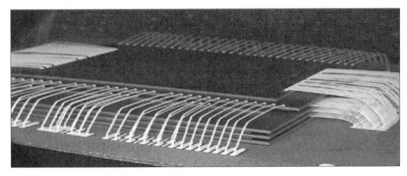

图 5-18 裸芯片叠层 3D 封装结构

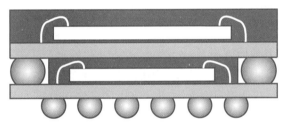

图 5-19 封装叠层 3D 封装结构

6. WLP

WLP（Wafer Level Package，晶圆级封装）以 BGA 技术为基础，是一种经过改进和提高的 CSP。

WLP 技术以晶圆为加工对象，在晶圆上同时对众多芯片进行封装、老化、测试，最后切割成单个器件，可以直接贴装到基板或印制电路板上。其制造流程如图 5-20 所示。有人又将 WLP 称为晶圆级 – 芯片尺寸封装（WLP-CSP），它不仅充分体现了 BGA、CSP 的技术优势，而且是封装技术取得革命性突破的标志。WLP 技术采用批量生产工艺制造技术，可以将封装尺寸减小至芯片的尺寸，生产成本大幅下降，并且把封装与芯片的制造融为一体，这将彻底改变芯片制造业与芯片封装业分离的局面。WLP 技术的优势使其一出现就受到极大的关注并迅速获得巨大的发展和广泛的应用。在手机等便携式产品中，已普遍采用 WLP 型的

EPROM、IPD（集成无源器件）、模拟芯片等器件。WLP 技术已广泛用于闪速存储器、EEPROM、高速 DRAM、SRAM、LCD 驱动器、射频器件、逻辑器件、电源/电池管理器件和模拟器件（稳压器、温度传感器、控制器、运算放大器、功率放大器）等领域。

图 5-20 WLP 制造流程

一般来说，芯片与外部的电气连接是金属引线以键合的方式把芯片上的 I/O 连至封装载体并经封装引脚来实现的。芯片上的 I/O 通常分布在周边，随着芯片特征尺寸的减小和集成规模的扩大，I/O 的间距不断减小，数量不断增多。当 I/O 间距减少至 70 μm 以下时，引线键合技术就不再适用，必须寻求新的技术途径。WLP 技术利用薄膜再分布工艺，使 I/O 可以分布在芯片的整个表面上，而不再仅仅局限于芯片窄小的周边区域，从而成功解决了上述高密度、细间距 I/O 芯片的电气互连问题。

传统封装技术以晶圆划片后的单个芯片为加工目标，封装过程在芯片生产线以外的封装厂完成。WLP 技术截然不同，它是以晶圆为加工对象，直接在晶圆上同时对众多芯片进行封装、老化、测试，封装的全过程都在晶圆生产厂内运用芯片的制造设备完成，使芯片的封装、老化、测试完全融合在晶圆的芯片生产流程中。封装好的晶圆经切割得到单个芯片，可以直接贴装到基板或印制电路板上。由此可见，WLP 技术是真正意义上的批量生产芯片技术。

WLP 是尺寸最小的低成本封装，它像其他封装一样，为芯片提供电气连接、散热通路、机械支撑和环境保护，并能满足表面贴装的要求。

WLP 成本低与多种原因有关。首先，它是以批量生产工艺进行制造的；其次，WLP 生产设施的费用低，因为它充分利用了芯片的制造设备，无须投资另建封装生产线；再次，WLP 的芯片设计和封装设计可以统一考虑、同时进行，这将提高设计效率，减少设计费用；最后，WLP 从芯片制造、封装到产品发往用户的整个过程中，中间环节大大减少，周期缩短，这必将使成本降低。此外，应注意 WLP 的成本与每个晶圆上的芯片数量密切相关，晶圆上的芯片数越多，WLP 的成本也就越低。

WLP 主要采用薄膜再分布技术、凸点技术等两大技术。薄膜再分布技术是一种典型的再分布工艺，最终形成的焊料凸点呈面阵列布局，该工艺中，采用 BCB/PI 作为再分布的介质层，铜作为再分布连线金属，采用溅射法淀积凸点底部金属化（UBM）层，丝网印刷法淀积焊膏并回流。凸点技术是 WLP 工艺过程的关键技术，它是在晶圆的压焊区铝电极上形成凸点。WLP 凸点制作工艺常用的方法有多种，每种方法各有其优缺点，适用于不同的工艺要求。要使 WLP 技术得到更广泛的应用，选择合适的凸点制作工艺极为重要。在晶圆凸点制作中，金属沉积占到全部成本的50% 以上。晶圆凸点制作中最为常见的金属沉积步骤是凸点底部金属化层的沉积和凸点本身的沉积，一般通过电镀工艺实现。

图 5-21 所示为典型的晶圆凸点制作的工艺流程。首先在晶圆上完成 UBM 层的

制作；然后沉积厚胶并曝光，为电镀焊料形成模板；电镀之后，将光刻胶去除并刻蚀掉暴露出来的 UBM 层；最后一道工艺是再流形成焊料球。

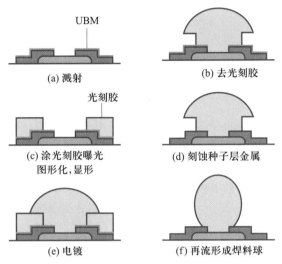

图 5-21　晶圆凸点制作工艺流程

拓展知识

作为延续摩尔定律的重要途径之一，先进封装技术受到了业内的重视，包括代工厂、基板/PCB 供应商、EMS（电子制造服务商）/ODM（原始设计制造商）等在内的不同厂商纷纷加入战局。值得注意的是，2022 年以来，关于先进封装的报道屡次出现。结合过往和未来关于先进封装的种种动态，可以预测，先进封装的黄金时代即将到来。

1. 过去：真金白银投入

先进封装主要是指 FC、凸块（bumping）、WLP、2.5D 封装（interposer、RDL 等）、3D 封装（TSV）等封装技术。先进封装在诞生之初只有 WLP、2.5D 封装和 3D 封装几种选择，近年来，先进封装呈爆炸式向各个方向发展，而每个开发相关技术的公司都将自己的技术独立命名注册商标，如台积电的 InFO、CoWoS，日月光的 FoCoS，Amkor 的 SLIM、SWIFT 等。

相比传统封装，一方面，先进封装技术效率高；另一方面，随着芯片向着更小、更薄方向发展，先进封装技术均摊成本更低，可实现更好的性价比。先进封装的优势也是业界对其委以重任的重要原因。

据统计，2021 年行业龙头在先进封装上的资本支出约为 119 亿美元。其中，英特尔以 35 亿美元的资本支出排名第一，主要用以支持 Foveros 和 EMIB 技术；台积电以 30.5 亿美元的资本支出排名第二，其为 3D 片上系统组件定义了新的系统级路线图和技术，其 CoWoS 平台提供硅中介层，LSI 平台则是 EMIB 的直接竞争对手；日月光以 20 亿美元的资本支出排名第三，其是最大也是唯一能够与代工厂和集成设备制造商形成竞争的 OSAT（委外封测）厂商，凭借其 FoCoS 产品，日月光也是目前唯一拥有超高密度扇出解决方案的 OSAT 厂商；三星以 15 亿美元的资本支出排名第四，其也有类似于 CoWoS 的 I-Cube 技术；此外，我国的长电科技、通富微电也上了榜。

2. 现在：热度持续升温

2022 年以前的几年，行业龙头在先进封装上投入了切切实实的真金白银，2022 年以来，关于先进封装的热度不减，且有持续升温之势。

2022 年 3 月 3 日，英特尔、台积电、三星和日月光等十大巨头宣布成立通用芯片互连标准 UCIe，将 Chiplet（芯粒、小芯片）技术标准化。这一标准同样提供了"先进封装"级的规范，涵盖了 EMIB 和 InFO 等所有基于高密度硅桥的技术。

2022 年 3 月 10 日，苹果发布了 M1 Ultra 芯片，采用了台积电的 CoWoS-S（Chip-on-Wafer-on-Substrate with Silicon interposer）封装工艺。

2022 年 3 月 14 日，三星电子在 DS（半导体事业暨装置解决方案）事业部内新设立了测试与封装（TP）中心。韩国媒体认为，该中心的设立和人员调整意味着三星电子将加强先进封装投资，确保在后端领域上领先于台积电。

2022 年 3 月 17 日，英特尔宣布在欧盟投资超过 330 亿欧元（1 欧元约合 8 元人民币），除了芯片制造外，还将在意大利投资 45 亿欧元的后端制造设施，将采用新技术和创新技术为欧盟提供产品。

2022 年 3 月 21 日，台积电借由整合型晶圆级扇出封装（InFO）与前段先进工艺的一条龙服务，成功拿下苹果 iPhoneA 系列处理器多年独家代工订单。台积电的 InFO_PoP 封装技术已进入第七代，除苹果外，还吸引了包括高通和联发科在内的主要安卓智能手机 SoC 供应商的订单。

2022 年 3 月 30 日，在华为 2021 年年度业绩发布会上，华为轮值董事长郭平表示其采用芯片堆叠技术以面积换性能，用不那么先进的工艺获得更强的性能，确保华为的产品具有竞争力，正式确认了华为正在推进芯片堆叠技术。2022 年 4 月初，华为便公开了"一种芯片堆叠封装及终端设备"专利，如图 5-22 所示。

图 5-22　华为 3D 结构封装

2022 年 4 月，美国商务部国家标准与技术研究院（NIST）先进制造办公室已选中美国半导体研究联盟（SRC）为承包商，在未来 18 个月内为微电子和先进封装技术（MAPT）编制路线图，SRC 公司表态称，先进封装以及 3D 单芯片和异构集成将成为下一次微电子革命的关键推动力。事实上，先进封装正在成为 2D 摩尔定律时代的晶体管缩放替代路线。

总结来看，先进封装已经成为半导体中越来越普遍的主题。

3. 未来：产品大量落地，将迎来大爆发

事实上，从各大厂商未来的发展布局中也能看出，在不远的将来，随着先进封装产品的相继落地，先进封装或迎来真正的爆发。

英伟达 Hopper 和超微 RDNA 3 的 GPU 在 2022 年开始采用 2.5D 封装技术。而为满足英伟达强劲的订单需求，台积电对散热、底部填充和焊剂材料以及 CoWoS 应用基板的采购已经增长 3 倍。

此外，苹果 2022 年 iPhone 的 A16 AP 采用台积电的 InFO_PoP 封装技术，联发科手机 AP 则采用台积电的 InFO_B 方案。

英特尔 2022 年上半年上市的 Ponte Vecchio GPU 采用 Co-EMIB 封装技术。另外，英特尔 Meteor Lake CPU 2022 年下半年进入量产，2023 年上半年上市，其采用 Foveros Omni 技术，是首个采用 3D 封装技术的主流 CPU。

超微 2022 年下半年推出的 Zen 4 架构 CPU 采用台积电的 SoIC 方案（为混合键合技术）。混合键合相对微凸块拥有更小的芯片焊垫间距（pad pitch）与更高的 I/O 密度，可提升 HPC（高性能计算）芯片性能。

联发科 HPC 产品将朝向 Chiplet 架构发展，采用台积电 InFO_oS 方案；而到了 2024 年，其将导入混合键合技术，采用台积电 3D Fabric 平台。

在 2022 年 1 月中国半导体投资联盟、爱集微共同举办的"2022 第三届中国半导体投资联盟年会暨中国 IC 风云榜颁奖典礼"上，华封科技联合创始人王宏波分析说，2022 年将是先进封装的爆发年，已经普及的先进封装工艺如 FC 将继续蓬勃发展，中国大陆将是主战场；目前在国际上应用比较少的晶圆级封装将首先在韩国等市场迎来黄金发展期并进行大量的扩产，而中国大陆市场也将加快追赶的脚步，在技术上迎头赶上，从研发阶段逐步进入小批量量产阶段；先进封装工艺也将继续开枝散叶，各种新的先进封装工艺将被研发出来，3D、ChipLet、SIP 各种方向新工艺将层出不穷、百花齐放。

根据 Yole 数据，2020 年全球封装市场规模微涨 0.3%，达到 677 亿美元。而按推算，2021 年全球封装市场规模约上涨 14.8%，约达 777 亿美元。2022 年先进封装的全球市场规模约为 350 亿美元，到 2025 年先进封装的全球市场规模约为 420 亿美元，2019—2025 年全球先进封装市场的 CAGR 约为 8%，相比同期整体封装市场（CAGR = 5%）和传统封装市场，先进封装市场的增长更为显著，将为全球封装市场贡献主要增量。

未来，物联网、汽车电子和高性能计算等新兴应用有望持续打开先进封装的成长空间，先进封装的黄金时代即将来临。

笔记栏

任务实施

了解先进封装的最新资讯之后，为了完成本学习任务，首先需要完成先进封装的资料收集任务，并将收集的资料作为比选方案的编制依据，再结合先进封装的结构、功用及典型的代表产品，编制完成存储器芯片封装类型比选报告。

笔记栏

任务检查与评估

完成封装类型比选报告后，进行任务检查，可采用小组互评等方式进行任务评价，任务评价单如表5-4所示。

表5-4　任务评价单

封装类型比选任务评价单		
职业素养（30分，每项6分）	□具有良好的团队合作精神 □具有良好的沟通交流能力 □能热心帮助小组其他成员 □具有严谨的科学态度和工匠精神 □能严格遵守"6S"管理制度	□较好达成（≥24分） □基本达成（18分） □未能达成（<18分）
专业知识（30分，每项10分）	□掌握不同先进封装的概念、结构及应用 □掌握比选报告的撰写要素 □掌握职场安全和环境保护相关知识	□较好达成（≥20分） □基本达成（10分） □未能达成（<10分）
技术技能（40分，每项10分）	□能识别先进封装类型 □能阐述先进封装的主要功能 □能以严谨的科学态度和精益求精的工匠精神撰写比选报告 □能与人进行专业交流、协作，并能使用信息技术处理数据及文档	□较好达成（≥30分） □基本达成（20分） □未能达成（<20分）

任务 5.2　存储器芯片晶圆测试

✎ 开启新挑战——任务描述

温馨提示：根据调研、比选结果及企业需求，决定对静态存储器芯片CY62187EV30LL–55BAXI 采用 BGA 的封装形式。在封装前后，需要进行晶圆测试和成品测试，保证合格率在 90% 以上。请仔细阅读任务描述，根据图 5–23 所示的任务导图完成任务。

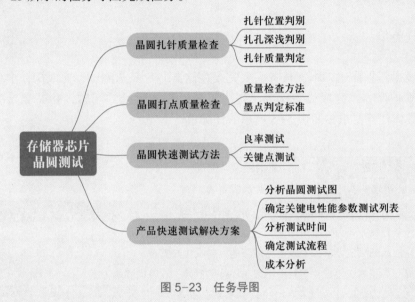

图 5–23　任务导图

你的角色：某集成电路测试企业员工。

你的职责：主要负责晶圆测试、质量管理。

突发事件：针对该批存储器芯片，进行晶圆扎针测试时，部分信号显示有误。

▤ 团队新挑战

需要在规定时间内与其他员工团结协作，遵守工艺流程和操作规范，达到下道工艺（封装）要求和产品质量标准，完成晶圆测试过程中的质量管理，提交晶圆测试报告，可参考如下步骤：

① 完成存储器芯片晶圆测试。

② 检查扎针过程中扎针是否符合要求。

③ 判断打点过程中墨点是否符合要求。

笔记栏

小阅读

我国首次量产 64 层 3D NAND 闪存芯片

3D NAND 闪存是一种新兴的闪存类型，通过把内存颗粒堆叠在一起来解决 2D 或者平面 NAND 闪存带来的限制。平面结构的 NAND 闪存已接近其实际扩展极限，给半导体存储器行业带来严峻挑战，新的 3D NAND 技术垂直堆叠了多层数据存储单元，具备卓越的精度。2019 年 9 月，紫光集团旗下长江存储科技有限责任公司宣布，开始量产基于 Xtacking 架构的 64 层 256 GB TLC 3D NAND 闪存，产品将应用于固态硬盘、嵌入式存储等主流市场应用。这是我国首次实现 64 层 3D NAND 闪存芯片的量产，将大幅拉近我国与全球一线存储厂商间的技术差距。

任务单

根据任务描述，本次任务需要完成存储器芯片晶圆测试，完成探针卡更换、焊接和维护保养，完成设备保养，解决工艺过程中常见的问题，并提交晶圆测试报告，具体任务要求参照表 5-5 所示的任务单。

表 5-5　任　务　单

<table>
<tr><td>项目名称</td><td>存储器芯片封装与测试</td></tr>
<tr><td>任务名称</td><td>存储器芯片晶圆测试</td></tr>
<tr><td colspan="2">任务要求</td></tr>
<tr><td colspan="2">（1）任务开展方式为分组讨论 + 工艺操作，每组 3 ～ 5 人。
（2）完成晶圆测试设备保养及常见故障的资料收集与整理。
（3）提交晶圆测试报告，包括但不限于探针卡更换、设备保养的方案</td></tr>
<tr><td colspan="2">任务准备</td></tr>
<tr><td colspan="2">1. 知识准备：
（1）晶圆测试工艺流程。
（2）探针卡的制作与焊接方法。
（3）测试机、探针台的日常维护和保养方法。
（4）墨管的日常维护和保养方法。
（5）晶圆测试工艺过程中常见的故障类型。
2. 设备支持：
（1）仪器：探针台、测试机或集成电路虚拟仿真平台。
（2）工具：计算机、书籍资料、网络</td></tr>
<tr><td colspan="2">工作步骤</td></tr>
<tr><td colspan="2">参考表 1-1</td></tr>
<tr><td colspan="2">总结与提高</td></tr>
<tr><td colspan="2">参考表 1-1</td></tr>
</table>

在明确本学习任务后，需要先熟悉晶圆测试的工艺流程，并通过查询资料，进一步完善实际工艺中的晶圆测试知识储备，根据自主学习导图（图 5-24）进行相应的学习。

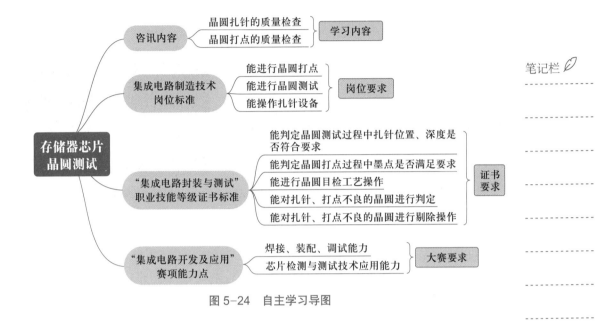

图 5-24　自主学习导图

笔记栏

任务资讯

基础知识

1. 晶圆扎针的质量检查
（1）晶圆扎针质量检查方法
晶圆扎针完成后，要对扎针情况进行质量检查。扎针检查通过显微镜完成。
显微镜的操作步骤如下：
① 按下显微镜的电源按钮。
② 将待检测晶圆正面朝上放在外检托盘上，如图 5-25 所示。
③ 按现场作业指导的要求选择显微镜放大倍数：通常高放大倍数为 75 ~ 150，低放大倍数为 30 ~ 50。调节显微镜的粗调、微调旋钮，直至眼睛通过显微镜能观察到清晰的晶圆图形。

注意事项如下：
① 搬运时轻拿轻放。
② 使用时应右手握臂、左手托座。
③ 保持显微镜清洁，若镜头脏污，应及时用擦

图 5-25　装有晶圆的外检托盘

镜纸擦净。

对于扎针不合格的晶粒，应用油墨笔或打点器打上墨点，并在晶圆测试随件单上做好相应的记录。手动剔除时要保证剔除的墨点与打点的墨点一致。

（2）检查晶圆扎针质量

任务 2.1 中已介绍过，扎针合格包括扎针位置合格和扎针深度合格。

针迹过深通常表现为以下两种情况。一种是未将晶圆 PAD 表面的铝层扎穿，但 PAD 的中间绝缘层已出现轻微的裂痕，如图 5-26 所示，通过测试无法筛选出来，使用 200 倍显微镜对晶圆外观进行检验时通常仅能观察出针迹较为正常，针迹大且深，但无法看出裂痕，因此往往会被误判为合格管芯而流入客户端，在使用一段时间后问题就会显现，如工作状态不稳定、产品寿命周期缩短等，严重影响产品的质量和

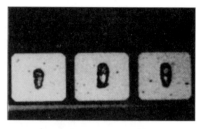

图 5-26　扎针深但未扎透铝层

可靠性，造成客户投诉，带来经济损失。这类情况在测试过程中风险系数很高，需要重点关注。

另一种是将晶圆 PAD 表面的铝层扎穿，导致铜裸露，如图 5-27 所示。这种情况有一部分可以通过测试直接筛选出来，未筛选出来的部分在对晶圆外观进行检验时也可以直观发现，可直接将扎穿露铜的管芯进行剔除，从而规避不合格管芯流入客户端的风险。

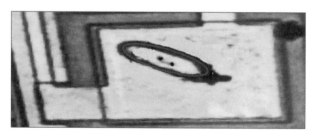

图 5-27　扎针深并扎穿铝层

扎针质量判定标准如表 5-6 所示。

表 5-6　扎针质量判定标准

项目	说明	图示
合格扎痕	位置位于 PAD 点中央，扎痕呈圆形或椭圆形，扎针深度适宜	

续表

项目	说明	图示
不合格扎痕	扎针痕迹为长条形	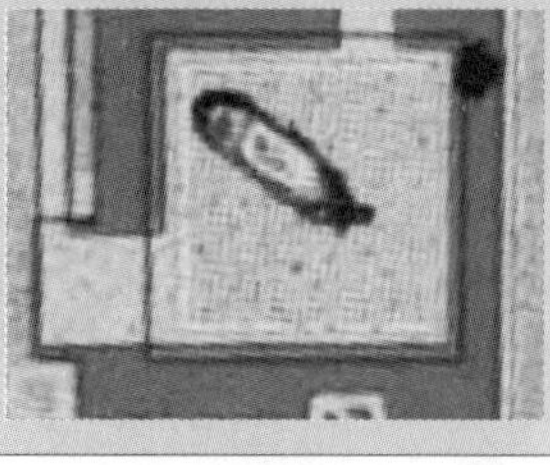
	扎针偏出压点	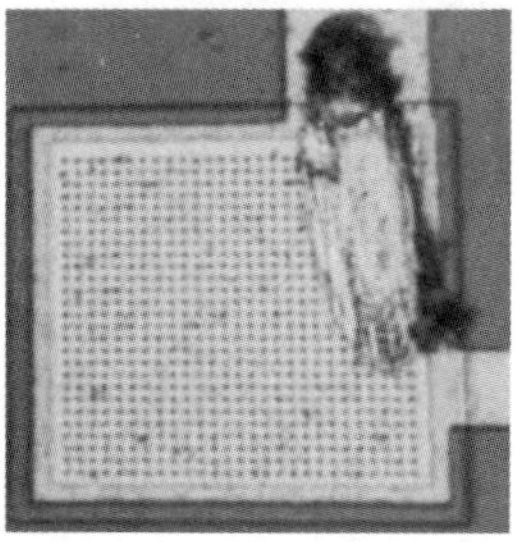
	扎针后导致铝层脱落	
	扎针后 PAD 被墨水沾污	
	扎针偏	
	扎针太深，导致挤铝	

笔记栏

续表

项目	说明	图示
不合格扎痕	多个扎痕	
	扎针浅	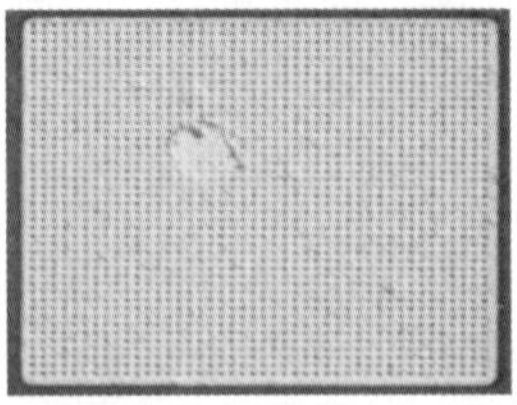
	扎针偏出 PAD 点	
	无扎针痕迹	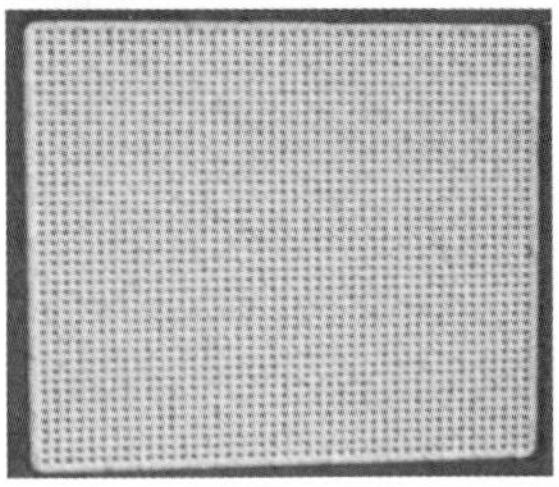

2. 晶圆打点的质量检查

（1）晶圆打点质量检查方法

晶圆在打点完成后，要对墨点的质量进行检查。墨点大小应落在管芯内，但不可沾污 PAD 点，整片墨点应一致。检查墨点通过显微镜操作完成。

（2）晶圆打点质量判定标准

墨点判定标准如表 5-7 所示。

表 5-7　墨点判定标准

项目	说明	图示
合格墨点	墨点应落在管芯内	

续表

项目	说明	图示
不合格墨点	空心墨点	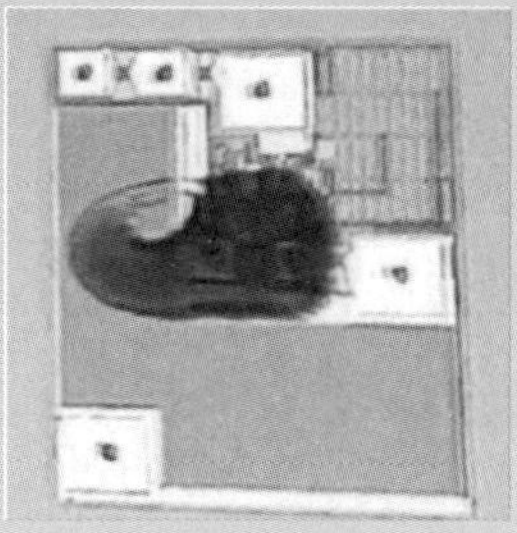
	墨点开裂	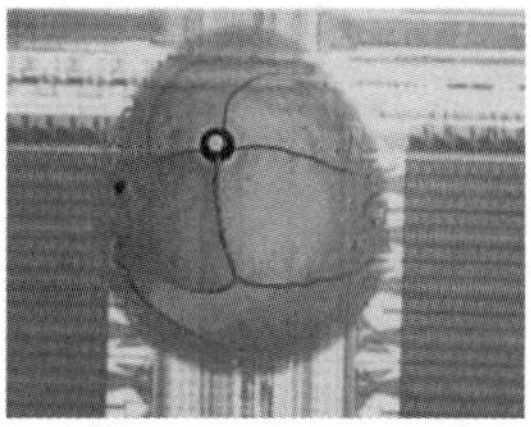
	墨点打在压点上，出框	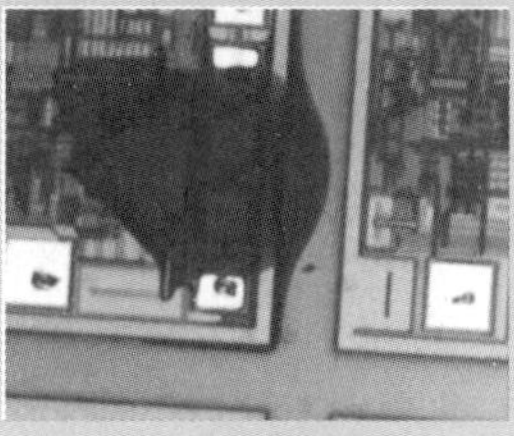
	双墨点	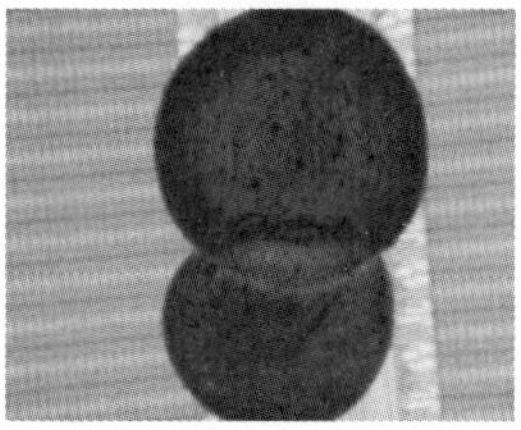
	墨点大小点	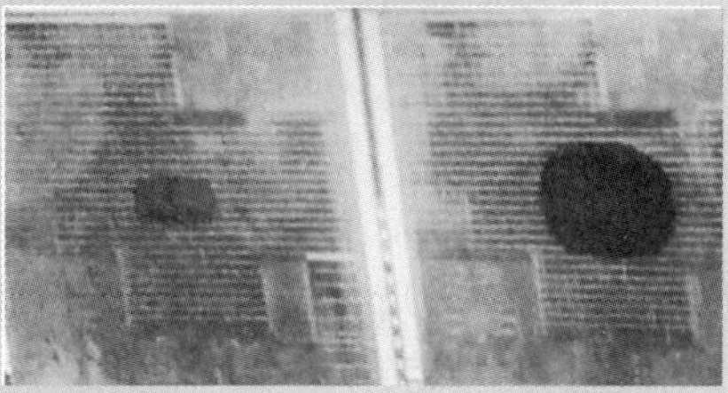
	长形点	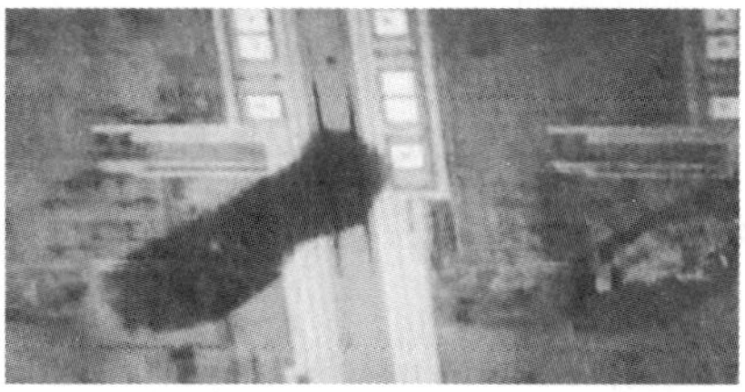

笔记栏

续表

项目	说明	图示
不合格墨点	墨点偏大	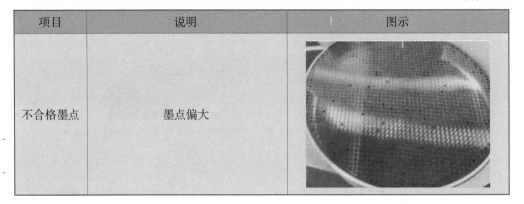

小思考

晶圆检测工艺中，完成晶圆打点后需要检查墨点的质量，图 5-28 所示的现象为（　　）。
A. 墨点开裂
B. 空心墨点
C. 双墨点
D. 长形点

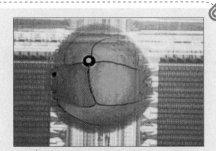

图 5-28　墨点质量检查

拓展知识

通常情况下，晶圆测试是对一片晶圆上每一个独立完整的芯片进行测试，逐一执行程序中设定的所有测试项，即完全测试（full probe），它主要针对研发阶段及设计生产逐步走向成熟的产品。但随着晶圆生产工艺的不断完善，测试环节的成本控制显得尤为重要。更重要的一个因素是，随着电子行业的飞速发展，半导体厂需要以更快更优的方式把产品提供给客户。这就决定了测试工程师必须进一步分析测试程序，研究什么需要被测试以及以何种方式能够满足所要进行的测试。因此晶圆的快速测试（speed probe）方法应运而生，这是一个既满足成本控制，又能提高测试效率的最佳解决方案。

1. 晶圆快速测试方法

在晶圆快速测试中，首先把整片晶圆按照良率分为两个区域。良率低的区域进行完全测试，所有程序中涉及的测试项都会逐一被测试。良率高的区域采取缩减测试项的快速测试方法，只进行关键电性能参数的测试，这样就能大大缩短整片晶圆的测试时间。

晶圆快速测试的优点和风险分析如图 5-29 所示。

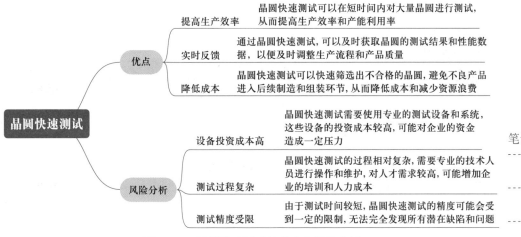

图 5-29　晶圆快速测试的优点和风险分析

在实际测试中，如果抽样测试的良率高于预先设定的阈值，那么晶圆上其余的晶粒将执行缩减测试项的程序流程，只进行关键电性能参数的测试；如果抽样测试的良率低于预先设定的阈值，那么晶圆上其余的晶粒将执行程序中规定的所有测试项。

因此，晶圆快速测试既能提高晶圆测试厂的产能，又能大大降低测试成本。

2. 产品快速测试解决方案

图 5-30 所示为产品快速测试解决方案。

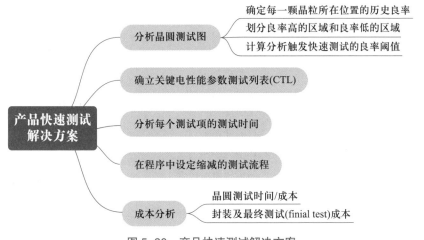

图 5-30　产品快速测试解决方案

任务实施

分组完成晶圆测试资料收集任务，然后在集成电路虚拟仿真平台上完成晶圆测试实操，填写《晶圆测试工艺质量检查流程单》。工艺质量检查流程单可以根据实际需要自行设计，下面给出示例仅供参考，如表 5-8 所示。

表 5-8　《晶圆测试工艺质量检查流程单》示例

项目名称	存储器芯片封装与测试			
任务名称	存储器芯片晶圆测试			
晶圆扎针测试				
测试过程	设备	步骤		要求
	……			
晶圆扎针质量检查				
测试过程	设备	步骤		要求
……				

笔记栏 🖊

💬任务检查与评估

完成晶圆测试实操后，进行任务检查，可采用小组互评等方式进行任务评价，任务评价单如表 5-9 所示。

表 5-9　任务评价单

存储器芯片晶圆测试任务评价单		
职业素养（20 分，每项 5 分）	□具有良好的团队合作精神 □具有良好的沟通交流能力 □能热心帮助小组其他成员 □能严格遵守"6S"管理制度	□较好达成（≥15 分） □基本达成（10 分） □未能达成（<10 分）
专业知识（20 分，每项 5 分）	□掌握晶圆扎针测试的基础知识 □掌握显微镜的使用方法 □掌握晶圆打点的目的和要求 □掌握职场安全和环境保护相关知识	□较好达成（≥15 分） □基本达成（10 分） □未能达成（<10 分）
技术技能（20 分，每项 5 分）	□能进行晶圆扎针调试和质量检查 □能进行晶圆外检工艺操作 □能对扎针、打点不良的晶圆进行处理 □具有较强的职场安全和环保意识	□较好达成（≥15 分） □基本达成（10 分） □未能达成（<10 分）
技能等级（40 分，每项 10 分）	"集成电路封装与测试"1+X 职业技能等级证书（中级）： □能判定晶圆测试过程中扎针位置、深度是否符合要求 □能判定晶圆打点过程中墨点是否满足要求 □能进行晶圆外检工艺操作 □能对扎针、打点不良的晶圆进行判定并剔除	□较好达成（≥30 分） □基本达成（20 分） □未能达成（<20 分）

任务 5.3　存储器芯片成品测试及分选

📝 开启新挑战——任务描述

温馨提示：某芯片设计公司设计了某款静态随机存取存储器芯片 UT6264CPC-70LL（以下简称 UT6264C），其封装形式为 PDIP（因为 FBGA 封装的芯片在实际教学中需购买特定的测试座进行测试，为降低难度，故采用 PDIP 封装的 SRAM，其测试开发过程与 FBGA 封装完全相同），如图 5-31 所示。现已把待测成品芯片和测试规范等资料发送给你所在的公司，要求你公司在规定的时间内对该芯片进行量产测试及分选，并将测试报告提交给该芯片设计公司。请仔细阅读任务描述，根据图 5-32 所示的任务导图完成任务。

序号	参数	符号	测试条件		最小值	典型值	最大值	单位	软件分类	硬件分类
1	连续性 Continuity	V_{OS}	$I_{OS}=-100\ \mu A$		−1	−0.6	−0.1	V	1	2
2	输入漏电流 Input Leakage Current	I_{LI}	$V_{SS} \leq V_{IN} \leq V_{CC}$		−1		1	μA	5	3
3	输出漏电流 Output Leakage Current	I_{LO}	$V_{SS} \leq V_{I/O} \leq V_{CC}$，$\overline{CE}=V_{IH}$ 或 $CE2=V_{IL}$ 或 $\overline{OE}=V_{IH}$ 或 $\overline{WE}=V_{IL}$		−1		1	μA	6	3
4	输出高电平电压 Output High Voltage	V_{OH}	$I_{OH}=-1\ mA$		2.4			V	3	3
5	输出低电平电压 Output Low Voltage	V_{OL}	$I_{OL}=4\ mA$				0.4	V	4	3
6	工作电源电流 Operating Power Supply Current	I_{CC}	$\overline{CE}=V_{IL}$，$I_{I/O}=0\ mA$	$T_{cycle}=70\ ns$		30	40	mA	7	3
		I_{CC1}	$\overline{CE}=0.2\ V$，$I_{I/O}=0\ mA$，$CE2=V_{CC}-0.2\ V$	$T_{cycle}=1\ \mu s$			10	mA		
		I_{CC2}	其他引脚@0.2 V 或 $V_{CC}-0.2\ V$	$T_{cycle}=500\ ns$			20	mA		
7	待机电源电流 Standby Power Supply Current	I_{SS}	$\overline{CE}=V_{IH}$ 或 $CE2=V_{IL}$				3	mA	7	3
		I_{SB1}	$\overline{CE} \geq V_{CC}-0.2\ V$ 或 $CE2 \leq 0.2\ V$，其他引脚@0.2 V 或 $V_{CC}-0.2\ V$		1		50	μA		

注：V_{CC} 为 4.5～5.5 V

图 5-31　UT6264C 芯片及测试规范

图 5-32　任务导图

你的角色：某集成电路测试企业员工。

你的职责：主要负责测试开发和分选。

突发事件：芯片数量较多，必须使用芯片分选机将合格芯片拣选出来。

团队新挑战

作为项目承接方的公司技术骨干，考虑到该项目测试时间紧迫的因素，需尽快完成对芯片的成品测试及分选，提交芯片测试报告。

任务单

根据任务描述，本次任务需要理解 UT6264C 芯片的工作原理，读懂 UT6264C 芯片的测试规范，提出测试资源需求，并选择测试机、分选机、测试座等，设计测试原理图，制订测试开发计划，撰写测试方案，制作测试 PCB 和编写测试程序，进行测试调试、工程批试测，撰写测试报告，具体任务要求参照表 5-10 所示的任务单。

表 5-10 任 务 单

项目名称	存储器芯片封装与测试
任务名称	存储器芯片成品测试及分选
任务要求	
（1）任务开展方式为分组讨论，每组 3 ～ 5 人。	
（2）完成 UT6264C 成品测试开发方案设计的资料收集与整理。	
（3）理解芯片工作原理，分析测试规范，确定测试方法，提出测试资源需求，选择测试机，设计测试原理图。	
（4）制订测试开发计划，撰写测试方案。	
（5）制作测试 PCB，编写测试程序。	
（6）测试调试。	
（7）工程批试测。	
（8）分选。	
（9）撰写测试报告	
任务准备	
1. 知识准备：	
（1）UT6264C 工作原理。	
（2）UT6264C 测试规范。	
（3）ST3020 测试机、分选机（实际采用虚拟仿真软件进行仿真）。	
2. 设备支持：	
（1）仪器：ST3020 测试机。	
（2）工具：计算机、书籍资料、网络	
工作步骤	
参考表 1-1	
总结与提高	
参考表 1-1	

　　在明确本学习任务后，需要先熟悉 UT6264C 芯片的工作原理，理解 UT6264C 芯片的测试规范，了解 ST3020 测试机的测试能力，根据自主学习导图（图 5-33）进行相应的学习。

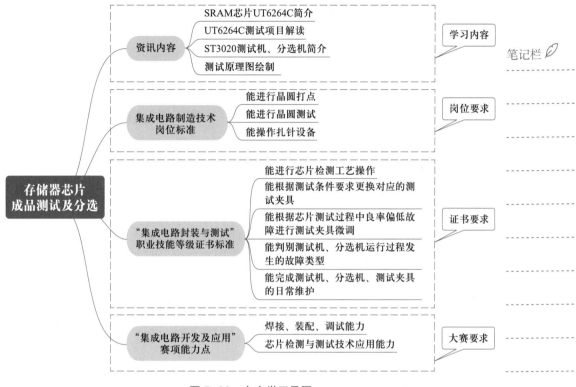

图 5-33　自主学习导图

笔记栏

任务资讯

基础知识

1. 静态存储器芯片 UT6264C 简介

（1）SRAM 芯片简介

　　SRAM 的英文全称为 Static Random-Access Memory（静态随机存取存储器），是随机存取存储器的一种。所谓"静态"，是指这种存储器只要保持通电，里面存储的数据就可以恒常保持。相比之下，动态随机存取存储器（DRAM）中所存储的数据就需要周期性地更新。然而，当电力供应停止时，SRAM 中存储的数据还是会消失（被称为易失性存储器），这与在断电后还能存储资料的 ROM 或闪存是不同的。

　　SRAM 芯片一般由 5 部分构成，包括存储单元阵列（Core Cells Array）、行 / 列地址译码器（Decode）、灵敏放大器（Sense Amplifier）、控制电路（Control Circuit）、缓

冲 / 驱动电路（FFIO），如图 5-34 所示。

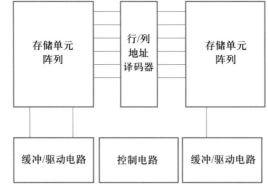

图 5-34　SRAM 芯片结构

（2）SRAM 芯片的工作过程

存储单元阵列中的每个存储单元都与其他单元在行和列上共享电学连接，其中水平方向的连线称为"字线"，而垂直方向的数据流入和流出存储单元的连线称为"位线"。通过输入的地址可选择特定的字线和位线，字线和位线的交叉处就是被选中的存储单元，每个存储单元都是按这种方法被唯一选中，然后对其进行读写操作，读写结构如图 5-35 所示。有的存储器设计成多位数据（如 4 位或 8 位等）同时输入和输出，这样就会同时有 4 个或 8 个存储单元按上述方法被选中进行读写操作。

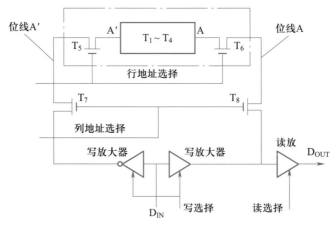

图 5-35　SRAM 芯片读写结构

（3）UT6264C 芯片简介

UT6264C 是一款 8 192×8 位的低功耗 CMOS 静态随机存取存储器，其制作工艺为高性能、高可靠性的 CMOS 工艺。通过 $\overline{CE}$、CE2 这两个引脚可以实现存储器拓展，支持备用电池操作情况下低数据保持电压和低数据保持电流。

UT6264C 的供电电压为 4.5 ～ 5.5 V，所有的输入 / 输出引脚都完全兼容 TTL 电平。

2. ST3020 测试机简介

ST3020 集成电路测试系统可以快速、精确、全面地对各类大、中、小规模数字集成电路（TTL、NMOS、CMOS）以及运算放大器、比较器、模拟开关、音响电路、电话机电路、三端电源、A/D 转换器、D/A 转换器等模拟、混合集成电路进行电参数测试，适合集成电路生产厂家的生产测试（包括中测和成测）、设计部门进行设计验证，各类电子整机厂及质量监测部门进行集成电路进厂检验及质量/可靠性工程分析测试。主要测试方式包括合格/不合格方式（Pass/Fail）、数据记录方式（Data Log）。ST3020 系统具有专用外设接口，可与各类分选机、探针台等设备配合使用，以完成集成电路的批量自动测试。该系统体积小，稳定性高，操作方便，为目前国内市场上用于工业级生产与高校实验课堂的性价比较高的集成电路测试系统。

笔记栏

ST3020 系统主要包含以下几个部分：

① PMU（参数测量单元）。其是一种用于驱动和测量电压或电流的设备。在系统中，PMU 可以提供 0 ～ 10 V 的电压驱动和测量范围，以及 0 ～ 100 mA 的电流驱动和测量范围。通过 PMU 可以对集成电路进行电压响应和电流消耗等参数的测试。电压驱动的测量范围为 ±15 V，电流驱动的测量范围为 ±300 mA。PMU/VIS 板包括总线缓冲器、读写译码器、工作方式控制、继电器驱动电路、驱动电压电流值寄存器及 D/A 转换器、钳位值寄存器及 D/A 转换器、输出驱动器、反馈放大器、多路选择器、A/D 转换器等部分电路。直流测量系统以 16 位 A/D 转换器为核心，可精确测量第一电源通道的电流和电压、第二电源通道的电流和电压、外部输入的两个直流信号及其差值。

② DPS（器件电源）。其主要功能是在测试过程中根据施加条件为被测器件提供器件电源，电压施加范围为 ±15 V；其还可以测量器件电源的工作电流，测量电流范围为 ±250 mA。

器件电源板分别由 DPS1、DPS2 两路器件电源组成，主要组成部分为译码控制单元、逻辑控制单元、D/A 转换器、电压及功率放大器、电流钳位控制器、电流采样单元、差分放大器、继电器控制单元。

③ 数字通道板。其主要功能是在功能测试过程中直接与被测器件的 16 个输入、输出引脚相连，向被测器件输入引脚按规定的电平、逻辑、格式定时施加激励信号，同时检测输出引脚信号电平，并与规定的响应信号进行逻辑比较。其还可以在直流测试过程中，完成参数测量单元与被测器件每一个引脚的切换。

数字通道板的主要组成部分包括：

- 输入/输出引脚：与被测器件的引脚相连，用于输入激励信号和检测输出信号。
- 电平逻辑比较电路：用于与规定的响应信号进行逻辑比较。
- 切换电路：用于实现 PMU 与被测器件引脚的切换操作。

④ 图形发生板。图形发生板主要由图形发生器（PATTERN）和算法图形发生器（APG）两部分组成。

- 图形发生器（PATTERN）：用于生成各种测试模式的信号图形。它可以按照预定的规则和要求产生不同的信号模式，包括脉冲、方波、正弦波等，用于测试被测器件的响应和性能。

● 算法图形发生器（APG）：用于生成特定的算法图形。在测试过程中，APG可以根据特定的算法生成特定的测试图形，用于检测被测器件的逻辑功能、算法实现等方面的性能。

通过图形发生板，测试系统可以生成各种测试模式和算法图形，以对被测器件进行全面的功能测试和性能评估。

图形发生器的主要特性：图形深度为 $1M \times 4\ bit/Pin$，算法图形宽度为 24 bit。

3. UT6264C 测试规范测试项目解读及测试资源需求

（1）UT6264C 测试规范测试项目解读

① 连续性测试：

a. 测试规范的要求：如表 5-11 所示。

表 5-11　连续性测试规范

序号	参数	符号	测试条件	最小值	典型值	最大值	单位	软件分类	硬件分类
1	连续性	V_{OS}	$I_{OS} = -100\ \mu A$	−1	−0.6	−0.1	V	1	2

b. 测试方法：根据测试规范要求，将 V_{SS} 引脚连接测试机地，电源引脚 V_{CC} 加 0 V 电压，给各个引脚拉 100 μA 电流，测量各个引脚上的电压，判断引脚电压是否在 −1 ～ −0.1 V 之间，不在此范围内则该项测试不通过。

c. 测试资源需求：如表 5-12 所示。

表 5-12　连续性测试资源需求

测试项目	测试资源需求			
	V_{CC} 引脚	输入/输出引脚	V_{SS} 引脚	PMU 测量单元
连续性	1 路 DPS	25 个 PIN 通道	测试机地	1 路

② 功能测试：

a. 测试规范的要求：真值表如表 5-13 所示。

表 5-13　UT6264C 芯片的真值表

模式	$\overline{CE}$	CE2	$\overline{OE}$	$\overline{WE}$	I/O 状态	电源电流
待机	H	X	X	X	高阻态	I_{SB}, I_{SB1}
待机	X	L	X	X	高阻态	I_{SB}, I_{SB1}
输出禁用	L	H	H	H	高阻态	I_{CC}, I_{CC1}, I_{CC2}
读	L	H	L	H	输出	I_{CC}, I_{CC1}, I_{CC2}
写	L	H	X	L	输入	I_{CC}, I_{CC1}, I_{CC2}

读时序的两种模式如图 5-36 所示。

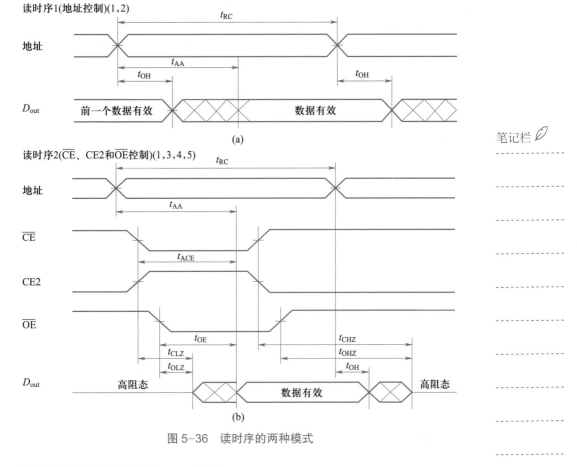

图 5-36　读时序的两种模式

写时序的两种模式如图 5-37 所示。

写时序1($\overline{\text{WE}}$控制)(1,2,3,5,6)

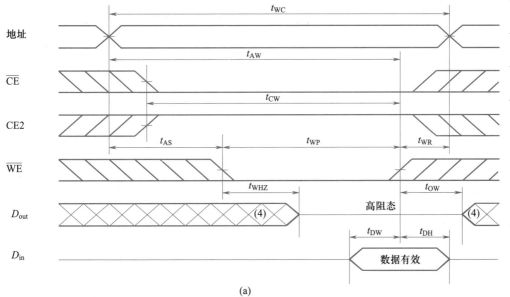

(a)

写时序2($\overline{CE}$和CE2控制)(1,2,5,6)

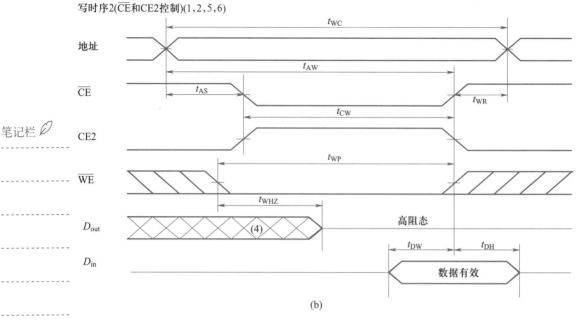

(b)

图 5-37 写时序的两种模式

b. 测试方法：根据测试规范要求，V_{CC} 引脚加 4.5 V 和 5.5 V 电压，V_{SS} 引脚连接测试机地，设置 V_{IH} 为 2.2 V，V_{IL} 为 0.8 V，V_{OH} 为 2.4 V，V_{OL} 为 0.4 V，通过写入数据与读出数据，并对读出的数据与写入的数据进行比较，判断是否一致，不一致则该项测试不通过。

c. 测试资源需求：如表 5-14 所示。

表 5-14 功能测试资源需求

测试项目	测试资源需求		
	V_{CC} 引脚	输入 / 输出引脚	V_{SS} 引脚
功能	1 路 DPS	25 个 PIN 通道	测试机地

③ 输入漏电流测试：

a. 测试规范的要求：如表 5-15 所示。

表 5-15 输入漏电流测试规范

序号	参数	符号	测试条件	最小值	典型值	最大值	单位	软件分类	硬件分类
2	输入漏电流	I_{LI}	$V_{SS} \leqslant V_{IN} \leqslant V_{CC}$	-1		1	μA	5	3

b. 测试方法：根据测试规范要求，V_{CC} 引脚加 5.5 V 电压，V_{SS} 引脚连接测试

机地，设置 V_{IH} 为 5.5 V，V_{IL} 为 0 V。被测芯片的输入引脚全部置为高电平，设置 PMU 测试模式为加压测流，被测输入引脚加 0 V 电压，测量被测输入引脚上的电流 I_{LI}，判断 I_{LI} 是否在 $-1 \sim 1$ μA 之间，不在此范围内则该项测试不通过。

被测芯片的输入引脚全部置为低电平，设置 PMU 测试模式为加压测流，被测输入引脚加 5.5 V 电压，测量被测输入引脚上的电流 I_{LI}，判断 I_{LI} 是否在 $-1 \sim 1$ μA 之间，不在此范围内则该项测试不通过。

c. 测试资源需求：如表 5–16 所示。

笔记栏

表 5–16　输入漏电流测试资源需求

测试项目	测试资源需求			
	V_{CC} 引脚	输入 / 输出引脚	V_{SS} 引脚	PMU 测量单元
输入漏电流	1 路 DPS	25 个 PIN 通道	测试机地	1 路

④ 输出漏电流测试：

a. 测试规范的要求：如表 5–17 所示。

表 5–17　输出漏电流测试规范

序号	参数	符号	测试条件	最小值	典型值	最大值	单位	软件分类	硬件分类
3	输出漏电流	I_{LO}	$V_{SS} \le V_{I/O} \le V_{CC}$，$\overline{CE} = V_{IH}$ 或 CE2 $= V_{IL}$ 或 $\overline{OE} = V_{IH}$ 或 $\overline{WE} = V_{IL}$	-1		1	μV	6	3

b. 测试方法：根据测试规范要求，V_{CC} 引脚加 5.5 V 电压，V_{SS} 引脚连接测试机地，设置 V_{IH} 为 2.2 V，V_{IL} 为 0.8 V，V_{OH} 为 2.4 V，V_{OL} 为 0.4 V，根据测试条件进行设置，使得输出为高阻态，设置 PMU 测试模式为加压测流，输出引脚分别加 0 V 和 5.5 V 电压，测量各输出引脚上的电流 I_{LO}，判断 I_{LO} 是否在 $-1 \sim 1$ μA 之间，不在此范围内则该项测试不通过。

c. 测试资源需求：如表 5–18 所示。

表 5–18　输出漏电流测试资源需求

测试项目	测试资源需求			
	V_{CC} 引脚	输入 / 输出引脚	V_{SS} 引脚	PMU 测量单元
输出漏电流	1 路 DPS	25 个 PIN 通道	测试机地	1 路

⑤ 输出高电平电压测试：

a. 测试规范的要求：如表 5–19 所示。

表 5-19 输出高电平电压测试规范

序号	参数	符号	测试条件	最小值	典型值	最大值	单位	软件分类	硬件分类
4	输出高电平电压	V_{OH}	$I_{OH} = -1\ mA$	24			V	3	3

b. 测试方法：根据测试规范要求，V_{CC} 引脚加 4.5 V 电压，V_{SS} 引脚连接测试机地，设置 V_{IH} 为 2.2 V，V_{IL} 为 0.8 V，V_{OH} 为 2.4 V，V_{OL} 为 0.4 V，被测芯片的输出引脚全部置为高电平，设置 PMU 测试模式为加流测压，输出引脚拉 1 mA 电流，测量各输出引脚上的电压 V_{OH}，判断 V_{OH} 是否大于或等于 2.4 V，不在此范围内则该项测试不通过。

c. 测试资源需求：如表 5-20 所示。

表 5-20 输出高电平电压测试资源需求

测试项目	测试资源需求			
	V_{CC} 引脚	输入 / 输出引脚	V_{SS} 引脚	PMU 测量单元
输出高电平电压	1 路 DPS	25 个 PIN 通道	测试机地	1 路

⑥ 输出低电平电压测试：

a. 测试规范的要求：如表 5-21 所示。

表 5-21 输出低电平电压测试规范

序号	参数	符号	测试条件	最小值	典型值	最大值	单位	软件分类	硬件分类
5	输出低电平电压	V_{OL}	$I_{OL} = 4\ mA$			0.4	V	4	3

b. 测试方法：根据测试规范要求，V_{CC} 引脚加 4.5 V 电压，V_{SS} 引脚连接测试机地，设置 V_{IH} 为 2.2 V，V_{IL} 为 0.8 V，V_{OH} 为 2.4 V，V_{OL} 为 0.4 V，被测芯片的输入引脚全部置为低电平，设置 PMU 测试模式为加流测压，输出引脚灌入 4 mA 电流，测量各输出引脚上的电压 V_{OL}，判断 V_{OL} 是否小于或等于 0.4 V，不在此范围内则该项测试不通过。

c. 测试资源需求：如表 5-22 所示。

表 5-22 输出低电平电压测试资源需求

测试项目	测试资源需求			
	V_{CC} 引脚	输入 / 输出引脚	V_{SS} 引脚	PMU 测量单元
输出低电平电压	1 路 DPS	25 个 PIN 通道	测试机地	1 路

⑦ 工作电源电流测试：

a. 测试规范的要求：如表 5-23 所示。

表 5-23　工作电源电流测试规范

序号	参数	符号	测试条件		最小值	典型值	最大值	单位	软件分类	硬件分类
6	工作电源电流	I_{CC}	$\overline{CE} = V_{IL}$, $I_{I/O} = 0$ mA	$T_{cycle} = 70$ ns		30	40	mA	7	3
		I_{CC1}	$\overline{CE} = 0.2$ V, $I_{I/O} = 0$ mA, CE2 = $V_{CC} - 0.2$ V, 其他引脚 @0.2 V 或 $V_{CC} - 0.2$ V	$T_{cycle} = 1$ μs			10	mA		
		I_{CC2}		$T_{cycle} = 500$ ns			20	mA		

b. 测试方法：根据测试规范要求，V_{CC} 引脚加 5.5 V 电压，V_{SS} 引脚连接测试机地，根据测试条件分别设置 V_{IH}、V_{IL}、V_{OH}、V_{OL}、周期，使被测芯片进入循环读写状态，测量 V_{CC} 引脚上的电流 I_{CC}，判断 I_{CC} 是否在测试规范要求的范围内，不在范围内则该项测试不通过。

c. 测试资源需求：如表 5-24 所示。

表 5-24　工作电源电流测试资源需求

测试项目	测试资源需求			
	V_{CC} 引脚	输入 / 输出引脚	V_{SS} 引脚	DPS 测量单元
工作电源电流	1 路 DPS	25 个 PIN 通道	测试机地	1 路

⑧ 待机电源电流测试：

a. 测试规范的要求：如表 5-25 所示。

表 5-25　待机电源电流测试规范

序号	参数	符号	测试条件	最小值	典型值	最大值	单位	软件分类	硬件分类
7	待机电源电流	I_{SS}	$\overline{CE} = V_{IH}$ 或 CE2 = V_{IL}			3	mA	7	3
		I_{SB1}	$\overline{CE} \geq V_{CC} - 0.2$ V 或 CE2 ≤ 0.2 V, 其他引脚 @0.2 V 或 $V_{CC} - 0.2$ V		1	50	μA		

b. 测试方法：根据测试规范要求，V_{CC} 引脚加 5.5 V 电压，V_{SS} 引脚连接测试机

地，根据测试条件设置 V_{IH}、V_{IL}、V_{OH}、V_{OL}，使被测芯片进入待机状态，测量 V_{CC} 引脚上的电流 I_{SB}，判断 I_{SB} 是否在测试规范要求的范围内，不在范围内则该项测试不通过。

c. 测试资源需求：如表 5-26 所示。

表 5-26　待机电源电流测试资源需求

测试项目	测试资源需求			
	V_{CC} 引脚	输入 / 输出引脚	V_{SS} 引脚	DPS 测量单元
待机电源电流	1 路 DPS	25 个 PIN 通道	测试机地	1 路

（2）UT6264C 所用测试资源

总的测试资源需求如表 5-27 所示。

表 5-27　总的测试资源需求

测试项目	测试资源需求				
	DPS	PIN 通道	测试机地	PMU 测量单元	DPS 测量单元
所有被测项目	1 路	25 个	1 个	1 路	1 路

芯片电源电压最高为 5.5 V，电源电流最高为 50 mA。

4. 测试机选择

（1）ST3020 测试机硬件资源板的技术指标

ST3020 测试机中 PMU 板的主要技术指标如表 5-28 所示。

表 5-28　ST3020 PMU 板主要技术指标

配置及性能	技术指标
模块通道数	1
电压驱动、测量范围	−15 ～ +15 V
电流驱动、测量范围	−300 ～ 300 mA

ST3020 测试机中 DPS 板的主要技术指标如表 5-29 所示。

表 5-29　ST3020 DPS 板主要技术指标

配置及性能	技术指标
模块通道数	2
电压驱动范围	−15 ～ +15 V
电流测量范围	−250 ～ 250 mA

ST3020 测试机中数字通道板的主要技术指标如表 5-30 所示。

表 5-30 ST3020 数字通道板主要技术指标

配置及性能	技术指标
模块通道数	16
配置板卡数	2
输入高电平参考 V_{IH}	0 ～ +15 V
输入低电平参考 V_{IL}	0 ～ +5 V
输出高电平参考 V_{OH}	0 ～ +12 V
输出低电平参考 V_{OL}	0 ～ +5 V

（2）ST3020 测试资源与芯片测试资源需求匹配

ST3020 测试资源与芯片测试资源需求匹配如表 5-31 所示。由表可知，ST3020 满足测试需求。

表 5-31 ST3020 测试资源与芯片测试资源需求匹配

芯片测试要求	测试机能力	满足
电源电压：0 ～ 5.5V	−15 ～ 15 V	是
电源电流：+50 mA	−250 ～ 250 mA	是
DPS：1 路	2 路	是
PE：25 路	32 路	是
V_{IH}：2.2 ～ 5.5V	0 ～ +15V	是
V_{IL}：0 ～ 0.8V	0 ～ +5V	是
V_{OH}：2.4 ～ 5.5V	0 ～ +12V	是
V_{OL}：0 ～ 0.4V	0 ～ +5V	是
驱动电压精度：100 mV	驱动 +（0.1%）+20 mV	是
驱动电流精度：1 mA	驱动 +（0.1%）+2.5 μA	是
测量电压精度：100 mV	测量 +（0.1%）+20 mV	是
测量电流精度：1 μA	测量值 +（0.5%）+80 nA	是
PMU 测量单元：1 路	1 路	是
DPS 测量单元：1 路	2 路	是

5. 测试原理图绘制

图 5-38 所示为 UT6264C 芯片测试原理图，V_{CC} 引脚加一个 0.1 μF 的电容，可以起到滤波的作用。

根据前述内容，制订测试开发方案并进行方案评审。

笔记栏

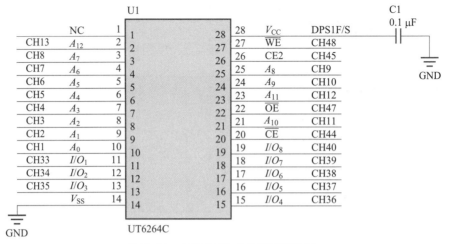

图 5-38　UT6264C 芯片测试原理图

以赛促练

2022 年的第六届全国大学生集成电路创新创业大赛 ×× 杯赛的赛事安排分初赛、分赛区决赛、总决赛。这里以初赛为例分析其试题。

1. 大赛样题

具体要求：基于 ST3020 集成电路测试实训平台，完成 TMS4256-12NL 器件的自动化测试方案设计，以规定格式文档在截止日期前发送至指定邮箱。测试方案中必须包含如下内容：

① 被测数字电路的直流特性，输入漏电流、输出漏电流、输出高电平电压、输出低电平电压、电源电流（读电流、写电流、待机电流、刷新电流、页模式电流）等静态参数的测试方案。

② 被测电路的功能测试方案，图形向量采用"移动对角线"方式来编写。

③ 测试项需要尽量多地覆盖 TMS4256-12NL 器件的静态参数指标和功能，写出每项测试的原理和基于指定测试平台的测试程序；测试方案思路清晰，文档框架结构合理，内容逻辑通顺。

说明：

① 方案提交截止时间以官网公布为准。

② 基础培训为线上，进阶培训为线下，以学校为单位统一报名。

③ 测试硬件平台基于 ST3020 集成电路测试系统实现。

④ 测试程序基于 C 语言实现。

⑤ 免费提供搭建虚拟软件开发环境的服务。

⑥ 可在线测试和离线编写测试程序，提供多个测试 Demo。

2. 样题分析及测试

样题中已经清楚说明，需要测试的参数是直流特性，输入漏电流、输出漏电流、输出高电平电压、输出低电平电压、电源电流（读电流、写电流、待机电流、刷新电流、页模式电流）等静态参数，被测电路的功能测试，同时该功能测试的图形向量要采用"移动对角线"方式来编写。下面分析怎么实现直流参数和功能参数的测试。

（1）芯片工作原理

动态随机存取存储器（Dynamic Random Access Memory，DRAM）TMS4256-12NL 的工作原理是一种基于电荷存储的存储器技术。这里由于篇幅有限无法详细阐述其工作原理，请读者自行查找相关资料以了解该存储器的工作原理。

（2）搭建测试电路

按照测试原理图（图 5-39）把测试机的相应信号连到芯片引脚上即可，没有其他辅助测试电路。

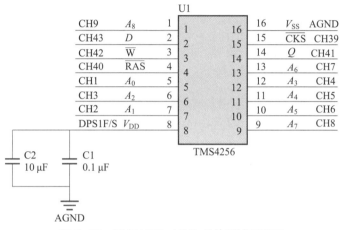

图 5-39 TMS4256-12NL 芯片测试原理图

（3）绘制芯片测试负载板布线图

根据图 5-39 所示的测试原理图绘制芯片测试负载板布线图，如图 5-40 和图 5-41 所示。

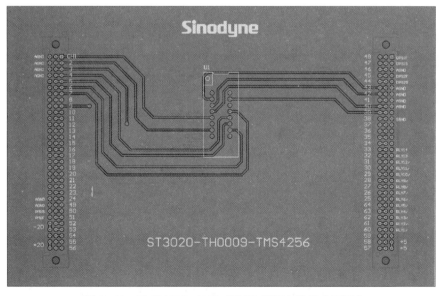

图 5-40 TMS4256-12NL 测试负载板布线图（正面）

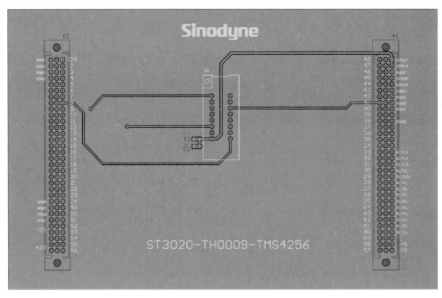

图 5-41 TMS4256-12NL 测试负载板布线图（背面）

（4）测试程序编写

样题相关测试代码篇幅较长，请扫描二维码查看具体代码。

任务实施

测试方案评审通过后，即可安排测试 PCB 设计和测试程序编写，收到 PCB 后可以进行元器件焊接，完成 PCB 制作，编制完成《存储器芯片测试软硬件制作及调试实施报告》，具体可以参照图 5-42 所示的步骤进行。

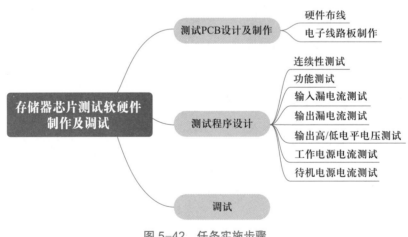

图 5-42 任务实施步骤

1. 测试 PCB 制作

根据图 5-38 绘制测试负载板布线图，如图 5-43 和图 5-44 所示。

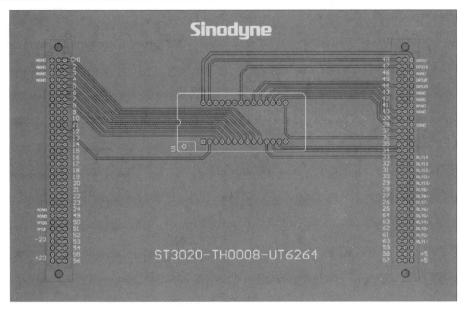

图 5-43　UT6264C 测试负载板布线图（正面）

笔记栏

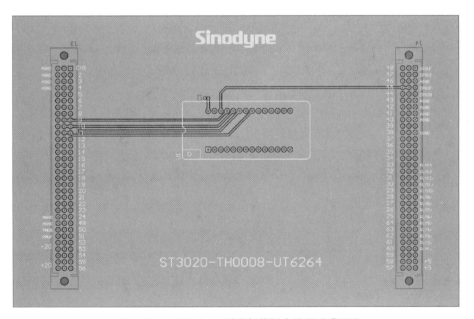

图 5-44　UT6264C 测试负载板布线图（背面）

2. 测试程序编写
（1）连续性测试

```
SET_DPS(1,0,V,30,MA);      //第 1 路 DPS 施加 0 V 电压，设置钳位电流为 30 mA
PMU_CONDITIONS(FIMV,-0.1,MA,2,V);
//设置 PMU 为加流测压模式，给通道加 -100 μA 电流，钳位电压为 2 V
```

```
if(!PMU_MEASURE("1-13,33-40,44,45,47,48",5,"CON_",V,-0.1,-1))
```
// PMU测量通道 1~13、33~40、44、45、47、48上的电压,延时 5 ms,测试显示名称
　　为 CON_,测量单位为 V,上限为 -0.1 V,下限为 -1 V
```
BIN(1);    //如果该项目测试不通过,将此失效分在 1 号类软件失效
```

(2) 功能测试

```
CLEAR_ALL();                     //初始化系统
SET_DPS(1,4.5,V,100,MA);         //第 1 路 DPS施加 4.5 V电压,设置钳位电流为 100 mA
Delay(10);                       //延时 10 ms
SET_INPUT_LEVEL(2.2,0.8);        //设置输入驱动高电平为 2.2 V,低电平为 0.8 V
SET_OUTPUT_LEVEL(2.4,0.4);       //设置输出比较高电平为 2.4 V,低电平为 0.4 V
SET_PERIOD(500);                 //设置执行一行图形的周期为 500 ns
SET_TIMING(100,350,450);         //设置波形前沿为 100 ns,脉宽为 350 ns,选通为
                                    450 ns
FORMAT(NRZ0,"1-13,33-40,44,45");
```
// 格式化通道 1~13($A_0 \sim A_{12}$)、33~40($I/O_1 \sim I/O_8$)、44($\overline{CE}$)、45(CE2)为 NRZ0方式
```
FORMAT(RO,"48");                 //格式化通道 48($\overline{WE}$)为 RO格式
FORMAT(NRZ0,"47");               //格式化通道 47($\overline{OE}$)为 NRZ0格式
if(!RUN_PATTERN("FUN_FF",19,1,2,200000))
```
// 测试显示名称是 FUN_FF,运行标号 19的图形,失效返回,设置 1~16通道板为 apgen
　　方式,将 1~16通道板转为地址板使用,即存储器地址不是来源于向量存储器,而是来源
　　于地址计数器(后面类似,不再赘述),运行时间为 200 000 ms
```
BIN(2);                          //如果该项目测试不通过,将此失效分在 2 号类软件
                                    失效
if(!RUN_PATTERN("FUN_00",20,1,2,200000))
```
// 测试显示名称是 FUN_00,运行标号 20的图形,失效返回,设置 1~16通道板为 apgen
　　方式,运行时间为 200 000 ms
```
BIN(2);                          //如果该项目测试不通过,将此失效分在 2 号类软件
                                    失效
SET_DPS(1,5.5,V,100,MA);         //第 1 路 DPS施加 5.5 V电压,设置钳位电流为 100 mA
Delay(10);                       //延时 10 ms
SET_INPUT_LEVEL(2.2,0.8);        //设置输入驱动高电平为 2.2 V,低电平为 0.8 V
SET_OUTPUT_LEVEL(2.4,0.4);       //设置输出比较高电平为 2.4 V,低电平为 0.4 V
SET_PERIOD(500);                 //设置执行一行图形的周期为 500 ns
SET_TIMING(100,350,450);         //设置波形前沿为 100 ns,脉宽为 350 ns,选通为
                                    450 ns
FORMAT(NRZ0,"1-13,33-40,44,45");
```

```
//格式化通道 1~13($A_0$~$A_{12}$)、33~40($I/O_1$~$I/O_8$)、44($\overline{CE}$)、45(CE2)为 NRZ0 方式
FORMAT(RO,"48");                    //格式化通道 48($\overline{WE}$)为 RO 格式
FORMAT(NRZ0,"47");                  //格式化通道 47($\overline{OE}$)为 NRZ0 格式
if(!RUN_PATTERN("FUN_FF_MAX",19,1,2,200000))
```

//测试显示名称是 FUN_FF_MAX，运行标号 19 的图形，失效返回，设置 1~16 通道板为
  apgen 方式，运行时间为 200 000 ms

```
BIN(2);                            //如果该项目测试不通过，将此失效分在 2 号类软件
                                     失效
if(!RUN_PATTERN("FUN_00_MAX",20,1,2,200000))
```

//测试显示名称是 FUN_00_MAX，运行标号 20 的图形，失效返回，设置 1~16 通道板为
  apgen 方式，运行时间为 200 000 ms

```
BIN(2);                            //如果该项目测试不通过，将此失效分在 2 号类软件
                                     失效
```

笔记栏

为了方便阅读和理解，这里把对应的测试图形罗列如下，实际的测试图形文件应该放在整个图形文件中。

```
MEM_SOURCE_15;                     //图形文件开始第 1 行

PINDEF                             //引脚定义开始
A0      = I,   BIN, (1)            //$A_0$为输入引脚，对应通道 1，二进制方式编写图
                                     形的引脚定义，BIN 的说明下面类似，不再赘述
A1      = I,   BIN, (2)            //$A_1$为输入引脚，对应通道 2
A2      = I,   BIN, (3)            //$A_2$为输入引脚，对应通道 3
A3      = I,   BIN, (4)            //$A_3$为输入引脚，对应通道 4
A4      = I,   BIN, (5)            //$A_4$为输入引脚，对应通道 5
A5      = I,   BIN, (6)            //$A_5$为输入引脚，对应通道 6
A6      = I,   BIN, (7)            //$A_6$为输入引脚，对应通道 7
A7      = I,   BIN, (8)            //$A_7$为输入引脚，对应通道 8
A8      = I,   BIN, (9)            //$A_8$为输入引脚，对应通道 9
A9      = I,   BIN, (10)           //$A_9$为输入引脚，对应通道 10
A10     = I,   BIN, (11)           //$A_{10}$为输入引脚，对应通道 11
A11     = I,   BIN, (12)           //$A_{11}$为输入引脚，对应通道 12
A12     = I,   BIN, (13)           //$A_{12}$为输入引脚，对应通道 13
I/O1    = IO,  BIN, (33)           //$I/O_1$为输入/输出引脚，对应通道 33
I/O2    = IO,  BIN, (34)           //$I/O_2$为输入/输出引脚，对应通道 34
I/O3    = IO,  BIN, (35)           //$I/O_3$为输入/输出引脚，对应通道 35
I/O4    = IO,  BIN, (36)           //$I/O_4$为输入/输出引脚，对应通道 36
```

```
I/O5      = IO, BIN, (37)      // I/O₅为输入/输出引脚，对应通道 37
I/O6      = IO, BIN, (38)      // I/O₆为输入/输出引脚，对应通道 38
I/O7      = IO, BIN, (39)      // I/O₇为输入/输出引脚，对应通道 39
I/O8      = IO, BIN, (40)      // I/O₈为输入/输出引脚，对应通道 40
CE        = I,  BIN, (44)      // CE为输入引脚，对应通道 44
CE2       = I,  BIN, (45)      // CE2为输入引脚，对应通道 45
OE        = I,  BIN, (47)      // OE为输入引脚，对应通道 47
WE        = I,  BIN, (48)      // WE为输入引脚，对应通道 48
MAIN_F                         // 编辑图形指令及数据以此为标记开始
START_INDEX(19) FUN-TEST       // 写 1读 1功能测试
```

// 写入 1阶段 前面的 RUN_ PATTERN 中的参数设置使得下面图形中的地址不起作用，地
址以地址计数器的地址为准

```
        INC        (0000000000000 XXXXXXXX 1111)   // 待机
        INC        (0000000000000 XXXXXXXX 1111)   // 待机
        INC        (0000000000000 XXXXXXXX 1111)   // 待机
        LDAR1,0    (0000000000000 XXXXXXXX 1111)   // 将 0装载到内部地址计数器 1
        ADDR1      (0000000000000 XXXXXXXX 1111)   // 把地址计数器 1的值即 0输送到
                                                        地址引脚
        LDC,1      (0000000000000 XXXXXXXX 1111)   // 设置 E2循环次数为 2次
E2      INC        (0000000000000 XXXXXXXX 1111)   // E2循环开始
        LDC,4095   (0000000000000 11111111 1111)   // 设置 E1循环次数为 4 096次
E1      INC        (0000000000000 11111111 0110)   // 写 11111111，下面简称 1
        INCAR1     (0000000000000 11111111 1111)   // 地址计数器 1加 1
        LOOP, E1   (0000000000000 11111111 1111)   // 跳转 E1，循环 4 096次后退出
        INC        (0000000000000 XXXXXXXX 1111)   // 待机
        LOOP, E2   (0000000000000 XXXXXXXX 1111)
```

// 跳转到 E2，循环 2次，2次 E2循环完共执行 4 096×2=8 192次写入 11111111操
作，写入地址从 0到 8 191。

// 读出阶段

```
        LDAR1,0    (0000000000000 XXXXXXXX 1111)   // 将 0装载到内部地址计数器 1
        LDC,1      (0000000000000 XXXXXXXX 1111)   // 设置 E4循环次数为 2次
E4      INC        (0000000000000 XXXXXXXX 1111)   // E4循环开始
        LDC,4095   (0000000000000 XXXXXXXX 0111)   // 设置 E3循环次数为 4 096次
E3      INC        (0000000000000 HHHHHHHH 0101)   // 读 1
        INCAR1     (0000000000000 XXXXXXXX 0111)   // 地址计数器加 1
        LOOP, E3   (0000000000000 XXXXXXXX 0111)   // 跳转 E3，循环 4 096次后退出
        INC        (0000000000000 XXXXXXXX 1111)   // 待机
        LOOP, E4   (0000000000000 XXXXXXXX 1111)
```

笔记栏

//跳转到 E4，循环 2次，2次 E4循环完共执行 4 096×2=8 192次读 HHHHHHHH操作，
　　读出地址从 0到 8 191。

```
         HALT       (0000000000000 XXXXXXXX 1111)   //图形结束
START_INDEX(20)                                    //写 0读 0功能测试
    //写入 0阶段
         INC        (0000000000000 XXXXXXXX 1111)   //待机
         INC        (0000000000000 XXXXXXXX 1111)   //待机
         INC        (0000000000000 XXXXXXXX 1111)   //待机
         LDAR1,0    (0000000000000 XXXXXXXX 1111)   //将 0装载到内部地址计数器 1
         ADDR1      (0000000000000 XXXXXXXX 1111)   //将计数器 1的值输送到地址引脚
         LDC,1      (0000000000000 XXXXXXXX 1111)   //设置 F2循环次数为 2次
    F2   INC        (0000000000000 XXXXXXXX 1111)   //F2循环开始
         LDC,4095   (0000000000000 00000000 1111)   //设置 F1循环次数为 4 096次
    F1   INC        (0000000000000 00000000 0110)   //写 0
         INCAR1     (0000000000000 00000000 1111)   //地址计数器 1加 1
         LOOP, F1   (0000000000000 00000000 1111)   //跳转 F1，循环 4 096次后退出
         INC        (0000000000000 XXXXXXXX 1111)   //待机
         LOOP, F2   (0000000000000 XXXXXXXX 1111)   //跳转 F2，循环 2次后退出
    //读出 0阶段
         LDAR1,0    (0000000000000 XXXXXXXX 1111)   //将 0装载到内部地址计数器 1
         ADDR1      (0000000000000 XXXXXXXX 1111)   //将计数器 1的值输送到地址引脚
         LDC,1      (0000000000000 XXXXXXXX 1111)   //设置 F4循环次数为 2次
    F4   INC        (0000000000000 XXXXXXXX 1111)   //F4循环开始
         LDC,4095   (0000000000000 XXXXXXXX 0111)   //设置 F3循环次数为 4 096次
    F3   INC        (0000000000000 LLLLLLLL 0101)   //读 0
         INCAR1     (0000000000000 XXXXXXXX 0111)   //地址计数器 1加 1
         LOOP, F3   (0000000000000 XXXXXXXX 0111)   //跳转 F3，循环 4 096次后退出
         INC        (0000000000000 XXXXXXXX 1111)   //待机
         LOOP, F4   (0000000000000 XXXXXXXX 1111)   //跳转 F4，循环 2次后退出
         HALT       (0000000000000 XXXXXXXX 1111)   //图形结束
```

（3）输入漏电流测试

```
SET_DPS(1,5.5,V,100,MA);        //第 1路 DPS施加 5.5 V电压，设置钳位电流为 100 mA
SET_INPUT_LEVEL(5.5,0);         //设置输入驱动高电平为 5.5 V，低电平为 0 V
SET_OUTPUT_LEVEL(2.4,0.4);      //设置输出比较高电平为 2.4 V，低电平为 0.4 V
SET_PERIOD(800);                //设置执行一行图形的周期为 800 ns
```

```
SET_TIMING(250,480,600);          //设置波形前沿为250 ns，脉宽为480 ns，选通为
                                  600 ns
FORMAT(NRZ0,"1-13,33-40,44,45");
                                  //格式化通道1~13、33~40、44、45为NRZ0方式
FORMAT(RO,"48");                  //格式化通道48为RO格式
FORMAT(NRZ0,"47");                //格式化通道47为NRZO格式
RUN_PATTERN(3,1,0,0);             //运行标号3的图形，失效返回
PMU_CONDITIONS(FVMI,0,V,0.02,MA);
//设置PMU为加压测流模式，给通道加0 V电压，设置钳位电流为20 μA
if(!PMU_MEASURE("1-13,44,45,47,48",5,"ILI_1_",UA,1,-1)
//PMU测量通道1~13、44、45、47、48上的电流，延时5 ms，测试显示名称为ILI_1_，
  测量单位为μA，上限为1 μA，下限为-1 μA
BIN(5);                           //如果该项目测试不通过，将此失效分在5号类软件
                                  失效
RUN_PATTERN(4,1,0,0);             //运行标号4的图形，失效返回
PMU_CONDITIONS(FVMI,5.5,V,0.02,MA);
//设置PMU为加压测流模式，给通道加5.5 V电压，设置钳位电流为20 μA
if(!PMU_MEASURE("1-13,44,45,47,48",5,"ILI_0_",UA,1,-1))
//PMU测量通道1~13、44、45、47、48上的电流，延时5 ms，测试显示名称为ILI_0_，
  测量单位为μA，上限为1 μA，下限为-1 μA
BIN(5);                           //如果该项目测试不通过，将此失效分在5号类软件
                                  失效
```

测试图形如下：

```
START_INDEX(3) IIL-TEST
              {AAAAAAAAAAAAA IIIIIIII CCOW} //注释
              {0123456789111 01234567 EEEE} //注释
              {        012           12  }  //注释
        INC   (1111111111111 11111111 1111) //输入引脚设置为高电平，即 Vcc
        INC   (1111111111111 11111111 1111) //输入引脚设置为高电平，即 Vcc
        INC   (1111111111111 11111111 1111) //输入引脚设置为高电平，即 Vcc
        HALT  (1111111111111 11111111 1111) //图形结束
START_INDEX(4) IIL-TEST
        INC   (0000000000000 00000000 0000) //输入引脚设置为低电平，即 Vss
        INC   (0000000000000 00000000 0000) //输入引脚设置为低电平，即 Vss
        INC   (0000000000000 00000000 0000) //输入引脚设置为低电平，即 Vss
        HALT  (0000000000000 00000000 0000) //图形结束
```

（4）输出漏电流测试

```
SET_DPS(1,5.5,V,100,MA);            //第1路DPS施加5.5V电压，设置钳位电流为100mA
Delay(10);                          //延时10ms
SET_INPUT_LEVEL(2.2,0.8);           //设置输入驱动高电平为2.2V，低电平为0.8V
SET_OUTPUT_LEVEL(2.4,0.4);          //设置输出比较高电平为2.4V，低电平为0.4V
SET_PERIOD(800);                    //设置执行一行图形的周期为800ns
SET_TIMING(250,480,600);            //设置波形前沿为250ns，脉宽为480ns，选通为
                                      600ns
FORMAT(NRZ0,"1-13,33-40,44,45");
                                    //格式化通道1~13、33~40、44、45为NRZ0方式
FORMAT(RO,"48");                    //格式化通道48为RO格式
FORMAT(NRZ0,"47");                  //格式化通道47为NRZ0格式
RUN_PATTERN(5,1,0,0);               //运行标号5的图形，失效返回
PMU_CONDITIONS(FVMI,0,V,0.02,MA);
//设置PMU为加压测流模式，给通道加0V电压，设置钳位电流为20μA
if(!PMU_MEASURE("33-40",5,"ILO_1_",UA,1,-1))
//PMU测量通道33~40上的电流，延时5ms，测试显示名称为ILO_1_，测量单位为μA，上
  限为1μA，下限为-1μA
BIN(6);                             //如果该项目测试不通过，将此失效分在6号类软件
                                      失效
RUN_PATTERN(5,1,0,0);               //运行标号5的图形，失效返回
PMU_CONDITIONS(FVMI,5.5,V,0.02,MA);
//设置PMU为加压测流模式，给通道加5.5V电压，设置钳位电流为20μA
if(!PMU_MEASURE("33-40",5,"ILO_2_",UA,1,-1))
//PMU测量通道33~40上的电流，延时5ms，测试显示名称为ILO_2_，测量单位为μA，上
  限为1μA，下限为-1μA
BIN(6);                             //如果该项目测试不通过，将此失效分在6号类软件
                                      失效
```

测试图形如下：

```
START_INDEX(5)
      INC      (0000000000000 XXXXXXXX 1010) //待机，高阻态
      INC      (0000000000000 XXXXXXXX 1010) //待机，高阻态
      INC      (0000000000000 XXXXXXXX 1010) //待机，高阻态
      INC      (0000000000000 XXXXXXXX 1010) //待机，高阻态
      HALT     (0000000000000 XXXXXXXX 1010) //图形结束
```

（5）输出高电平电压测试

```
CLEAR_ALL();                    //初始化系统
SET_DPS(1,4.5,V,100,MA);        //第1路DPS施加4.5V电压,设置钳位电流为100mA
SET_INPUT_LEVEL(4,0);           //设置输入驱动高电平为4V,低电平为0V
SET_OUTPUT_LEVEL(2.4,0.4);      //设置输出比较高电平为2.4V,低电平为0.4V
SET_PERIOD(800);                //设置执行一行图形的周期为800ns
SET_TIMING(250,480,600);        //设置波形前沿为250ns,脉宽为480ns,选通为
                                  600ns
FORMAT(NRZ0,"1-13,33-40,44,45");
                                //定义选取通道波形格式为NRZ0格式
FORMAT(RO,"48");                //格式化通道48为RO格式
FORMAT(NRZ0,"47");              //格式化通道47为NRZ0格式
RUN_PATTERN(1,1,0,0);           //运行标号1的图形,失效返回
PMU_CONDITIONS(FIMV,-1,MA,5,V);
//设置PMU为加流测压模式,给通道加-1mA电流,设置钳位电压为5V
if(!PMU_MEASURE("33-40",5,"VOH_",V,No_UpLimit,2.4))
//PMU测量通道33~40上的电压,延时5ms,测试显示名称为VOH_,测量单位为V,无
  上限,下限为2.4V
BIN(3);                         //如果该项目测试不通过,将此失效分在3号类软件
                                  失效
```

测试图形如下：

```
START_INDEX(1) //VOH-TEST
               {AAAAAAAAAAAAA IIIIIIII CCOW} //注释
               {0123456789111 01234567 EEEE} //注释
               {          012          12   } //注释
       INC     (0000000000000 XXXXXXXX 1111) //待机
       INC     (0000000000000 XXXXXXXX 1111) //待机
       INC     (0000000000000 11111111 1111) //待机
       INC     (0000000000000 11111111 0110) //写1
       INC     (0000000000000 11111111 0110) //写1
       INC     (0000000000000 XXXXXXXX 1111) //待机
       INC     (0000000000000 HHHHHHHH 0101) //读1
       INC     (0000000000000 HHHHHHHH 0101) //读1
       INC     (0000000000000 HHHHHHHH 0101) //读1
       HALT    (0000000000000 HHHHHHHH 0101) //图形结束
```

（6）输出低电平电压测试

```
SET_DPS(1,4.5,V,100,MA);        // 第 1 路 DPS 施加 4.5 V 电压，设置钳位电流为 100 mA
SET_INPUT_LEVEL(4,0);           // 设置输入驱动高电平为 4 V，低电平为 0 V
SET_OUTPUT_LEVEL(2.4,0.4);      // 设置输出比较高电平为 2.4 V，低电平为 0.4 V
SET_PERIOD(800);                // 设置执行一行图形的周期为 800 ns
SET_TIMING(250,480,600);        // 设置波形前沿为 250 ns，脉宽为 480 ns，选通为
                                   600 ns
FORMAT(NRZ0,"1-13,33-40,44,45");
                                // 格式化通道 1~13、33~40、44、45 为 NRZ0 方式
FORMAT(RO,"48");                // 格式化通道 48 为 RO 格式
FORMAT(NRZ0,"47");              // 格式化通道 47 为 NRZ0 格式
RUN_PATTERN(2,1,0,0);           // 运行标号 2 的图形，失效返回
PMU_CONDITIONS(FIMV,4,MA,1,V);
// 设置 PMU 为加流测压模式，给通道加 4 mA 电流，钳位电压为 1 V
if(!PMU_MEASURE("33-40",5,"VOL_",V,0.4,No_LoLimit))
// PMU 测量通道 33~40 上的电压，延时 5ms，测试显示名称为 VOL_，测量单位为 V，上限
   为 0.4 V，无下限
BIN(4);                         // 如果该项目测试不通过，将此失效分在 4 号类软件
                                   失效
```

测试图形如下：

```
START_INDEX(2) // VOL-TEST
      INC      (0000000000000 XXXXXXXX 1111) // 待机
      INC      (0000000000000 XXXXXXXX 1111) // 待机
      INC      (0000000000000 00000000 1111) // 待机
      INC      (0000000000000 00000000 0110) // 写 0
      INC      (0000000000000 00000000 0110) // 写 0
      INC      (0000000000000 XXXXXXXX 1111) // 待机
      INC      (0000000000000 LLLLLLLL 0101) // 读 0
      INC      (0000000000000 LLLLLLLL 0101) // 读 0
      INC      (0000000000000 LLLLLLLL 0101) // 读 0
      HALT     (0000000000000 LLLLLLLL 0101) // 图形结束
```

（7）工作电源电流测试

```
// I_cc
SET_DPS(1,5.5,V,100,MA);        // 第 1 路 DPS 施加 5.5 V 电压，设置钳位电流为 100 mA
```

```
SET_INPUT_LEVEL(2.2,0.8);        //设置输入驱动高电平为 2.2 V，低电平为 0.8 V
SET_OUTPUT_LEVEL(2.4,0.4);       //设置输出比较高电平为 2.4 V，低电平为 0.4 V
SET_PERIOD(70);                  //设置执行一行图形的周期为 70 ns
SET_TIMING(10,45,55);            //设置波形前沿为 10 ns，脉宽为 45 ns，选通为
                                   55 ns
FORMAT(NRZ0,"1-13,33-40,44,45");
                                 //格式化通道 1~13、33~40、44、45 为 NRZ0 方式
FORMAT(RO,"48");                 //格式化通道 48 为 RO 格式
FORMAT(NRZ0,"47");               //格式化通道 47 为 NRZ0 格式
RUN_PATTERN(6,1,0,0);            //运行标号 6 的图形，失效返回
if (!DPS_MEASURE(1,R200MA,5,"ICC",MA,40,No_LoLimit))
//DPS 测量第 1 路 DPS 上的电流，测流量程为 200 mA，延时 5 ms，测试显示名称为 ICC，
  测量单位为 mA，上限为 40 mA，无下限
BIN(7);                          //如果该项目测试不通过，将此失效分在 7 号类软件
                                   失效
SET_MASKJMP();                   //结束图形中的死循环(JMP)
// I_CC1
SET_DPS(1,5.5,V,20,MA);          //第 1 路 DPS 施加 5.5 V 电压，设置钳位电流为 20 mA
SET_INPUT_LEVEL(5.3,0.2);        //设置输入驱动高电平为 5.3 V，低电平为 0.2 V
SET_PERIOD(1000);                //设置执行一行图形的周期为 1 000 ns
SET_TIMING(250,750,800);         //设置波形前沿为 250 ns，脉宽为 750 ns，选通为
                                   800 ns
RUN_PATTERN(6,1,0,0);            //运行标号 6 的图形，失效返回
Delay(20);                       //延时 20 ms
if (!DPS_MEASURE(1,R20MA,5,"ICC1_1us",MA,10,No_LoLimit))
//DPS 测量第 1 路 DPS 上的电流，测流量程为 20 mA，延时 5 ms，测试显示名称为
  ICC1_1us，测量单位为 mA，上限为 10 mA，无下限
BIN(7);                          //如果该项目测试不通过，将此失效分在 7 号类软件
                                   失效
SET_MASKJMP();                   //结束图形中的死循环(JMP)
// I_CC2
SET_DPS(1,5.5,V,40,MA);          //第 1 路 DPS 施加 5.5 V 电压，设置钳位电流为 40 mA
SET_INPUT_LEVEL(5.3,0.2);        //设置输入驱动高电平为 5.3 V，低电平为 0.2 V
SET_PERIOD(500);                 //设置执行一行图形的周期为 500 ns
SET_TIMING(50,300,450);          //设置波形前沿为 50 ns，脉宽为 300 ns，选通为
                                   450 ns
RUN_PATTERN(6,1,0,0);            //运行标号 6 的图形，失效返回
```

笔记栏

```
if (!DPS_MEASURE(1,R200MA,5,"ICC2_500ns",MA,20,No_LoLimit))
```
//DPS测量第 1 路 DPS上的电流，测流量程为 200 mA，延时为 5 ms，测试显示名称为
ICC2_500ns，测量单位为 mA，上限为 20 mA，无下限

```
BIN(7);                      //如果该项目测试不通过，将此失效分在 7 号类软件
                               失效
SET_MASKJMP();               //结束图形中的死循环（JMP）
```

测试图形如下：

```
START_INDEX(6)
        INC      (0000000000000 XXXXXXXX 0111) //输出禁用
        INC      (0000000000000 XXXXXXXX 0111) //输出禁用
        LDAR1,0  (0000000000000 XXXXXXXX 0111) //将 0装载到内部地址计数器 1中
        ADDR1    (0000000000000 XXXXXXXX 0111) //将计数器 1的值输出到地址引脚
        LDF      (0000000000000 XXXXXXXX 0111) //动态测量时的标志
C1      INC      (0000000000000 11111111 0110) //C1循环开始写 11111111
        JMP,C1   (0000000000000 11111111 0110) //跳转到 C1
        INC      (0000000000000 XXXXXXXX 0111) //输出禁用
        HALT     (0000000000000 XXXXXXXX 0111) //图形结束
```

（8）待机电源电流测试

```
// I_SB
SET_DPS(1,5.5,V,20,MA);      //第 1路 DPS施加 5.5 V电压，设置钳位电流为 20 mA
SET_INPUT_LEVEL(2.2,0.8);    //设置输入驱动高电平为 2.2 V，低电平为 0.8 V
SET_OUTPUT_LEVEL(2.4,0.4);   //设置输出比较高电平为 2.4 V，低电平为 0.4 V
SET_PERIOD(800);             //设置执行一行图形的周期为 800 ns
SET_TIMING(250,480,600);     //设置波形前沿为 250 ns，脉宽为 480 ns，选通为
                               600 ns
FORMAT(NRZ0,"1-13,33-40,44,45");
                             //格式化通道 1~13、33~40、44、45为 NRZ0方式
FORMAT(RO,"48");             //格式化通道 48为 RO格式
FORMAT(NRZ0,"47");           //格式化通道 47为 NRZO格式
RUN_PATTERN(5,1,0,0);        //运行标号 5的图形，失效返回
if (!DPS_MEASURE(1,R20MA,5,"ISB",MA,3,No_LoLimit))
```
//DPS测量第 1 路 DPS上的电流，测流量程为 20 mA，延时 5 ms，测试显示名称为 ISB，
单位为 mA，上限为 3 mA，无下限

```
BIN(7);                        // 如果该项目测试不通过，将此失效分在 7 号类软件
                                 失效

// I_SB1
SET_DPS(1,5.5,V,0.2,MA);       // 第 1 路 DPS 施加 5.5 V 电压，设置钳位电流为 0.2 mA
SET_INPUT_LEVEL(5.3,0.2);      // 设置输入驱动高电平为 5.3 V，低电平为 0.2 V
RUN_PATTERN(5,1,0,0);          // 运行标号 5 的图形，失效返回
if (!DPS_MEASURE(1,R200UA,5,"ISB1",UA,50,No_LoLimit))
// DPS 测量第 1 路 DPS 上的电流，测流量程为 200 μA，延时 5 ms，测试显示名称为
   ISB1，单位为 μA，上限为 50 μA，无下限
BIN(7);                        // 如果该项目测试不通过，将此失效分在 7 号类软件
                                 失效
```

测试图形如下：

```
START_INDEX(5)
      INC      (0000000000000 XXXXXXXX 1010) // 待机
      INC      (0000000000000 XXXXXXXX 1010) // 待机
      INC      (0000000000000 XXXXXXXX 1010) // 待机
      INC      (0000000000000 XXXXXXXX 1010) // 待机
      HALT     (0000000000000 XXXXXXXX 1010) // 图形结束
```

3. 分选机实操（虚拟仿真）

这里假定芯片是 FBGA 封装的存储器芯片 CY62187EV30LL−55BAXI。根据芯片
实物及测试规范，确定芯片的封装形式为 FBGA，48 个球（图 5−45）。

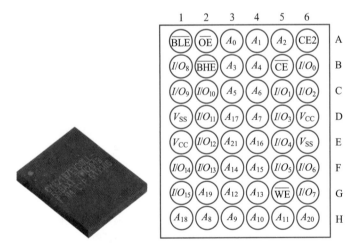

图 5−45　芯片实物图和引脚图

因为封装形式为 FBGA，所以选择测试机为平移式分选机，其虚拟仿真实操步骤如下：

（1）参数设置

① 分选机用户登录。在分选机的显示器界面中打开分选系统软件，选择"用户切换"选项，进入用户登录界面，如图 5-46 所示，"用户名"选择"操作员"，输入登录密码，单击"登录"按钮进行登录。

笔记栏

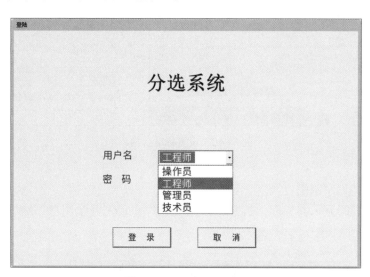

图 5-46　用户登录界面

② 分选机的参数设置。单击"运行记录"按钮，打开"运行记录"对话框，选择"批次管理"，根据随件单信息，进行批次的创建，如图 5-47 所示。

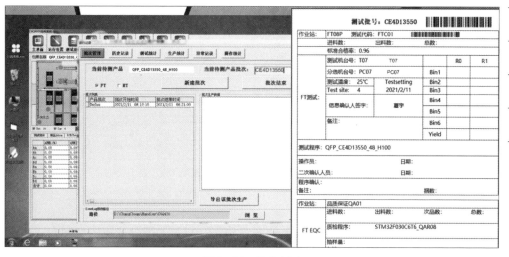

图 5-47　批次创建

单击"测试设置"按钮，打开"测试参数设置"对话框，根据随件单信息，填写良率下限值（即标准合格率），如图 5-48 所示。

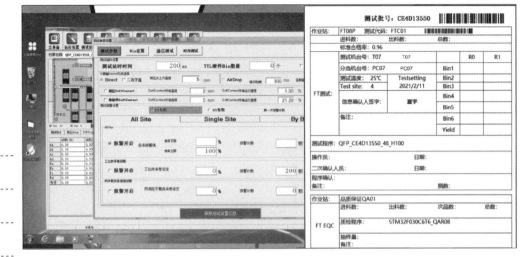

图 5-48 设置标准合格率

（2）测试程序调用

在测试机的显示器界面上打开测试系统软件，首先登录用户，然后根据随件单信息调用对应的程序，如图 5-49 所示。

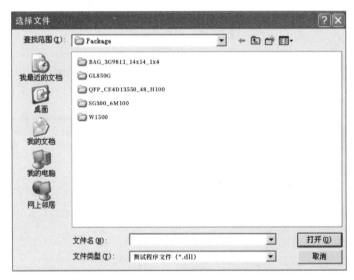

图 5-49 调用测试程序

（3）分选机装料

将取下临时捆扎带的料盘置于上料区，并将空料盘置于分选机的空料盘进料架上，如图 5-50 所示。

（4）分选机运行

按下图 5-51 所示操作盘上的"START"按钮，设备开始运行，进行芯片的分选操作。

待分选料盘　　　　　　　　　　　　　空料盘

图 5-50　分选机装料

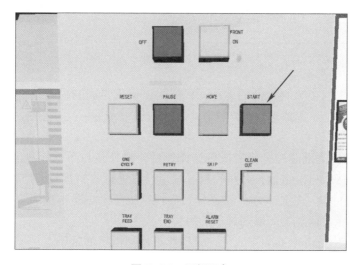

图 5-51　运行设备

上料区的料盘经传送带输送至待测区后，吸嘴从料盘中吸取芯片，并将其转移至入料梭，如图 5-52 所示。

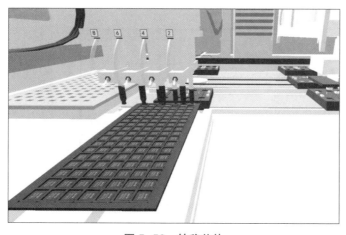

图 5-52　转移芯片

测试手臂吸取入料梭上的芯片，转移到测试模块进行压测，同时将信号传送到测试机，如图 5-53 所示。

图 5-53 压测

最后，吸嘴取出入料梭上的芯片，根据测试机上传回的检测结果将芯片自动放到指定的收料盘中，完成芯片分选操作。

（5）结批

① 清料盘。整批芯片全部完成分选操作后，操作员按下操作盘上的相关按钮，分选机开始转移供料区空盘，并对收料区剩余料盘进行收料盘的操作。

② 填写随件单。完成清料后，操作员需在结批单上填写本次测试芯片的合格数量、合格率等相关信息，完成随件单的填写。

③ 转移芯片。将本批次测试完成的芯片转移到指定的货架上，等待进行下一道工序。

小思考

图 5-54 中框选的区域为平移式分选设备中芯片检测工艺的（　　　）区域。

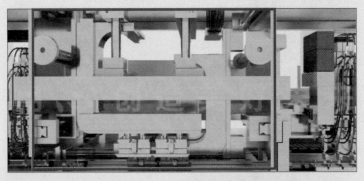

图 5-54 平移式分选设备

A. 上料　　　　B. 待测　　　　C. 测试　　　　D. 分选

任务检查与评估

完成芯片测试后，进行任务检查，可采用小组互评等方式进行任务评价，任务评价单如表 5-32 所示。

表 5-32　任务评价单

笔记栏

存储器芯片成品测试及分选任务评价单		
职业素养（20 分，每项 5 分）	□具有良好的团队合作精神 □具有良好的沟通交流能力 □能热心帮助小组其他成员 □能严格遵守 "6S" 管理制度	□较好达成（≥ 15 分） □基本达成（10 分） □未能达成（<10 分）
专业知识（20 分，每项 5 分）	□掌握芯片成品测试的开发流程 □掌握测试负载板的设计知识 □掌握测试程序的知识 □掌握解决测试开发以及测试操作过程中常见问题的方法	□较好达成（≥ 15 分） □基本达成（10 分） □未能达成（<10 分）
技术技能（30 分，每项 5 分）	□能读懂存储器芯片数据手册和测试规范 □能选择合适的测试机和分选机 □能设计测试负载板、探针卡 □能开发测试程序 □能操作测试机 □能调试新产品，协助产线解决常见异常	□较好达成（≥ 25 分） □基本达成（20 分） □未能达成（<20 分）
技能等级（30 分，每项 6 分）	"集成电路封装与测试" 1+X 职业技能等级证书（中级） □能进行芯片检测工艺操作 □能根据测试条件要求更换对应的测试夹具 □能根据芯片测试过程中良率偏低故障进行测试夹具微调 □能判别测试机、分选机运行过程发生的故障类型 □能完成测试机、分选机、测试夹具的日常维护	□较好达成（≥ 24 分） □基本达成（18 分） □未能达成（<18 分）

拓展与提升

1. 集成应用

（1）知识图谱

分组讨论存储器芯片先进封装所涉及的封装类型特点，充分细化。请你根据任务资讯以及任务要求，收集整理的资料，完成知识思维导图（图 5-55）。

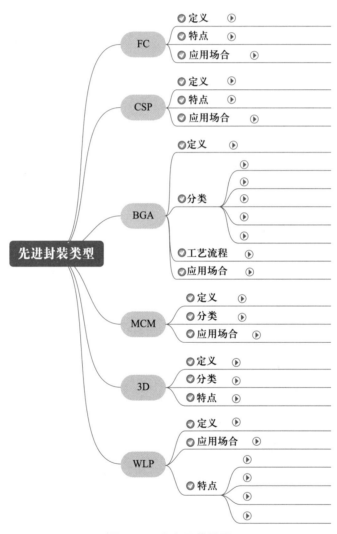

图 5-55　知识思维导图

（2）技能图谱

大规模集成电路测试必须使用自动化分选工具。请你根据存储器芯片分选及测试完成情况总结所涉及的技能，绘制技能图谱。

2. 创新应用设计

由于存储器芯片应用广泛，除了静态存储器之外，还有很多其他典型存储器芯片。请你根据芯片封装要求，完成先进封装形式的资料收集与整理，分析和对比封装特点，最终选择合理的封装形式，根据图 5-56 完成封装选型。

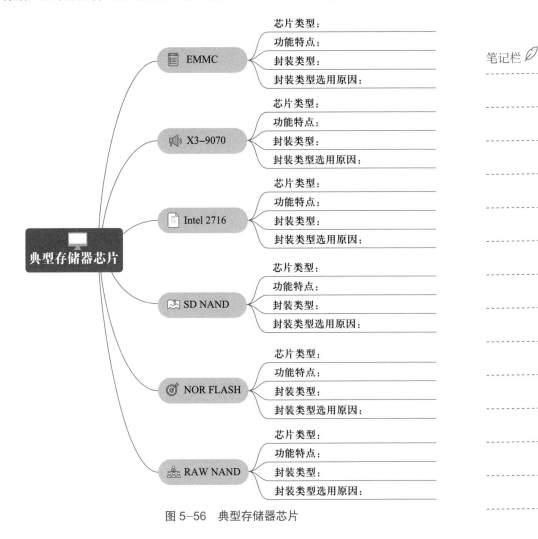

笔记栏

图 5-56　典型存储器芯片

3. 证书评测［"集成电路开发与测试" 1+X 职业技能等级证书（中级）试题］

单项选择题：

（1）使用平移式分选设备进行芯片检测时，完成上料后需要进行的环节是（　　　）。

A. 测试　　　　　　　B. 分选　　　　　　C. 真空包装　　　　D. 外观检查

（2）使用平移式分选设备进行芯片检测时，测试环节的流程是（　　　）。

A. 吸取、搬运芯片→入料梭转移芯片→压测→记录测试结果→搬运、吹放芯片

B. 入料梭转移芯片→吸取、搬运芯片→压测→记录测试结果→搬运、吹放芯片

C. 入料梭转移芯片→搬运、吹放芯片→压测→记录测试结果→吸取、搬运芯片

D. 搬运、吹放芯片→入料梭转移芯片→吸取、搬运芯片→压测→记录测试结果

（3）重力式分选机进行芯片检测时，测试机对芯片测试完毕后，将检测结果通过（　　　）传回分选机。

A. GPIB　　　　　　　B. 数据线　　　　　　　C. 串口　　　　　　　D. VGA

（4）下列属于重力式分选机串行测试的是（　　　）。

A.

B.

C.

D.

多项选择题：

（1）在封装工艺的晶圆贴膜过程中可能出现的不良情况有（　　　）。

A. 出现飞边　　　　　　　　　　　B. 晶圆盒蓝膜之间存在气泡

C. 蓝膜起皱　　　　　　　　　　　D. 晶圆刮伤

（2）下列选项中，可能会造成晶圆贴膜产生气泡的是（　　　）。

A. 晶圆和蓝膜之间存在灰尘颗粒　　　B. 静电未消除

C. 贴膜盘温度未到设定值　　　　　　D. 覆膜时蓝膜未拉紧

（3）封装工艺中，晶圆划片机显示区可以进行的操作有（　　　）。

A. 给其他操作人员发送消息　　　　　B. 设置参数

C. 切割道对位　　　　　　　　　　　D. 操作过程中做笔记

（4）下列情况下，需要更换点胶头的有（　　　）。

A. 点胶头工作超过 2 h　　　　　　　B. 更换银浆类型

C. 点胶头堵塞　　　　　　　　　　　D. 点胶头损坏

（5）封装工艺中，下面属于激光打标时的注意事项的是（　　　）。

A. 打标之前引线框架要先进行预热

B. 选择的打标文件必须与该批次产品相对应

C. 引线框架进入打标区后禁止拉动

D. 激光打开后，禁止人体直接接触激光区域

（6）封装工艺中，塑封时出现的（　　　）等现象统称为飞边毛刺现象。

A. 树脂溢料　　　　　　　　　　　B. 贴带毛边

C. 生长晶须　　　　　　　　　　　D. 引毛刺

（7）去飞边的工艺方法有（　　　）。

A. 等离子体去飞边　　　　　　　　B. 介质去飞边

C. 溶剂去飞边　　　　　　　　　　D. 水去飞边

（8）封装工艺中，电镀的主要目的是增强暴露在塑封体外面的引线的（　　　）。

A. 防水性　　　　　　　　　　　　B. 抗氧化性

C. 抗腐蚀性　　　　　　　　　　　D. 耐高温能力

（9）切筋成型前进行芯片检查时，需要进行剔除的芯片有（　　　）。

A. 塑封体缺损　　　　　　　　　　B. 引线框架不平

C. 镀锡露铜　　　　　　　　　　　D. 引脚断裂

（10）第四道光检主要是针对（　　　）工艺环节的检查。

A. 激光打标　　　B. 芯片粘接　　　C. 切筋成型　　　D. 塑料封装

（11）利用平移式分选设备进行芯片测试时，在分选环节可以根据测试结果将合格芯片分为（　　　）。

A. A 档　　　　　　B. B 档　　　　　　C. C 档　　　　　　D. 不合格档

（12）在进行料盘外观检查时，不需要检查的内容有（　　　）。

A. 引脚　　　　　　B. 印章　　　　　　C. 压痕　　　　　　D. 脱胶

（13）料盘真空入库操作时，需要将料盘装入防静电铝箔袋内，同时还需要装入的有（　　　）。

A. 干燥剂　　　　　B. 湿度卡　　　　　C. 海绵　　　　　　D. 标签

判断题：

（1）封装工艺中要先进行晶圆切割，根据切割工具的形式，晶圆切割的方式只有机械切割，一般采用砂轮划片的方法。　　　　　　　　　　　　　（　　　）

（2）封装工艺中要先进行晶圆切割，放置晶圆时晶圆需正面朝上放入切割机承载台的吸盘上，调整晶圆贴片环位置，使定位缺口与定位钉位置一致，保证晶圆能够平整、稳固地吸附在吸盘上。　　　　　　　　　　　　　　　　　　　　（　　　）

（3）封装工艺的芯片粘接环节，芯片拾取时吸嘴按顺序依次吸取蓝膜上的每一颗芯片。　　　　　　　　　　　　　　　　　　　　　　　　　　　　（　　　）

（4）封装工艺中，激光打标可以留下永久性标记。　　　　　　　　（　　　）

（5）封装工艺的激光打标环节，首先需要试片进行确认，先完成一个引线框架的打标，若刻写位置无误、刻写线均匀、文字图案都清晰无误、打印没有问题，即可开始批量生产。　　　　　　　　　　　　　　　　　　　　　　　　（　　　）

（6）封装工艺中切筋成型机上的刀片将连筋切断后，成型冲头继续下压，使引脚弯成所需的形状。　　　　　　　　　　　　　　　　　　　　　　　（　　　）

（7）切筋成型工艺，在装料前先对引线框架进行检验，把不合格的芯片进行剔除，把合格的镀锡引线框架装盒并置于切筋机的上料区。　　　　　　（　　　）

笔记栏

参考文献

［1］雷绍充，邵志标，梁峰．超大规模集成电路测试［M］．北京：电子工业出版社，2008．

［2］俞建峰，陈翔，杨雪瑛．我国集成电路测试技术现状及发展策略［J］．中国测试，2009（3）．

［3］居水荣，戈益坚．集成电路芯片测试技术［M］．西安：西安电子科技大学出版社，2021．

［4］李可为．集成电路芯片封装技术［M］．北京：电子工业出版社，2007．

［5］杜中一．电子制造与封装［M］．北京：电子工业出版社，2010．

［6］李国良，刘帆．微电子器件封装与测试技术［M］．北京：清华大学出版社，2018．

［7］胡永达，李元勋，杨邦朝．集成电路封装技术［M］．北京：科学出版社，2015．

［8］毛忠宇，潘计划，袁正红．IC封装基础与工程设计实例［M］．北京：电子工业出版社，2014．

［9］吕坤颐，刘新，牟洪江．集成电路封装与测试［M］．北京：机械工业出版社，2019．

郑重声明

高等教育出版社依法对本书享有专有出版权。任何未经许可的复制、销售行为均违反《中华人民共和国著作权法》，其行为人将承担相应的民事责任和行政责任；构成犯罪的，将被依法追究刑事责任。为了维护市场秩序，保护读者的合法权益，避免读者误用盗版书造成不良后果，我社将配合行政执法部门和司法机关对违法犯罪的单位和个人进行严厉打击。社会各界人士如发现上述侵权行为，希望及时举报，我社将奖励举报有功人员。

反盗版举报电话　（010）58581999　58582371

反盗版举报邮箱　dd@hep.com.cn

通信地址　北京市西城区德外大街 4 号　高等教育出版社法律事务部

邮政编码　100120

读者意见反馈

为收集对教材的意见建议，进一步完善教材编写并做好服务工作，读者可将对本教材的意见建议通过如下渠道反馈至我社。

咨询电话　400-810-0598

反馈邮箱　gjdzfwb@pub.hep.cn

通信地址　北京市朝阳区惠新东街 4 号富盛大厦 1 座
　　　　　高等教育出版社总编辑办公室

邮政编码　100029

授课教师如需获得本书配套教辅资源，请登录"高等教育出版社产品信息检索系统"（https://xuanshu.hep.com.cn）搜索下载，首次使用本系统的用户，请先进行注册并完成教师资格认证。

高教社高职工科分社电板块教材服务中心：gzdz@pub.hep.cn